全国高等院校水利水电类精品规划教材

计算机辅助设计

(土建、水利类专业适用)

主　编　王彦惠
副主编　乌　云　吴鑫淼
主　审　李蔼铿

黄河水利出版社
·郑州·

内 容 提 要

本书以绘制二维工程图形为主线组织教材内容，辅以三维建模简介。采用先分块突破知识点，再做综合训练的方式，全面掌握知识以达综合运用之目的。

全书共分 11 章，包括绪论、AutoCAD 快速入门、精确绘图方法、简单二维图形的绘制、工程图形的初步绘制、文字标注及表格绘制、为图形标注尺寸、建立符合工程图标准的样板图、工程图形的完整绘制、绘制工程结构图、图形打印、三维建模简介。

本书除可作为高校水利、水电、建筑、土木工程、给水排水及相关专业的教学用书外，还可作为高职、高专、社会培训以及从事建筑、水利、给水排水等工作人员的自学和参考用书，当然也可供 AutoCAD 爱好者参考使用。

图书在版编目(CIP)数据

计算机辅助设计 / 王彦惠主编. —郑州：黄河水利出版社，2013.8 重印
全国高等院校水利水电类精品规划教材
ISBN 978-7-80734-527-5

Ⅰ.计… Ⅱ.王… Ⅲ.计算机辅助设计–高等学校–教材 Ⅳ.TP391.72

中国版本图书馆 CIP 数据核字(2009)第 000883 号

策划组稿：李洪良 电话：0371-66024331 E-mail：hongliang0013@163.com

出 版 社：黄河水利出版社
地址：河南省郑州市顺河路 49 号 14 层 邮政编码：450003
发行单位：黄河水利出版社
发行部电话：0371-66026940、66020550、66028024、66022620(传真)
E-mail：hhslcbs@126.com
承印单位：河南承创印务有限公司
开本：787 mm × 1 092 mm 1 / 16
印张：14.5
字数：335 千字 印数：8 101—9 600
版次：2009 年 1 月第 1 版 印次：2013 年 8 月第 3 次印刷

定价：26.00 元

出版者的话

近年来，随着我国对基础设施建设投入的加大，水利水电工程建设也迎来了前所未有的黄金时间。截至 2006 年，全国已建成堤防 28.08 万公里，各类水库 85 849 座，2006 年水利工程在建项目 4 614 个，在建项目投资总规模达 6 121 亿元(《2006 年全国水利发展统计公报》)。水利水电工程的大规模建设对设计、施工、运行管理等水利水电专业人才的需求也更为迫切，如何更好地培养适应现今水利水电事业发展的优秀人才，成为水利水电专业院校共同面临的课题。作为水利水电行业的专业性科技出版社，我社长期关注水利水电学科的建设与发展，并积极组织水利水电类专著与教材的出版。

在对水利水电类本科层次教材的深入了解中，我们发现，以应用型本科教学为主的众多水利水电类专业院校普遍缺乏一套完整构建在校本科生专业知识体系又兼顾实践工作能力的教材。在广泛调研与充分征求各课程主讲老师意见的基础上，按照高等学校水利学科专业教学指导委员会对教材建设的指导精神与要求，并结合教育部实施的多层次建设、打造精品教材的出版战略，我社组织编写了本系列“全国高等院校水利水电类精品规划教材”。

此次规划教材的特点是：

(1)以培养水利水电类应用型人才为目标，充分重视实践教学环节。

(2)在依据现有的专业规范和课程教学大纲的前提下，突出特色，力求创新。

(3)紧扣现行的行业规范与标准。

(4)基本理论与工程实例相结合，易于学生接受与理解。

本系列教材除了涵盖传统专业基础课及专业课外，还补充了多个新开课程的教材，以便于学生扩充知识与技能，填补课堂无合适教材可用的空缺。同时，部分教材由工程技术人员或有工程设计施工从业经历的老师参与编写，也是此次规划教材的创新。

本系列教材的编写与出版得到了全国 21 所高等院校的鼎力支持，特别是三峡大学党委书记刘德富教授和华北水利水电学院副院长刘汉东教授对系列教材的编写与出版给予了精心指导，有效保证了教材出版的整体水平与质量。在此对推进此次规划教材编写与出版的各院校领导和参编老师致以最诚挚的谢意，是他们在编审过程中的无私奉献与辛勤工作，才使得教材能够按计划出版。

“十年树木，百年树人”，人才的培养需要教育者长期坚持不懈的努力，同样，好的教材也需要经过千锤百炼才能流传百世。本系列教材的出版只是我们打造精品专业教材的开始，希望各院校在对这些教材的使用过程中，提出改进意见与建议，以便日后再版时不断改正与完善。

黄河水利出版社

前　言

随着计算机技术在各行业的普及应用，人类的思维方式发生了巨大变革。工程设计也由传统的设计方式转换为计算机辅助设计方式。

20 世纪 80 年代末，我国普通高校先后开设了计算机辅助设计课程，多数是以 AutoCAD 为主要教学软件。图书市场上关于 AutoCAD 的书籍虽不少，但大部分都是以如何学习软件为主线编写的，有些书籍虽然是围绕工程实例编写的，但在实例选择及内容的组织上与目前高校的教学现状又不十分吻合。本书根据编者十几年的 CAD 课程教学经验，本着“以工程图形为核心，软件为图形服务”的教学理念，紧紧围绕工程图纸的特点重新整合软件内容，突出教学的实用性。

本书共分 11 章，以 AutoCAD 2007 为平台，采取由简到繁，循序渐进；先图形，后标注，逐渐完善；绘图方法越来越多、越来越灵的学习宗旨来组织内容。各种命令的讲解深度(如选项的取舍等)以它们在绘制相应工程图形中的重要程度为主要依据，与绘制工程图形关系不大的命令或选项不予介绍，需要时可使用帮助功能或参考相关书籍。为满足上机需要，我们还编写了与本书配套使用的《计算机辅助设计上机实验指导》，书中根据专业特点共设计 15 个实验，在实验内容的选择及安排上与教材完全同步。

为保证全书绘图风格的统一，所有图形绘制均采用制图标准规定的比例，如建筑平面图为 1：100，水工建筑物结构图一般为 1：10~1：1000 等。这样做的好处是在以后无论是设置字体大小、绘制常用符号以及打印出图时，都可按制图标准去做，而不必再考虑改变比例。当然也可先按 1：1 绘制图形后，再使用 Scale 命令缩放图形，然后进行写字、标注尺寸、绘制或插入符号(块)。书中各章节的设置都是按这样的指导思想进行的。

各章理论教学时数及上机时数分配建议见下表(总学时为 32~36+1~2 周实习)。

各章理论教学时数及上机时数分配表

章节	理论时数	上机时数	总时数
绪论、第一章、第二章	2	2	4
第三章	2	2	4
第四章	2	3	5
第五章、第六章、第七章	2	3	5
第八章	2	6	8
第九章、第十章	2	2	4
第十一章	(2)	(2)	(4)
上机实习		1~2 周	1~2 周
考试		2	2

注：1. 表中学时分配仅做参考，各学校可根据教学实际合理调整教学时数；

2. 加括号表示选修。

学习本书之前先了解书中关于几种表示方法的约定。

(1)关于鼠标的几种操作规定：

单击——鼠标左键点击一次；

双击——鼠标左键连续点击两次；

右击——鼠标右键点击一次；

移动——不按下任何键，移动鼠标；

拖动——按下鼠标左键，移动鼠标。

(2)命令的输入一般按三种方法介绍，其格式样例为：

• 单击按钮法：(图层特性管理器——在“图层”工具栏中)；

　　含义：在打开的“图层”工具栏中，单击某选项按钮。

• 下拉菜单法：格式→图层…；

　　含义：先单击“格式”下拉菜单，再单击“图层…”选项。

• 键盘输入法：Layer(简捷命令为 La)↓；

　　含义：在命令行通过键盘输入命令名称，并按回车键执行命令。其中：字母不分大小写；符号“↓”表示回车。

(3)通过命令行执行命令操作，采用如下统一格式：

命令：Rectang↓　　　　　　//在命令行输入 Rectang 命令并回车。

指定第一个角点或[倒角(C)/标高(E)/圆角(F)/厚度(T)/宽度(W)]:

　　　　　　//在某点处单击鼠标左键，输入矩形的第一个角点。

指定另一个角点或[面积(A)/尺寸(D)/旋转(R)]:

　　　　　　//在另一点处单击鼠标左键，输入矩形的第二个角点。

其中，“//”符号后面表示具体操作方法。

本书由中国农业大学李蔼铿教授担任主审。李教授在审稿过程中为本书提出了宝贵意见，在此表示衷心的感谢。

参加本书编写的有河北农业大学王彦惠(前言、绪论、第四章第一节、第八章第三节和第四节)，内蒙古农业大学乌云(第一章、第五章、第七章)，沈阳农业大学杨玉艳(第二章)，河北农业大学张梅(第三章)，河北农业大学吴鑫森(第四章第二节、第八章第一节、第二节和第五节)，内蒙古农业大学苏日娜(第六章)，内蒙古农业大学牟献友(第九章第一节部分内容和第二节)，河北农业大学王烨(第九章第一节部分内容和第三节)，云南农业大学郑宏刚(第十章、第十一章)。王彦惠任主编并负责统稿，乌云、吴鑫森任副主编。

由于时间紧迫，加上编者水平有限，不妥之处在所难免，恳请各位读者批评指正。

编　者

2008 年 8 月

目　录

绪　论

一、CAD 技术发展简介

CAD 是 Computer Aided Design 的简称，意为计算机辅助设计。

20 世纪 60 年代初，美国麻省理工学院博士毕业生伊万·萨色兰(Ivan Sutherland)，在他的博士论文《速写簿——人机图形交流系统》中，正式提出计算机图形学(Computer Graphics)的概念，从此确立了计算机图形学作为独立学科的重要地位；同时还论证了计算机在工程等领域中的巨大应用潜力，预示了计算机辅助设计(CAD)的发展方向。

CAD 属于新兴的交叉型学科。在 CAD 软件发展初期，CAD 的含义仅仅是图板的替代品，也就是 Computer Aided Drawing(或 Drafting)，意为计算机辅助绘图，而不是现在我们所讨论的 CAD(Computer Aided Design)的全部内容。直到 70 年代末期，CAD 技术以二维绘图为主要目标，此后二维绘图技术作为 CAD 技术的一个分支而相对独立、平稳地发展。在今天中国的 CAD 用户，特别是初期 CAD 用户中，二维绘图仍然占有相当大的比重。

综观 CAD 的发展过程，经历了诸如曲面造型技术、实体造型技术、参数化技术及变量化技术等重大技术革命。CAD 技术基础理论的每一次重大进展，都带动了 CAD/CAM/CAE 整体技术的提高以及制造手段的更新。其中，CAM 指 Computer Aided Manufacturing，意为计算机辅助制造，是利用计算机来进行生产设备管理控制和操作的过程，在整个过程中，输入零件的工艺路线和工序内容，输出刀具加工时的运动轨迹(刀位文件)和数控程序；CAE 指 Computer Aided Engineering，意为计算机辅助工程，是用计算机辅助求解复杂工程和产品结构强度、刚度、稳定性等力学性能的分析计算以及结构性能的优化设计等问题的一种近似数值分析方法。总之，CAD 技术自诞生之日起，一直处于不断发展和探索之中，正是这种此消彼长的互动与交替，造就了今天 CAD 技术的兴旺与繁荣。

近十几年来占据计算机辅助绘图与设计市场主导地位的是美国 Autodesk 公司的 AutoCAD 软件。

二、AutoCAD 简介

AutoCAD 是由美国 Autodesk 公司于 20 世纪 80 年代初，为在计算机上应用 CAD 技术而开发的绘图程序软件包，最早版本为 AutoCAD 1.0(1982 年 11 月推出)；经过 20 多年的发展，现已经成为国际上广为流行的绘图工具。期间其版本不断升级，于 2006 年 3 月推出 AutoCAD 2007，2007 年 3 月推出 AutoCAD 2008，2008 年 4 月发布最新版本 AutoCAD 2009。

AutoCAD 具有友好的用户界面，通过使用对话框或命令行方式可进行各种操作，熟练掌握它的应用和开发技巧，便可大大提高工作效率。

AutoCAD 具有广泛的适应性，它可以在各种操作系统支持的微型计算机和工作站上运行，并支持分辨率由 320×200 到 2048×1024 的图形显示设备 40 多种，数字化仪和鼠标器 30 余种，绘图仪和打印机数十种，这就为 AutoCAD 的广泛普及创造了条件。

AutoCAD 软件主要具有以下特点：

(1)具有完善的图形绘制功能；

(2)具有强大的图形编辑功能；

(3)可以采用多种方式进行二次开发或用户定制；

(4)可以进行多种图形格式的转换，具有较强的数据交换能力；

(5)支持多种硬件设备；

(6)支持多种操作平台；

(7)具有通用性、易用性，适用于各类用户。

三、国内土建类 CAD 软件简介

CAD 技术在土建设计领域的应用非常广泛，主要包括建筑设计、结构设计、给水排水设计、暖通设计、建筑电气设计以及规划设计等方面。

下面简单介绍几个相关软件。这些专业 CAD 软件的主要特点是，采用友好界面，自带快速建模工具，可实现建筑设计与节能设计同步进行等。学好 AutoCAD 软件和相关专业课程之后，很容易掌握这些专业 CAD 软件的使用，进而提高工作效率。

(一)天正 CAD 软件

天正公司自 1994 年起，以 AutoCAD 为平台开发了一系列建筑、结构、暖通、电气等专业软件，这些软件特别是建筑软件在全国范围内取得了较大成功。近 10 年来，天正建筑软件版本不断更新，受到了中国建筑设计师的喜爱。

天正建筑 TArch 的早期版本以软件工具集为开发方向，因辅助设计工具而著称。随着计算机硬件功能的不断更新，于 2001 年 10 月推出从界面到核心全新的 TArch 5，从此告别了基本图形堆砌式绘图方式，使用“自定义建筑专业对象”，直接绘制出具有专业含义的图形对象。随着 TArch 6 的推出，增加了多类天正对象、二维渲染模块、参数化的体量建模工具、与 AutoCAD 兼容的材质系统、更加完善的图库系统等，将专业对象 CAD 技术推进到更高水平。2007 年 7 月 12 日，正式推出天正建筑 TArch 7.5。2008 年 8 月 1 日天正公司推出天正电气 TElec 7.6、天正暖通 THvac 7.6 和天正给排水 TWT 7.6。

(二)中望 CAD 软件

中望龙腾公司成立于 1998 年，于 2001 年在国内推出了与 AutoCAD 全兼容的自主知识产权 CAD 软件。2004 年公司开始了对软件品质最为挑剔的美国市场的开发，除了常规的中文版和英文版，目前已经开发出支持中、英、法、德、俄、波兰语等 10 余种语言的软件。

中望 CAD 是完全拥有自主知识产权、基于微软视窗操作系统的专业 CAD 绘图软件。主要用于二维制图，兼有部分三维功能，被广泛应用于建筑、装饰、电子、机械、模具、汽车、造船等各领域。

中望 CAD 与 AutoCAD 在界面、操作习惯和命令方式上保持一致，文件格式也可高度兼容，从内部支持 DWG 的文件格式，支持 ADS 应用程序，支持 AutoLISP(包括 DCL 对话框)，支持 AutoCAD menu(菜单)及 SCR(脚本文件)、3D 面造型、光栅图形，支持实时三维旋转观察等。

(三)PKPM 软件

中国建筑科学研究院建筑工程软件研究所是建筑行业计算机技术开发应用的最早单位之一。PKPM 软件于 1987 年由陈岱林工程师研制开发，填补了当时国内结构辅助设计软件的空白。

软件研发的初衷是帮助设计人员甩掉图板、提高效率和设计质量。在软件发展过程中，通过与规范室合作，把最新建筑结构规范纳入软件系统，提高了软件使用效率和权威性；通过与做高层建筑的人员合作，使软件发展到可处理包括高层、超高层在内的各种结构的设计计算；通过联络桩基、水、电、暖通等专业人员，将 PKPM 系列扩展为一个集建筑、结构、设备(给排水、采暖、通风空调、电气)、设计、概预算和施工管理于一体的软件大家族。

现在，PKPM 软件已从最初的只能解决平面二维问题，发展为具有动画功能的空间三维软件。

四、水利水电工程 CAD 发展简介

CAD 技术自问世以来，已经在建筑、机械等工程设计领域得到广泛应用。然而，在水利水电工程设计领域，目前尚无成熟的商品化软件。这主要是因为水利水电工程受地质、环境等因素影响较大，水工建筑物个异性较强，并且应用范围较窄，规范不够严格、具体，因此很难开发出通用的 CAD 软件，一般仅针对某类水工建筑物(如水闸)作为开发、设计的依据，所以在水利水电工程设计领域，CAD 技术不易在较大范围内应用、推广。

第一章　AutoCAD 快速入门

第一节　启动 AutoCAD 并进入绘图界面

一、启动 AutoCAD 2007

安装好 AutoCAD 后，双击桌面快捷图标或单击“开始”按钮，在弹出的开始菜单中选择“所有程序”→Autodesk→AutoCAD 2007-Simplified Chinese→AutoCAD 2007 命令就可以启动 AutoCAD 2007 应用程序。

二、进入绘图界面

启动 AutoCAD 2007 应用程序后，我们首先看到如图 1-1 所示的工作空间界面。工作空间是经过分组和组织的菜单、工具栏及选项板的集合，使用户可以在自定义的、面向任务的绘图环境中工作。默认状态下只有三维建模和 AutoCAD 经典两个工作空间，用户可根据工作方式来调整绘图界面并保存为新的工作空间以供选择。

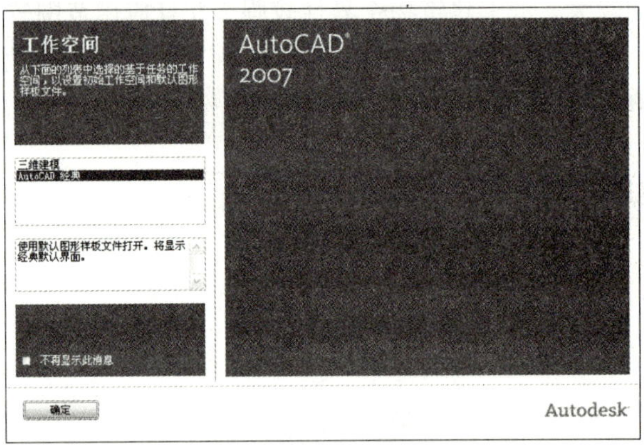

图 1-1　工作空间界面

选择了 AutoCAD 经典工作空间后，可以看到如图 1-2 所示界面。该界面主要由标题栏、下拉菜单栏、工具栏、绘图区、命令窗口、状态栏等几部分组成。

(一)标题栏

标题栏是 AutoCAD 工作界面顶部的标题部分，显示出正在运行的程序以及当前打开图的文件名等信息。在标题栏的最右边有三个按钮，从左到右依次为最小化、最大化(或向下还原)和关闭按钮，依次点击按钮分别将程序窗口缩回到任务栏、放大到全屏幕和关闭。当程序窗口放大到全屏幕后，中间的按钮就会变为向下还原按钮，可将程序窗口恢复到最大化之前的状态。

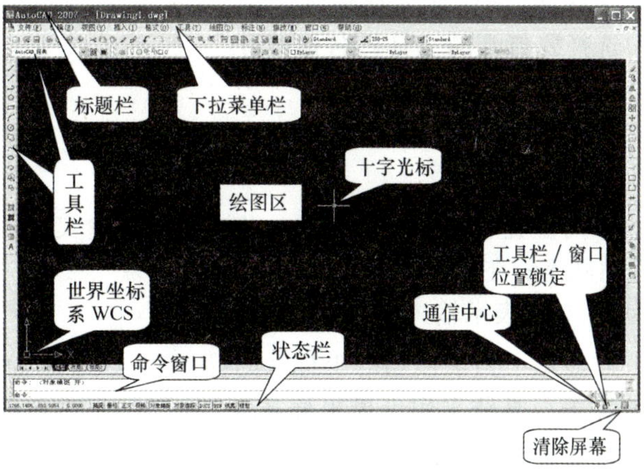

图 1-2　AutoCAD 2007 经典工作界面

(二)下拉菜单栏

下拉菜单栏包括文件、编辑、视图、插入、格式、工具、绘图、标注、修改、窗口、帮助等下拉菜单项，在下拉菜单中包括了几乎所有的 AutoCAD 命令。

使用下拉菜单命令的方法：单击下拉菜单栏中的相应按钮即可。

(三)工具栏

第一次打开 AutoCAD 2007 程序，默认可以看到如图 1-3 所示的几种常用工具栏，即标准工具栏、样式工具栏、工作空间工具栏、图层工具栏、特性工具栏、绘图工具栏、修改工具栏和绘图次序工具栏等，其分布位置如图 1-2 所示。工具栏中将命令用形象、直观的图标(也称为按钮)表示，单击这些图标就可以运行相应的操作，使绘图更加高效、便捷。工具栏均可以打开或关闭。

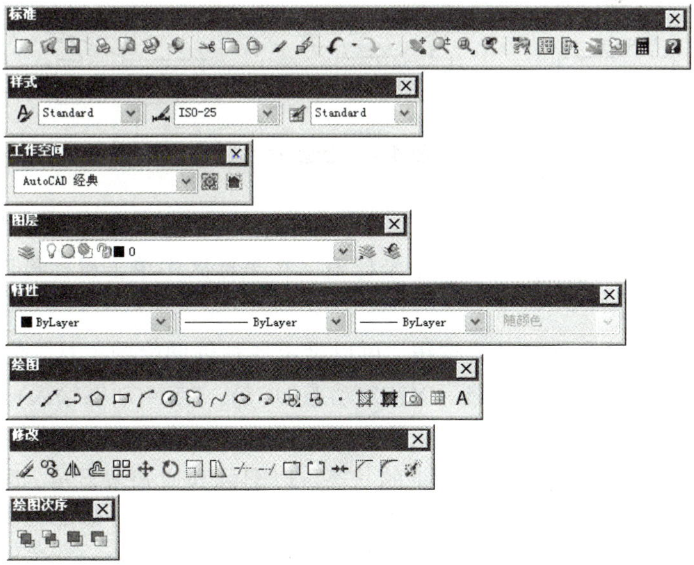

图 1-3　界面默认工具栏

打开工具栏可使用快捷菜单法：光标移至任意工具栏的任意按钮上，单击鼠标右键，在弹出的快捷菜单中选择要打开的工具栏名称即可。

(四)绘图区

绘图区是用户绘制、编辑图形的工作区域，绘图过程中所有操作结果均在此区域显示。

鼠标在绘图区的不同位置有着不同的形状，代表不同的含义。如在绘图区时形状为“十”，表示正常绘图状态；在菜单栏或工具栏上时形状为“ ”，表示正常选择状态；在命令窗口时形状为“I”，表示输入文本状态。

绘图窗口的左下方显示了当前使用的坐标系图标，它反映了当前坐标系的原点和 *X*、*Y* 轴的正向。默认情况下，系统采用世界坐标系(WCS)。如果重新设置了坐标系原点或调整了坐标系的其他设置，世界坐标系将转变为用户坐标系(UCS)。关于用户坐标系将在本书第十一章作介绍。

(五)命令窗口与文本窗口

命令窗口在程序界面的下部，用户可以通过命令行输入 AutoCAD 的各种命令及参数，而命令行也会显示出各命令操作的具体过程和信息提示。默认命令提示行为两行，其中第一行为历史命令和操作显示行，第二行为当前的命令提示行。命令窗口的位置可以移动，行数也可以调整。在命令窗口中显示命令、系统变量、选项、信息和提示等。

文本窗口是放大了的命令窗口，打开文本窗口的方法有如下三种：

- 下拉菜单法：视图→显示→文本窗口。
- 键盘输入法：Textscr。
- 快捷键法：F2(可实现命令窗口与文本窗口间的切换)。

(六)状态栏

在程序界面的最下方是 AutoCAD 的状态栏，如图 1-4 所示。

图 1-4 状态栏

左边为坐标区，随着鼠标在绘图区域内移动，坐标区中的数字会有所变化，这些数字表示屏幕上十字光标所处位置的三维坐标值。在坐标区中单击鼠标可以打开或关闭坐标显示。

中间为按钮区，单击这些开关按钮，可以设定各种辅助绘图工具，包括捕捉、栅格、正交、极轴、对象捕捉、对象追踪、DUCS(动态 UCS)、DYN(动态输入)、线宽、模型或图纸。

右边为状态行菜单，用于检测系统的状态，以图标和通知来显示，默认状态下只有通信中心和工具栏/窗口位置是否锁定图标。最右边还有一个清除屏幕按钮，用来扩展图形显示区域，单击此按钮将仅显示菜单栏、状态栏和命令窗口，再次单击可恢复原设置。

第二节　AutoCAD 常用的命令输入方法

激活 AutoCAD 命令有多种方法，包括单击工具栏按钮、使用下拉菜单、输入英文命令、利用弹出式菜单、重复执行前一个命令时直接按回车键或空格键等。下面以绘制直线、圆和矩形以及显示全部的方法为例进行介绍。

一、绘制直线命令(Line)

利用“直线”命令可以绘制一段或几段首尾相接的直线段。如图 1-5 所示，为利用“直线”命令在任意位置绘制任意大小三角形的实例。

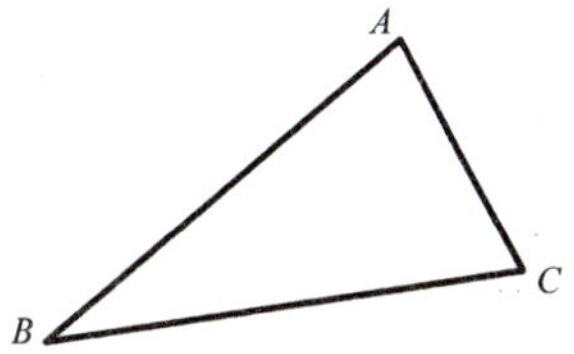

图 1-5　利用“直线”命令绘制任意三角形

操作步骤：

下拉菜单法：绘图→直线。执行命令后，命令行提示：

命令：_line 指定第一点：　　//在点 *A* 处单击鼠标左键；

指定下一点或[放弃(U)]：　　//在点 *B* 处单击鼠标左键；

指定下一点或[放弃(U)]：　　//在点 *C* 处单击鼠标左键；

指定下一点或[闭合(C)/放弃(U)]：C　　//输入闭合选项(C)封闭图形。

二、绘制圆命令(Circle)

利用“圆”命令绘制圆时有多种方法，默认方法为指定圆心和半径。如图 1-6 所示，为在任意位置绘制半径为 150 的圆。

操作步骤：

单击按钮法：(圆——在“绘图”工具栏中)。执行命令后，命令行提示：

命令：_circle 指定圆的圆心或[三点(3P)/两点(2P)/相切、相切、半径(T)]：

//在点 *O* 处单击鼠标左键，确定圆心点位置；

指定圆的半径或[直径(D)] <50.0000>：150↓

//输入半径值 150 并回车。

三、绘制矩形命令(Rectang)

利用“矩形”命令可绘制矩形的闭合多段线。如图 1-7 所示，为在任意位置绘制一个任意大小的矩形框。

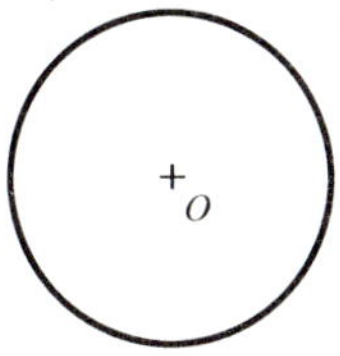

图 1-6　利用“圆”命令绘制圆

图 1-7　利用“矩形”命令绘制矩形框

操作步骤：

键盘输入法：Rectang↓。执行命令后，命令行提示：

命令：Rectang↓　　　　　　//在命令行输入 Rectang 命令并回车；

指定第一个角点或[倒角(C)/标高(E)/圆角(F)/厚度(T)/宽度(W)]：

　　　　　　　　　　　　//在点 *A* 处单击鼠标左键，输入矩形的第一个角点；

指定另一个角点或[面积(A)/尺寸(D)/旋转(R)]：

　　　　　　　　　　　　//在点 *B* 处单击鼠标左键，输入矩形的第二个角点。

四、显示全部

当所绘制图形过大，不能显示在屏幕范围内时，可通过显示全部的方法来实现图形的显示。激活该命令的方法有：

• 单击按钮法 1：(全部缩放——在“标准”工具栏的“缩放”嵌套工具栏中，将左键按住不放可进行选择)；

• 单击按钮法 2：(全部缩放——在“缩放”工具栏中)；

• 下拉菜单法：视图→缩放→全部；

• 键盘输入法：Zoom(简捷命令为 Z)↓→A↓。

执行命令后，屏幕上将最大范围显示全部图形及图形界限(将在第二章中讲解)。

五、重复执行命令

在 AutoCAD 2007 中，用户可以使用多种方法来重复执行 AutoCAD 2007 命令。例如，要重复执行上一个命令，可以按 Enter 键或空格键或在绘图区域中单击鼠标右键，从弹出的快捷菜单中选择“重复”命令；要重复执行最近使用的 6 个命令中的某一个命令，可以在命令窗口或文本窗口中单击鼠标右键，从弹出的快捷菜单中选择“近期使用的命令”等。

六、弹出式菜单

AutoCAD 还提供了一组弹出式菜单(又称快捷菜单)。用户在绘图区、状态栏和工具栏等不同位置单击鼠标右键，就会弹出与该位置和当前操作状态相关的快捷菜单。其中的内容随操作状态的不同而变化。

第三节　如何取消错误操作

刚开始使用 AutoCAD 画图时，由于不熟悉命令，经常会错误操作，可以使用以下几种方法取消错误的命令操作：

(1)撤销最近执行的一步操作：

• 单击按钮法：单击按钮(“放弃”——在“标准”工具栏中)；

• 下拉菜单法：编辑→放弃；

• 键盘输入法：U↓；

• 组合键法：Ctrl+Z。

连续操作可从后向前依次撤销错误操作。

(2)一次撤销多步操作：

• 单击按钮法：单击按钮右侧黑三角(“放弃”——在“标准”工具栏中)；

• 键盘输入法：UNDO↓。

通过输入数值可一次撤销多步操作。

(3)重做单个操作：

• 单击按钮法：单击按钮(“重做”——在“标准”工具栏中)；

• 下拉菜单法：编辑→重做；

• 组合键法：Ctrl+Y。

通过重做单个操作可恢复已撤销的操作；连续操作可依次恢复已撤销的多步操作。

(4)重做多个操作：

• 单击按钮法：单击按钮右侧黑三角(“重做”——在“标准”工具栏中)；

• 键盘输入法：REDO↓(REDO 命令可恢复单个 UNDO 命令或 U 命令放弃的效果。REDO 命令必须紧跟随在 UNDO 命令或 U 命令之后)。

通过重做多个操作可恢复已撤销的多步操作。

(5)中止命令：可以通过 Esc 键取消未完成的命令。

第四节　有选择地删除对象的方法

上面介绍的取消错误操作的方法是按自后向前的顺序取消错误操作命令的。如果欲删除的对象不是最后一次命令绘制完成的，就要利用删除命令来实现。

编辑图形时，第一项任务通常是选择对象。那么，AutoCAD 提供了哪些选择对象的常用方法呢？

一、选择对象的方法

AutoCAD 提供了多种选择对象的常用方法，本书仅介绍以下几种：

(1)单选：这是一种默认的对象选择方式。用拾取框直接点取要选择的对象，每次只能选中一个对象。如图 1-8(a)、(b)所示。

(2)窗口选择(W)：从左到右指定角点创建窗口选择。将全部进入矩形框中的对象选中。如图 1-8(c)、(d)所示，窗口自点 1 向点 2 拉出。

(3)交叉窗口选择(C)：从右向左指定角点创建窗口选择。将全部或部分进入矩形框的对象选中。如图 1-8(e)、(f)所示，窗口自点 1 向点 2 拉出。

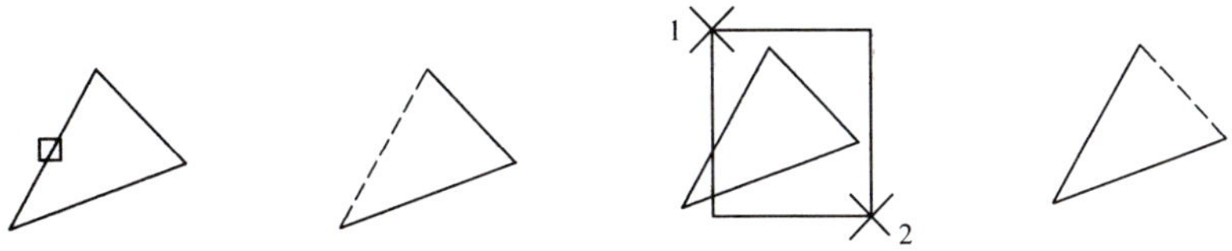

(a)单选　(b)单选选定结果　(c)窗口选择　(d)窗口选择选定结果

图 1-8　用不同方法选择对象的效果

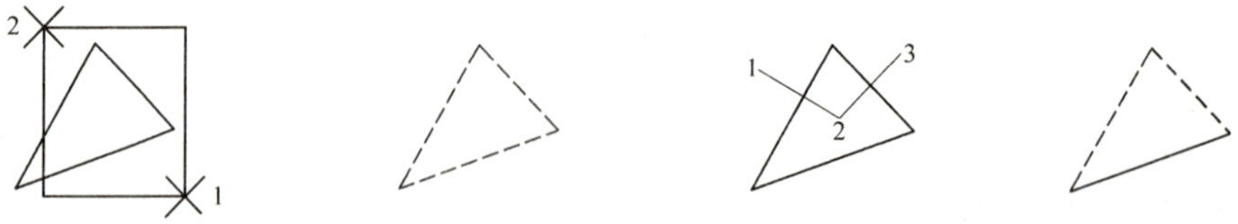

(e)交叉窗口选择　(f)交叉窗口选择选定结果　(g)栏选　(h)栏选选定结果

续图 1-8

(4)栏选(F)：选择栏的外观类似于多段线，所有与该折线段相交的对象被选中。如图 1-8(g)、(h)所示，鼠标依次在点 1、2、3 位置单击。

(5)前一次(P)：将上一个对象选择集作为当前的选择对象。

(6)全部选择(ALL)：选取除关闭、冻结、锁定图层上的所有对象。

AutoCAD 提供了丰富而灵活的对象选择方法，在不同使用场合下合理使用选择对象的方法能提高绘图效率。

二、删除对象的方法

一般可使用下面方法从图形中删除所选对象：

- 使用 ERASE 命令删除对象。
- 选择对象，然后按 Delete 键。

【**例 1-1**】如图 1-9 所示，删除图 1-9(a)中三角形的一个边，使其变成图 1-9(c)。

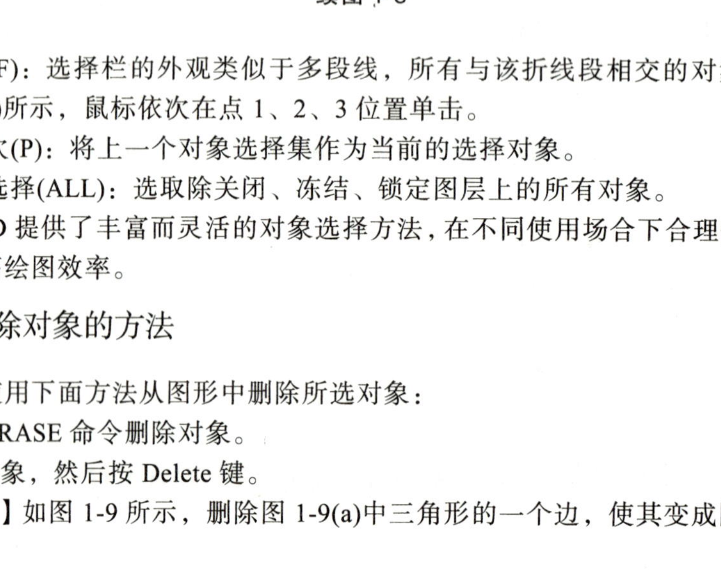

(a)单选　(b)选定对象　(c)删除结果

图 1-9　删除对象举例

操作步骤：

单击按钮法：(删除——在“修改”工具栏中)。执行命令后，命令提示行：

命令：_erase　　//单击“修改”工具栏中“删除”命令；

选择对象：　　//在图 1-9(a)中用鼠标单击欲删除的边，之后图 1-9(a)变为图 1-9(b)；

选择对象：↓　　//可以重复选择要删除的对象，若只删除一个边，则直接回车。

结束命令后就可以看到三角形一边被删除，如图 1-9(c)所示。

第五节　如何管理图形文件

在 AutoCAD 2007 中，图形文件管理方法有多种，这里我们只介绍如何创建新的图形文件、打开已有的图形文件、保存图形文件以及关闭图形文件等操作。

一、新建图形文件

创建新图形文件可通过下述几种方法：

- 单击按钮法：□(新建——在“标准”工具栏中)；
- 下拉菜单法：文件→新建…；
- 键盘输入法：qnew↓；
- 快捷方式：Ctrl+N。

执行命令后，弹出如图 1-10 所示的“选择样板”对话框。

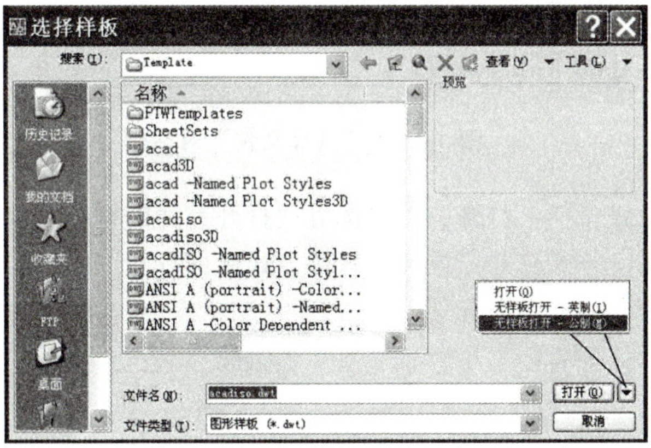

图 1-10　“选择样板”对话框

在“选择样板”对话框的列表框中，列出了系统提供的多种样板文件供选择。样板文件中通常含有与绘图相关的一些通用设置，如图层、线型、字体样式、尺寸标注样式等；还可能包括一些通用图形对象，如标题栏、图幅框等。这些样板中的设置，往往很难与我们的需要相吻合，本书第七章中将介绍符合我国现行制图标准样板图的设置及使用方法。

本书建议新建文件时均不使用样板，通过单击“打开”按钮后面的下拉黑三角，选择无样板公制打开方式，如图 1-10 所示。

二、打开已有的图形文件

打开已有的图形文件可通过下述几种方法：

- 单击按钮法：(打开——在“标准”工具栏中)；
- 下拉菜单法：文件→打开…；
- 键盘输入法：open↓；
- 快捷方式：Ctrl+O。

执行命令后，弹出如图 1-11 所示的“选择文件”对话框。

在“选择文件”对话框中，通过“搜索”下拉列表，选择搜索路径；该路径中所含文件名称均显示在列表框中(图 1-11 中显示了第五章图形文件夹中所有.dwg 类型的文件)，选择所需文件，单击“打开”按钮即可。

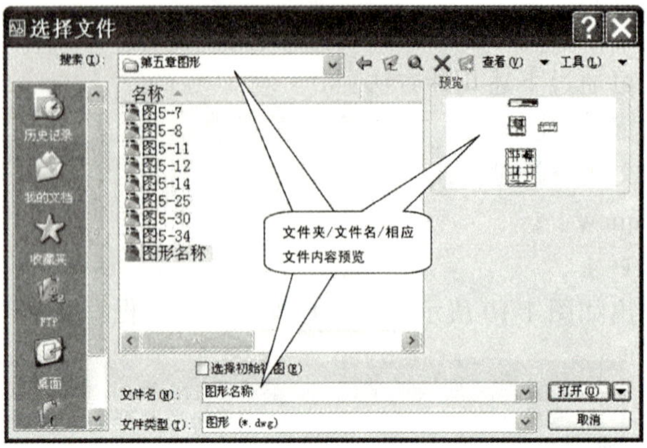

图 1-11　“选择文件”对话框

文件的打开方式包括：打开、以只读方式打开、局部打开和以只读方式局部打开等 4 种方式。“以只读方式打开”或“以只读方式局部打开”的图形文件被写保护，所作编辑修改均无效。

三、保存图形文件

(一)另存文件

对于未存盘图形文件，可通过下述几种方法存盘：

- 单击按钮法：(保存——在“标准”工具栏中)；
- 下拉菜单法：文件→另存为…；
- 键盘输入法：save as↓或 qsave↓；
- 快捷方式：Ctrl+S。

执行命令后，弹出如图 1-12 所示的“图形另存为”对话框。在该对话框中，可指定图形文件的存储路径和名称。

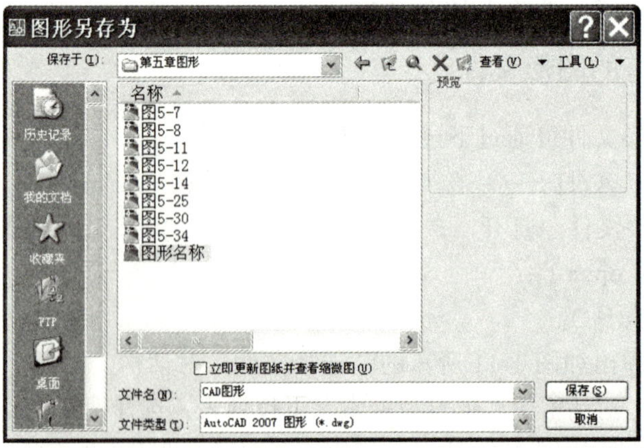

图 1-12　“图形另存为”对话框

(二)保存文件

对于已存盘图形文件，可通过下述几种方法进行存盘：

- 单击按钮法：(保存——在“标准”工具栏中)；
- 下拉菜单法：文件→保存；
- 键盘输入法：save↓或 qsave↓；
- 快捷方式：Ctrl+S。

执行命令后，按图形文件的原存储路径和名称对文件进行重新存盘。

注意：对于未存盘图形文件，执行“保存文件”命令，也弹出“图形另存为”对话框。

在“文件名”下拉列表中输入新的文件名称；“文件类型”系统默认为 AutoCAD 2007 图形(* .dwg)，利用下拉列表还可以降级保存图形文件，即用 AutoCAD 2007 作的图，保存成 2000 或 2004 等低版本的文件类型，以便在低版本 AutoCAD 软件环境下打开文件。

四、关闭图形文件

关闭图形文件可通过下述几种方法实现：

- 单击按钮法：×(在当前图形标题栏的右上角)；
- 下拉菜单法：文件→关闭；
- 键盘输入法：Close↓。

执行本操作后，只关闭当前图形。如果自上次保存后又进行了修改，则系统提示是否保存当前的修改。

第六节　如何使用帮助功能

AutoCAD 2007 提供了强大的帮助功能，它就好比一本手册，几乎所有问题都可以通过帮助功能来解决。因此，掌握如何使用帮助功能是非常重要的。

打开帮助功能有如下几种方法：

- 单击按钮法：(帮助——在“标准”工具栏中)；
- 下拉菜单法：帮助→帮助；
- 键盘输入法：Help↓；
- 快捷键：F1 键(不同操作状态，可以打开不同的界面)。

执行本操作后，就可以打开“帮助”对话框。如图 1-13 所示，为执行“直线”命令时，按下 F1 键所看到的界面。选中“索引”标签，键入要查找的关键字，如“圆”，再单击有关圆的选项，如“绘制”，便可查阅相关详细内容了，如图 1-14 所示。

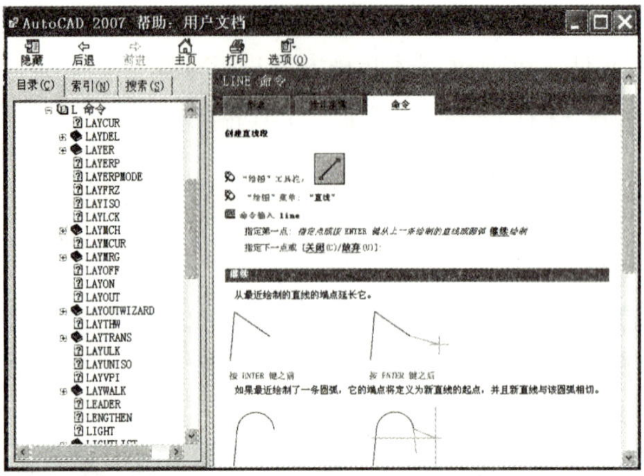

图 1-13　执行直线命令时的“帮助”对话框

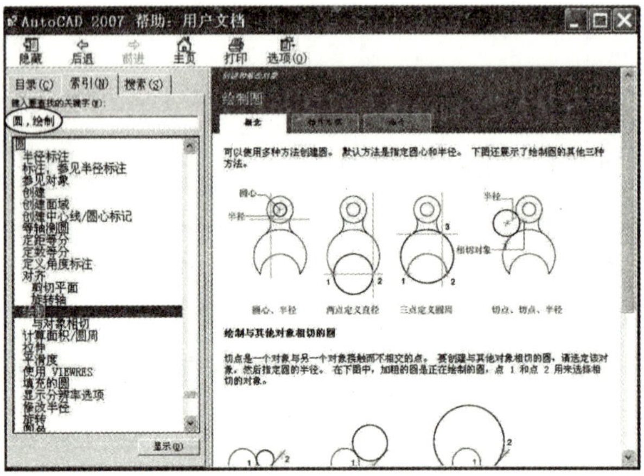

图 1-14　利用索引功能的界面

第七节　退出 AutoCAD

退出 AutoCAD 2007，可通过下述几种方法实现：

- 单击按钮法：(在程序界面的右上角)；
- 下拉菜单法：文件→退出；
- 键盘输入法：Quit↓；
- 组合键法：Alt+F4；
- 快捷方式：Ctrl+Q。

如果自上次保存图形后没有进行过修改，则退出程序；否则将显示如图 1-15 所示的对话框，若希望保存修改，则选择“是”，若不希望保存修改，则选择“否”。

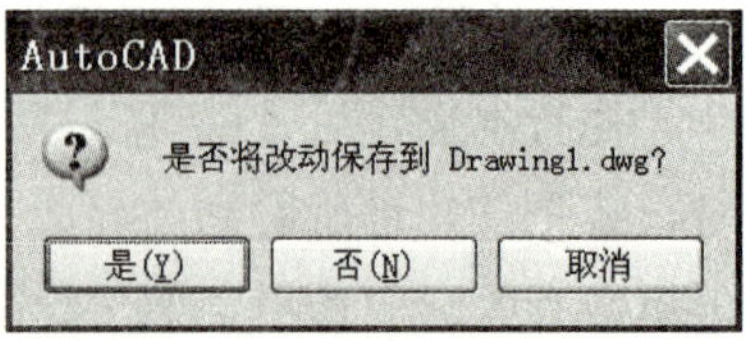

图 1-15　AutoCAD 提示对话框

第二章　精确绘图方法

精确定位点的位置是绘制符合国家制图标准图形的重要前提。AutoCAD 提供了精确定形和定位的辅助工具，包括坐标的应用，对象捕捉的设置与应用，栅格、捕捉、正交、自动追踪的设置与应用等。

第一节　坐标系与坐标值

在绘图过程中，AutoCAD 经常提示输入点的位置，坐标是确定点的位置的最基本方法。

一、坐标系统

(一)世界坐标系统(WCS)

AutoCAD 在默认状态下使用世界坐标系，又称通用坐标系，是绘制二维图形的基础坐标系。

当启动 AutoCAD 并进入绘图界面后，绘图区左下方出现如图 2-1 所示的世界坐标系图标，也称 WCS 图标，该图标中的 *X*、*Y* 箭头分别表示当前坐标系的 *X* 轴、*Y* 轴的正方向。AutoCAD 坐标系统的坐标轴方向是用右手定则来定义的，把右手的拇指、食指、中指伸开并相互垂直，沿拇指方向为 *X* 轴正方向，沿食指方向为 *Y* 轴正方向，沿中指方向为 *Z* 轴正方向，也就是说默认状态下，WCS 中的 *X* 轴正方向水平向右，*Y* 轴正方向竖直向上，*Z* 轴正方向垂直于 *XY* 平面(即屏幕平面)指向屏幕外。

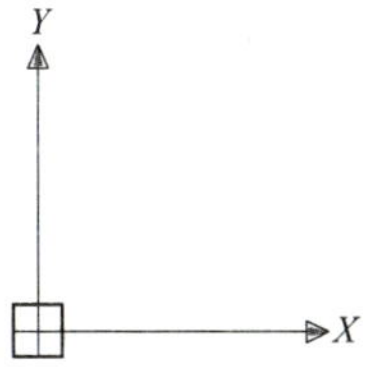

图 2-1　坐标系图标

世界坐标系固定不变，图形中任意一点都有一个确定的 *X*、*Y*、*Z* 坐标，默认状态下点的 *Z* 坐标值为零。

(二)用户坐标系统(UCS)

在绘图时，特别是绘制三维立体图时，可根据需要建立新的坐标系，这种类型的坐标系称为用户坐标系。用户坐标系可由用户通过 UCS 命令来创建，其原点和坐标轴方向可根据需要确定。

二、坐标值

AutoCAD 支持两种坐标系——直角坐标系和极坐标系。

(一)直角坐标系

直角坐标系是解析几何中的笛卡儿坐标系，使用该坐标系表示点的位置时可直接输入其 *X*、*Y*、*Z* 坐标值，用(*X*，*Y*，*Z*)表示。

注意：三个坐标值之间必须用半角状态下的逗号隔开。

(二)极坐标系

使用极坐标系，是通过相对于某一给定点的距离和角度来确定另一点的位置。在极坐标系中任何一点都可用该点到坐标系原点的距离 ρ 和该点与坐标系原点的连线与 X 轴正方向的夹角 θ 表示。在默认状态下，AutoCAD 以逆时针来测量角度，X 轴正方向为 0° 方向，垂直向上为 90°，水平向左为 180°，垂直向下为 270°。

使用极坐标确定某点位置时，以 $\rho<\theta$ 的形式表示，即距离与角度用“<”隔开，其中 ρ 值永远为正值，θ 值如为负值，表示从 X 轴正向开始，沿顺时针方向测量的角度值，如图 2-2 中的 B 点，用 300<37 表示；C 点用 280<-20 表示。

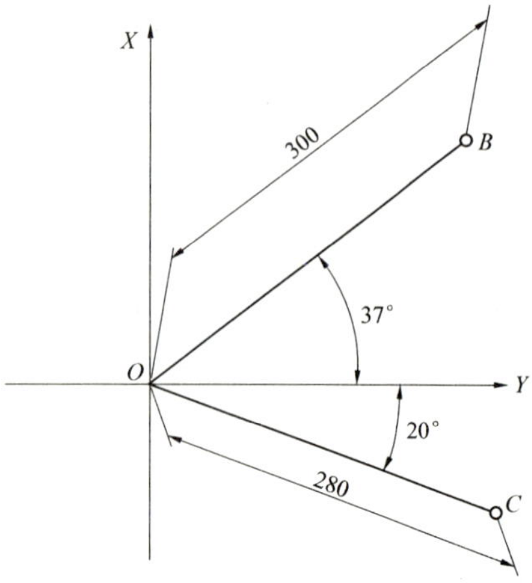

图 2-2　极坐标系

第二节　输入点坐标的几种方法

点坐标的输入是 AutoCAD 绘图的基础，任何图形对象都需要用点坐标确定位置或表示自身的某些几何参数。

一、用鼠标直接拾取

在绘图区移动光标到某一位置后，单击鼠标左键便可输入光标所在点的坐标，直接确定点的位置。

二、绝对坐标法

绝对坐标法是以坐标原点(0，0，0)为基准点定位其他点的方法。

(一)绝对直角坐标法

绝对直角坐标法是以当前点相对于坐标原点的坐标值来表示的，在输入时直接键入坐标值(X，Y，Z)。在二维绘图时所有的 Z 坐标值缺省为 0。例如：输入 50，40 时，表示某点的 X 轴坐标值为 50、Y 轴坐标值为 40、Z 轴坐标值为 0。如为三维绘图，还要指定 Z 值。

下面利用绘制直线的方法说明绝对直角坐标法的应用，如图 2-3 所示。

```
命令：line↓                                        //在命令行输入 line 命令并回车；
指定第一点：50,40↓                                 //输入直线起点 A 的绝对直角坐标值；
指定下一点或[放弃(U)]：120,40↓                     //输入直线端点 B 的绝对直角坐标值；
指定下一点或[放弃(U)]：80,90↓                      //输入直线端点 C 的绝对直角坐标值；
指定下一点或[闭合(C)/放弃(U)]：50,90↓              //输入直线端点 D 的绝对直角坐标值；
指定下一点或[闭合(C)/放弃(U)]：50,40↓              //输入直线端点 A 的绝对直角坐标值；
指定下一点或[闭合(C)/放弃(U)]：↓                   //回车结束命令。
```

(二)绝对极坐标法

绝对极坐标法是以当前点相对于坐标原点的极坐标值来表示的，在输入时直接键入 $\rho<\theta$。例如：输入 100<30 时，表示某点到坐标原点的距离为 100，该点与坐标原点的连线与 X 轴正方向的夹角为 30°。

下面利用绘制直线的方法说明绝对极坐标法的应用，如图 2-4 所示。

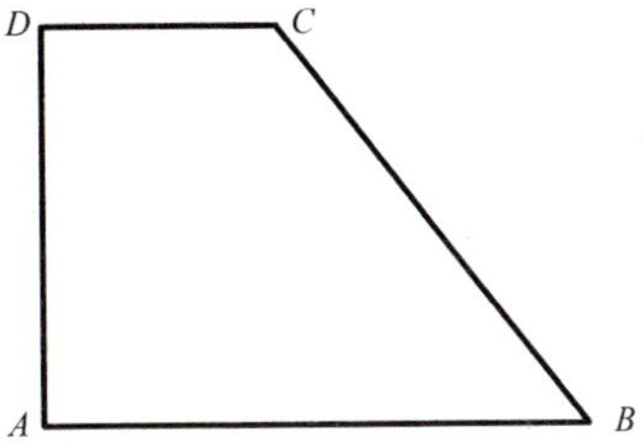

图 2-3 绝对直角坐标法的应用

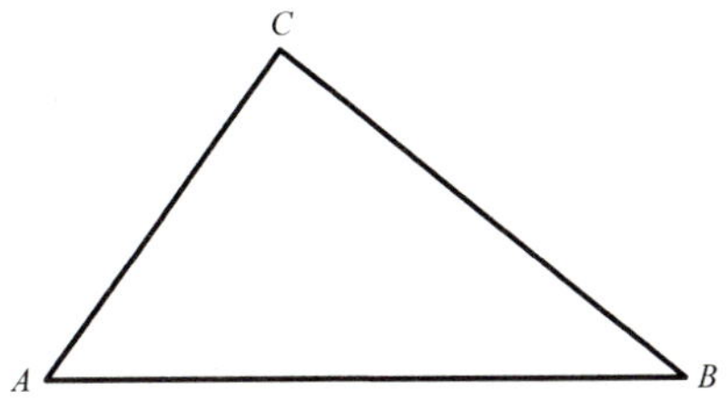

图 2-4 绝对极坐标法的应用

命令：line↓ //在命令行输入 line 命令并回车；
指定第一点：50<0↓ //输入直线起点 *A* 的绝对极坐标值；
指定下一点或[放弃(U)]：150<0↓ //输入直线端点 *B* 的绝对极坐标值；
指定下一点或[放弃(U)]：100<30↓ //输入直线端点 *C* 的绝对极坐标值；
指定下一点或[闭合(C)/放弃(U)]：50<0↓ //输入直线端点 *A* 的绝对极坐标值；
指定下一点或[闭合(C)/放弃(U)]↓ //回车结束命令。

三、相对坐标法

使用绝对坐标法往往有一定的局限性，因为在实际绘图过程中，通常将上一点作为参照点来确定下一点的坐标值，这种方法称为相对坐标法，其表示方法为在坐标表达式前加“@”符号。例如：输入@30，–20 时，则表示下一点相对上一点的 X 值增加 30，Y 值减少 20，也就是说下一点比上一点靠右、靠下，这种方式称为相对直角坐标；输入@100<30 时，表示下一点到上一点的距离为 100，两点连线与 X 轴正方向夹角为 30°，这种方式称为相对极坐标。

下面利用绘制直线的方法说明相对坐标法的应用，如图 2-5 所示。

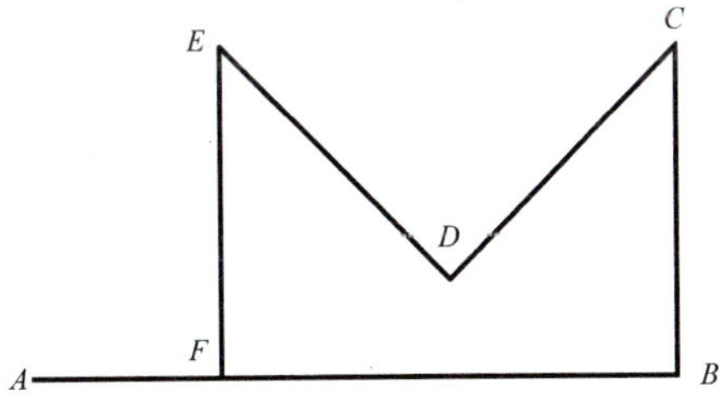

图 2-5 相对坐标法的应用

命令：line↓ //在命令行输入 line 命令并回车；
指定第一点： //用鼠标直接拾取，确定直线起点 *A* 的位置；
指定下一点或[放弃(U)]：@100，0↓ //输入直线端点 *B* 相对点 *A* 的直角坐标值；
指定下一点或[放弃(U)]：@0，50↓ //输入直线端点 *C* 相对点 *B* 的直角坐标值；

指定下一点或[闭合(C)/放弃(U)]：@50<–135↓

//输入直线端点 *D* 相对点 *C* 的极坐标值；

指定下一点或[闭合(C)/放弃(U)]：@50<135↓

//输入直线端点 *E* 相对点 *D* 的极坐标值；

指定下一点或[闭合(C)/放弃(U)]：@50<–90↓

//输入直线端点 *F* 相对点 *E* 的极坐标值；

指定下一点或[闭合(C)/放弃(U)]↓ //回车结束命令。

第三节 对象捕捉

除了采用第二节中介绍的通过输入点坐标的方法来实现精确绘图外，AutoCAD 还提供了对象捕捉功能，利用该功能可快速、准确地捕捉到对象的某些特征点，如直线的端点、中点，圆的圆心等，进而达到精确绘图的目的。

一、对象捕捉模式

表 2-1 列出了 AutoCAD 提供的对象捕捉模式及其功能。

表 2-1 对象捕捉模式及其功能

模式	关键字	功能
临时追踪点	TT	创建对象捕捉所使用的临时点
捕捉自	FROM	从临时建立的基点偏移
捕捉到端点	END	捕捉到相关实体的最近端点
捕捉到中点	MID	捕捉到相关实体的中点
捕捉到交点	INT	捕捉到相关实体对象之间的交点
捕捉到外观交点	APP	捕捉到两个相关实体的投影交点
捕捉到延长线	EXT	捕捉到相关实体的延长线上的点
捕捉到圆心	CEN	捕捉到相关实体的圆心
捕捉到象限点	QUA	捕捉到距光标中心最近相关实体上的象限点，即 0°、90°、180°、270°
捕捉到切点	TAN	捕捉到相关实体上与最后生成的一个点连线形成相切的离光标最近的点
捕捉到垂足	PER	捕捉到相关实体上或在它们的延长线上，与最后生成的一个点连线形成正交且离光标最近的点
捕捉到平行线	PAR	捕捉到与指定线平行的线上的点
捕捉到插入点	INS	捕捉相关实体(块、图形、文字或属性)的插入点
捕捉到节点	NOD	捕捉到节点对象(点对象)
捕捉到最近点	NEA	捕捉到相关实体离拾取点最近的点
无捕捉	NON	关闭下一点的对象捕捉模式
对象捕捉设置		设置自动对象捕捉模式

二、自动对象捕捉

使用自动对象捕捉功能，首先要设置对象捕捉模式，并将自动对象捕捉功能打开。可通过以下方法完成自动对象捕捉模式的设置，并打开或关闭自动对象捕捉功能：

• 下拉菜单法：工具→草图设置…；

• 键盘输入法：Osnap(简捷命令为 Os)↓。

执行命令后，弹出如图 2-6 所示的“草图设置”对话框，在该对话框中可以设置对象捕捉模式。选择需要捕捉的特征点设置为自动对象捕捉模式。

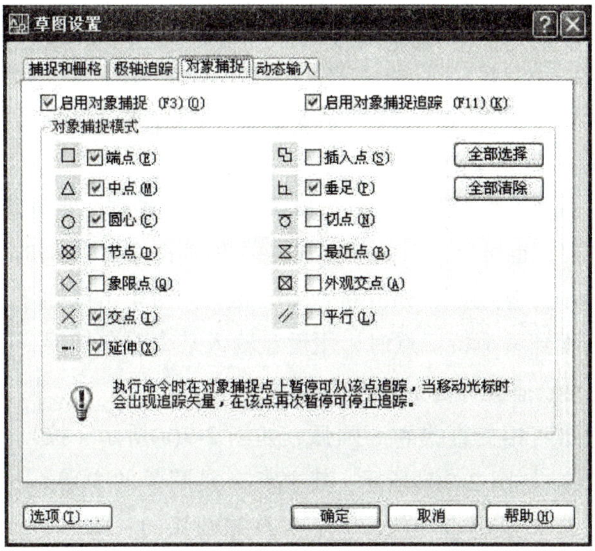

图 2-6　“草图设置”对话框

使用自动对象捕捉功能时，应使其处于打开状态。执行命令过程中，当光标移动到这些特征点附近时，系统会自动捕捉到符合条件的特征点并显示出相应的标识和提示，从而提高了绘图精度和速度。

在如图 2-6 所示的“草图设置”对话框中，利用“启用对象捕捉”复选框可以打开或关闭自动对象捕捉功能。

打开或关闭自动对象捕捉功能也可通过下述方法：

• 功能键法：F3；

• 状态栏法：单击“对象捕捉”开关按钮。按钮凹陷时，为打开状态；按钮凸起时，为关闭状态。

使用自动对象捕捉功能要注意，如果捕捉处的特征点过多，会影响正常使用，因此要有选择地指定对象的自动对象捕捉模式。

三、临时对象捕捉

利用对象捕捉工具栏和对象捕捉快捷菜单可实现临时对象捕捉。临时对象捕捉一次只能捕捉对象上的一个特征点，而且只能使用一次，再次使用必须重新设置，因此也称一次对象捕捉或单点捕捉。

“对象捕捉”工具栏如图 2-7 所示。

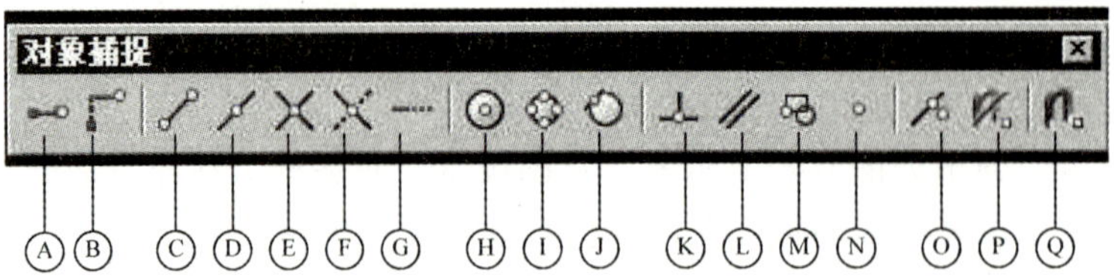

Ⓐ—临时追踪点；Ⓑ—捕捉自；Ⓒ—捕捉端点；Ⓓ—捕捉到中点；Ⓔ—捕捉到交点；Ⓕ—捕捉到外观交点；Ⓖ—捕捉延长线；Ⓗ—捕捉到圆心；Ⓘ—捕捉到象限点；Ⓙ—捕捉到切点；Ⓚ—捕捉到垂足；Ⓛ—捕捉到平行线；Ⓜ—捕捉到插入点；Ⓝ—捕捉到节点；Ⓞ—捕捉到最近点；Ⓟ—无捕捉；Ⓠ—对象捕捉设置

图 2-7　“对象捕捉”工具栏

在绘图过程中，当系统提示指定点时，可单击“对象捕捉”工具条上的相应图标按钮，然后在对象上进行捕捉，也可单击对象捕捉快捷菜单(如图 2-8 所示)的某一捕捉选项。调出对象捕捉快捷菜单的方法是：按住 Shift 键或 Ctrl 键，同时单击鼠标右键，或者在要求捕捉到某个特征点时，用键盘输入某个对象捕捉的关键字进行捕捉，对象捕捉关键字见表 2-1。

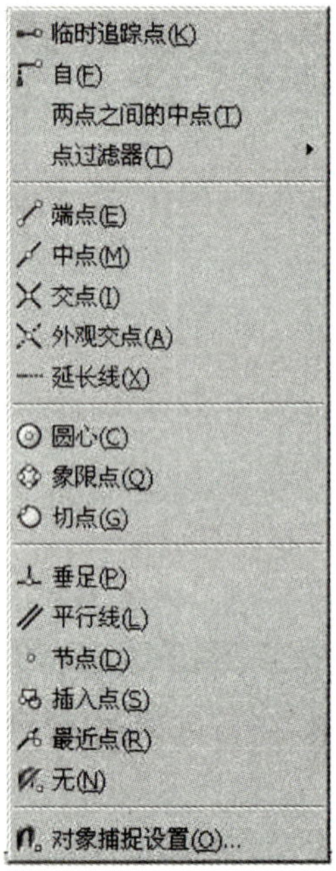

图 2-8　“对象捕捉”快捷菜单

【例 2-1】　已知两相交直线和一圆弧，如图 2-9(a)所示。按要求绘制图形 *ABCDE*，如图 2-9(b)所示，其中点 *A* 是圆弧的中点，点 *B* 是圆弧的圆心，点 *C* 是两直线的交点，点 *D* 是圆弧的一端点，*DE* 与 *BC* 垂直，点 E 为垂足。

利用自动对象捕捉的绘图方法：

命令：_line ↓　　//在命令行输入 line 命令项并回车；

指定第一点：　　//移动鼠标至点 *A* 附近出现捕捉标记后单击；

指定下一点或[放弃(U)]：　　//移动鼠标至点 *B* 附近出现捕捉标记后单击；

指定下一点或 [放弃(U)]：　　//移动鼠标至点 *C* 附近出现捕捉标记后单击；

指定下一点或 [闭合(C)/放弃(U)]：　　//移动鼠标至点 *D* 附近出现捕捉标记后单击；

指定下一点或 [闭合(C)/放弃(U)]：　　//移动鼠标至点 *E* 附近出现捕捉标记后单击；

指定下一点或 [闭合(C)/放弃(U)]：↓ //回车结束命令。

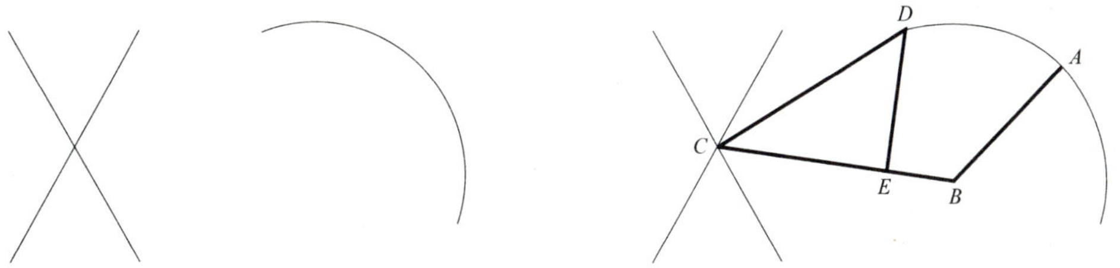

(a)已知 (b)利用自动对象捕捉绘图

图 2-9 对象捕捉的应用

利用“对象捕捉”工具栏进行临时对象捕捉的绘图方法：

命令：_line↓	//在命令行输入 line 命令并回车；
指定第一点：_mid 于	//单击“中点”捕捉按钮，并移动鼠标至点 *A* 附近出现捕捉标记后单击；
指定下一点或[放弃(U)]：_cen 于	//单击“圆心”捕捉按钮，并移动鼠标至点 *B* 附近出现捕捉标记后单击；
指定下一点或[放弃(U)]：_int 于	//单击“交点”捕捉按钮，并移动鼠标至点 *C* 附近出现捕捉标记后单击；
指定下一点或[闭合(C)/放弃(U)]：_endp 于	//单击“端点”捕捉按钮，并移动鼠标至点 *D* 附近出现捕捉标记后单击；
指定下一点或[闭合(C)/放弃(U)]：_per 到	//单击“垂足”捕捉按钮，并移动鼠标至点 *E* 附近出现捕捉标记后单击；
指定下一点或[闭合(C)/放弃(U)]：↓	//回车结束命令。

利用上述两种绘图方法均可得到如图 2-9(b)所示图形。

第四节 设置绘图单位及绘图界限

一、设置绘图单位

AutoCAD 提供了适合建筑、机械等行业专业绘图的各种绘图单位，如英寸、英尺、毫米等，并提供了多种精度范围。因此，在绘图前，用户可以根据使用的度量单位及其精度要求设置绘图单位。一般绘图单位设为毫米。

(一)设置方法

设置绘图单位可通过“图形单位”对话框来实现。可通过下述几种方法调出该对话框：

- 下拉菜单法：格式→单位…；
- 键盘输入法：Units(简捷命令为 Un)↓。

执行命令后，弹出如图 2-10 所示的“图形单位”对话框，图中各参数均为默认设置值。

(二)对话框说明

“图形单位”对话框中包括长度、角度、插入比例和输出样例 4 个选项组。

1. “长度”选项组

“长度”选项组，用于选择长度单位类型及精度。长度单位类型包括分数、工程、建筑、科学和小数。一般选择小数。

2. “角度”选项组

“角度”选项组，用于选择角度单位类型及精度。角度单位类型有百分度、度/分/秒、弧度、勘测单位、十进制度数。

勾选“顺时针”复选框时，以顺时针方向作为测量角度的正方向；否则以系统默认方向——逆时针方向作为测量角度的正方向。

3. “方向”按钮

单击“方向...”按钮，弹出“方向控制”对话框，如图 2-11 所示，在该对话框中可以确定基准角度(即 0° 角)方向。通过选择“东、北、西、南或其他”单选按钮来设置 0° 角方向，默认为东，也就是沿 X 轴正方向为 0° 角方向。

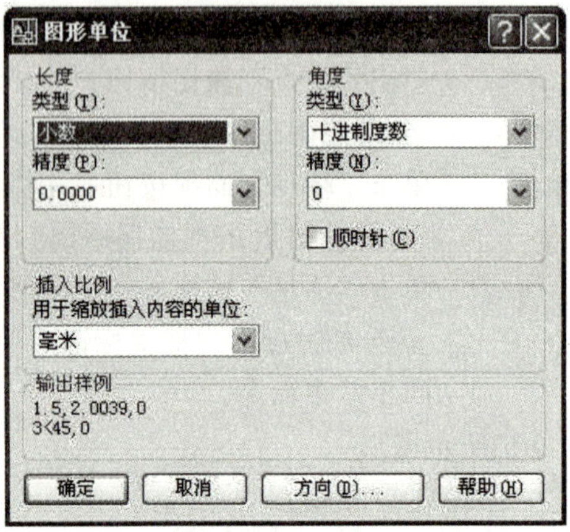

图 2-10　“图形单位”对话框

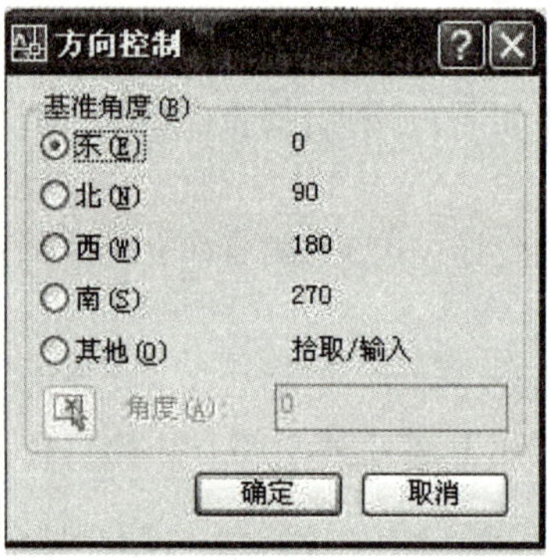

图 2-11　“方向控制”对话框

二、设置绘图界限

在 AutoCAD 中，无论采用实际尺寸绘图，还是采用某种比例绘图，为了便于绘图的规范及检查，设置绘图的工作区域都是必要的。绘图界限是绘图的有效区域，可理解为图纸边界。应用时只需设置图纸的左下角点和右上角点的坐标，就可建立一个不可见的矩形绘图边界，AutoCAD 默认的绘图界限为 A3 图纸幅面，尺寸为 297 mm × 420 mm。

设置绘图界限可采用以下几种方法：

- 下拉菜单法：格式→图形界限；
- 键盘输入法：Limits↓。

执行命令后，命令行提示：

重新设置模型空间界限：

指定左下角点或[开(ON)/关(OFF)] <0.0000，0.0000>：↓；

指定右上角点<420.0000，297.0000>：↓。

执行上述操作后，绘图界限设置为 297 mm×420 mm。在提示中，若以“ON”响应，则绘图超出设置的绘图范围，系统会出现“超出界限”的提示；若以“OFF”响应，则关闭边界检验功能，可超出所设置的绘图范围进行绘图。

第五节　栅格及间隔捕捉

点的精确定位除采用直接输入坐标或采用对象捕捉方式外，AutoCAD 还提供了栅格、间隔捕捉的方法。栅格和间隔捕捉联合使用可以显示并捕捉到符合设置要求的点。

一、栅格

栅格是一些按指定间距排列的规则点，仅显示在绘图界限范围内。使用栅格类似于在图形下放置一张坐标纸，利用栅格可以对齐对象并直观显示对象之间的距离。栅格不能被打印。

可通过下面方法完成栅格间距的设置并打开或关闭栅格：

- 下拉菜单法：工具→草图设置…；
- 键盘输入法：Grid↓(使用该方法，可通过命令行进行设置)。

执行命令后，弹出如图 2-12 所示的“草图设置”对话框的“捕捉和栅格”选项卡。

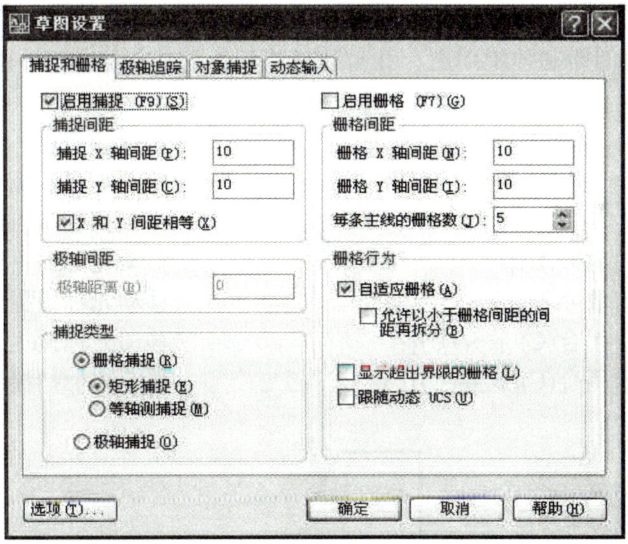

图 2-12　“捕捉和栅格”选项卡

在“栅格间距”选项组中，可设置“栅格 X 轴间距(N)”和“栅格 Y 轴间距(I)”，二者间距可以相等，也可以不相等，一般设置为相等，默认值为 10。

在“栅格行为”选项组中，“自适应栅格(A)”是指如果放大或缩小图形，将会自动调整栅格间距，使其更适合新显示的比例，称为自适应栅格显示。

单击图 2-12 中的“捕捉和栅格”选项卡，勾选“启用栅格(F7)(G)”复选框，打开栅格功能，可在屏幕上显示栅格点。

采用下列方法也可打开或关闭栅格，控制栅格的显示：

- 功能键法：F7；
- 状态栏法：单击“栅格”开关按钮。

二、间隔捕捉

间隔捕捉功能用于限制十字光标的移动，使其按照用户定义的捕捉间距移动。“栅格”模式和“捕捉”模式各自独立，但经常同时打开使用，并使捕捉间距与栅格间距相同，这样鼠标就只能“落在”栅格点上。

可通过下列方法完成捕捉间距的设置，并打开或关闭间隔捕捉功能：

- 下拉菜单法：工具→草图设置…；
- 键盘输入法：Snap↓(使用该方法，可通过命令行进行设置)。

执行命令后，弹出如图 2-12 所示的“草图设置”对话框的“捕捉和栅格”选项卡。

在“捕捉间距”选项区，可设置“捕捉 X 轴间隔(P)”和“捕捉 Y 轴间距(C)”。为便于应用，一般将栅格间距和捕捉间距设置为相等，默认值为 10。

勾选“启用捕捉”复选框，打开捕捉功能，可控制光标在屏幕上的移动距离。

采用下列方法也可打开和关闭间隔捕捉功能：

- 功能键法：F9；
- 状态栏法：单击“捕捉”开关按钮。

【例 2-2】 如图 2-13 所示为利用栅格与间隔捕捉功能绘制图形的实例。先根据需要设置相同的栅格间距和捕捉间距，并打开栅格和捕捉功能，然后直接捕捉 *A*、*B* 等栅格点绘制所需图形。

命令：Line↓　　//在命令行输入 Line 命令并回车；
指定第一点：<捕捉　开>　<栅格　开>　　//打开捕捉和栅格功能，移动光标捕捉到栅格点 *A*；
指定下一点或[放弃(U)]：　　//移动光标捕捉到栅格点 *B*；
指定下一点或[放弃(U)]：　　//移动光标捕捉到栅格点 *C*；
指定下一点或[闭合(C)/放弃(U)]：　　//移动光标捕捉到栅格点 *D*；
指定下一点或[闭合(C)/放弃(U)]：　　//移动光标捕捉到栅格点 *E*；
……

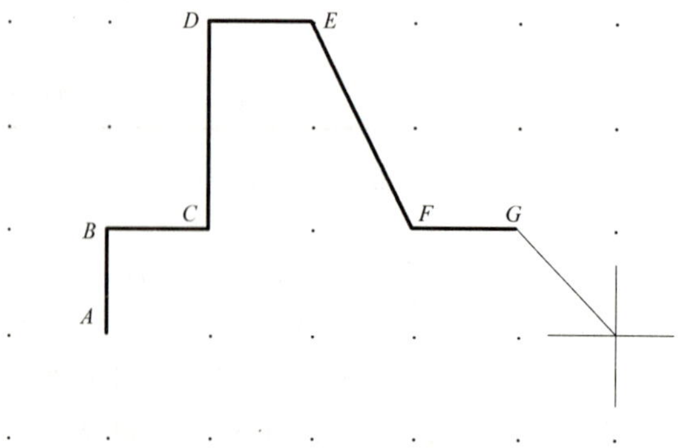

图 2-13　栅格与间隔捕捉功能的应用

第六节 正交工具

利用正交工具可方便地绘制出与当前坐标轴平行的直线，默认状态下沿水平或竖直方向。

打开或关闭正交工具，可采用以下几种方法：

- 键盘输入法：Ortho↓；
- 功能键法：F8；
- 状态栏法：单击“正交”开关按钮。

正交功能打开后，用鼠标定位点时，只能控制在水平或垂直方向，除非捕捉了某特征点。默认状态下，在绘制直线时，只需输入直线的长度值，便可沿鼠标引导控制的方向绘制出指定长度的直线。

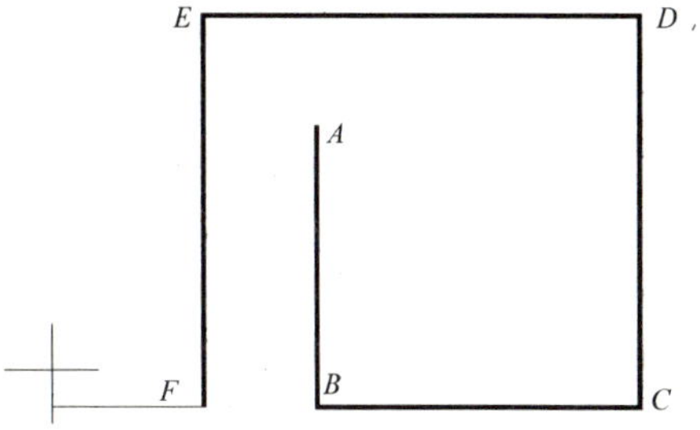

图 2-14 正交功能的应用

【例 2-3】 利用正交工具，绘制如图 2-14 所示图形。

命令：<正交 开> //打开正交工具；
命令：Line↓ //在命令行输入 Line 命令并回车；
Line 指定第一点： //用鼠标直接拾取，确定直线起点位置 *A*；
指定下一点或[放弃(U)]：50↓ //向下移动光标，输入 50 回车确定直线端点位置 *B*；
指定下一点或 [放弃(U)]：60↓ //向右移动光标，输入 60 回车确定直线端点位置 *C*；
指定下一点或 [闭合(C)/放弃(U)]：70↓ //向上移动光标，输入 70 回车确定直线端点位置 *D*；
指定下一点或 [闭合(C)/放弃(U)]：80↓ //向左移动光标，输入 80 回车确定直线端点位置 *E*；
指定下一点或 [闭合(C)/放弃(U)]：70↓ //向下移动光标，输入 70 回车确定直线端点位置 *F*；
指定下一点或 [闭合(C)/放弃(U)]：
……

第七节 自动追踪功能

自动追踪功能是帮助用户通过与前一点或与其他对象上特征点间的特定关系来创建对象，从而准确、迅速地绘制图形。

一、极轴追踪功能

极轴追踪功能可认为是极坐标功能的一种应用。启动该功能后，当光标经过所设置极轴增量角及其倍角的方向时，将形成一条辅助追踪线并有工具栏提示，沿着这条辅助线很容易追踪到所需点。

通过下面方法可进行极轴追踪设置，打开或关闭极轴追踪功能：

- 下拉菜单法：工具→草图设置…。

单击“草图设置”对话框中的“极轴追踪”选项卡，如图 2-15 所示。

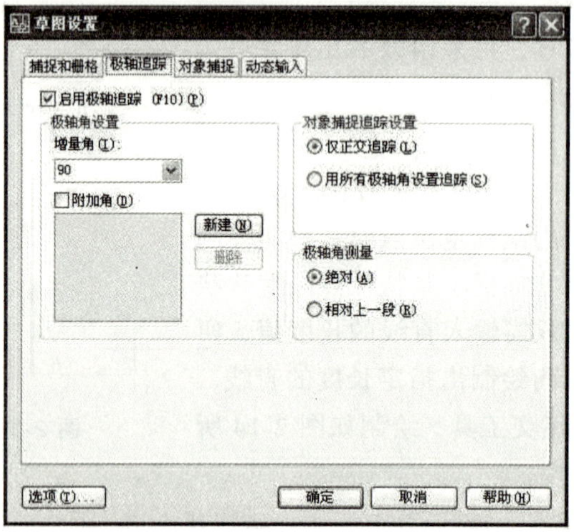

图 2-15　“极轴追踪”选项卡

“极轴角设置”选项组：在“增量角”下拉列表中可设置极轴追踪角度。若该角度输入为 30°，则当光标经过 0°、30°、60° 等 30° 角及其倍角时，系统都会显示一条辅助追踪线。

“对象捕捉追踪设置”选项组：可设置对象捕捉追踪的模式。若“仅正交追踪”功能打开，表示只允许光标沿水平或竖直方向进行对象捕捉追踪；若“用所有极轴角设置追踪”功能打开，则表示可以沿任何极轴追踪角方向进行对象捕捉追踪。

“极轴角测量”选项组：可设置极坐标追踪的角度测量基准。“绝对”单选按钮，表示以当前坐标系的 *X* 轴正方向为基准测量极坐标追踪角度；“相对上一段”单选按钮，表示基于所绘制的上一直线段确定极轴追踪角度。

在该选项卡中，勾选“启用极轴追踪”复选框可打开极轴追踪功能。

打开或关闭极轴追踪功能，还可采用以下几种方法：

- 功能键法：F10；
- 状态栏法：单击“极轴”开关按钮。

正交功能和极轴追踪功能不可同时使用，但正交功能的使用可以理解为将极轴追踪角度设置为 90° 进行极轴追踪。

【例 2-4】　绘制如图 2-16 所示的直线。

在“极轴追踪”选项卡中将“极轴角设置”的“增量角”设置为 30°。打开极轴追踪功能，命令操作如下：

命令：Line↓　　　　//在命令行输入 Line 命令并回车；

指定第一点：　　　　//用鼠标直接拾取，确定直线起点位置 *A*；

指定下一点或[放弃(U)]：50↓　　//追踪到 300°后，直接输入极径值 50 回车，确定点 *B*；

指定下一点或[放弃(U)]：80↓　　//追踪到 0°后，直接输入极径值 80 回车，确定 *C* 点；

指定下一点或[闭合(C)/放弃(U)]：50↓　　//追踪到 60°后，直接输入极径值 50 回车，确定点 *D*；

指定下一点或[闭合(C)/放弃(U)]：

……

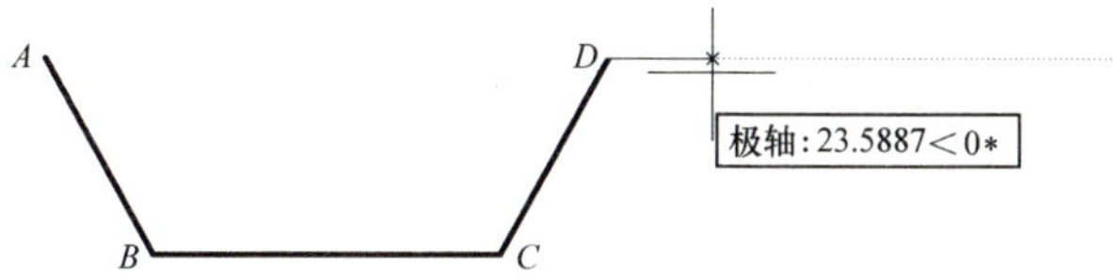

图 2-16　极轴追踪功能的应用

二、对象捕捉追踪功能

对象捕捉追踪是在对象捕捉功能的基础上进行的。在使用对象捕捉追踪功能前，应先设置好对象捕捉特征点，并将对象捕捉功能打开。

通过下面方法进行对象捕捉追踪设置，并打开或关闭对象捕捉追踪功能：

- 下拉菜单法：工具→草图设置…。

单击“草图设置”对话框中的“对象捕捉”选项卡，设置对象捕捉点，参见图 2-6。

在该选项卡中，勾选“启用对象捕捉追踪”复选框，打开对象追踪功能。使用该功能光标能够沿着选择的捕捉点所生成的辅助线方向进行追踪，直至找到所需的准确位置。一般可以从捕捉点沿水平对齐、竖直对齐或沿极轴追踪角度对齐方向进行追踪。

打开或关闭对象捕捉追踪功能，可用下面方法：

- 功能键法：F11；
- 状态栏法：单击“对象追踪”开关按钮。

【例 2-5】　对象捕捉追踪应用。

绘图时，将光标放置在对象捕捉点的附近，鼠标不进行点击而是稍稍停顿便可获取该点，此时该点上显示出标记，然后在水平对齐、垂直对齐或按设置的极轴追踪角度对齐方向上拖动鼠标显示出需要的对齐路径。如图 2-17 所示，分别为水平对齐路径、竖直对齐路径、水平对齐路径和竖直对齐路径的交点。

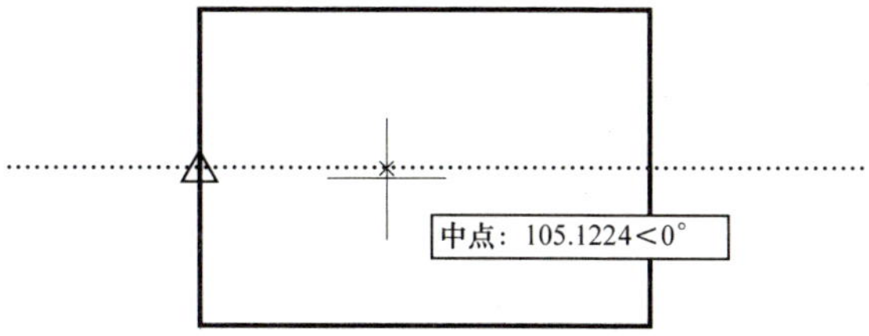

(a)水平对齐路径

图 2-17　对象捕捉追踪应用

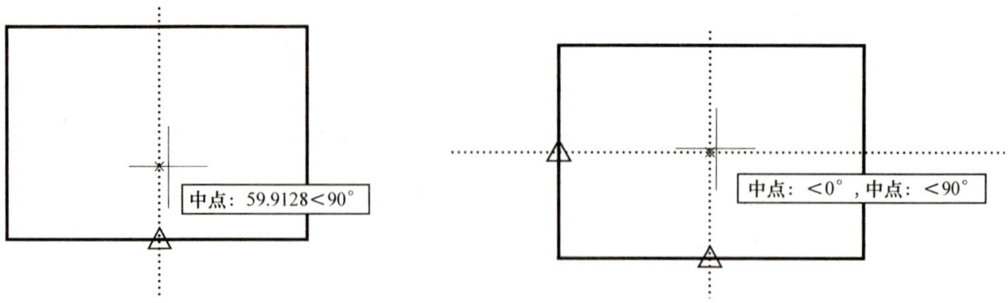

(b)竖直对齐路径　　(c)水平对齐路径和竖直对齐路径的交点

续图 2-17

三、“捕捉自”功能

“捕捉自”功能不属于对象捕捉模式，但经常与对象捕捉功能一起使用，用于确定一个与捕捉的临时参照点有一定偏移量的点。在执行命令过程中，欲确定某点位置时，若启用“捕捉自”工具，则系统提示选择基点，并将所选基点作为临时参照点；接下来按提示输入欲确定点与所选基点间的坐标偏移量即可。

输入两点间的坐标偏移量，一般采用本章第二节中介绍的相对坐标输入法。

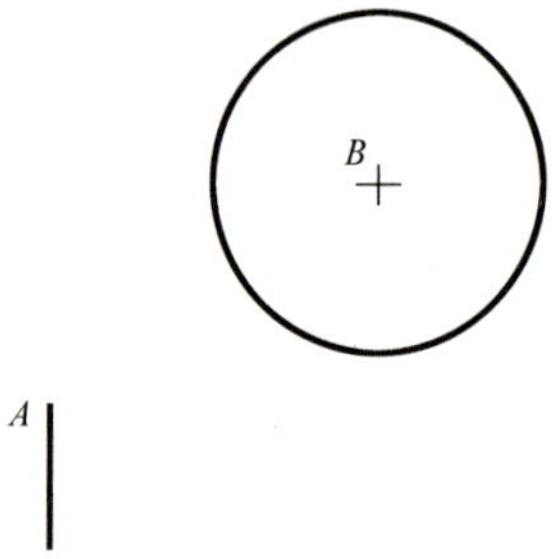

图 2-18　“捕捉自”功能的应用

【例 2-6】 绘制如图 2-18 所示的半径为 30 的圆。要求：圆心位置点 *B* 相对于直线的端点 *A* 沿 *X* 方向增加 60，沿 *Y* 方向增加 40。

命令：Circle↓　　//在命令行输入 Circle 命令并回车；

Circle 指定圆的圆心或[三点(3P)/两点(2P)/相切、相切、半径(T)]：_from 基点：

//单击“捕捉自”图标(参见图 2-7)，出现“_from 基点”提示；

<偏移>：@60,40↓　　//捕捉直线的端点 *A*，提示“<偏移>：”输入“@60,40”，确定点 *B* 位置；

指定圆的半径或[直径(D)] <20.0000>：30↓　　//输入半径 30 并回车。

四、临时追踪点功能

临时追踪点功能并不是确定一个真正的点的位置，而是在应用时创建一个临时追踪参考点，然后在该点的基础上确定追踪路径，得到其他点的位置。本功能经常和对象捕捉追踪功能结合使用。

【例 2-7】 绘制如图 2-19 所示半径为 30 的圆。要求：圆心位置位于点 *E* 正上方 40；点 *E* 位于过一倾斜直线端点 *A* 的水平方向直线与过另一水平直线的中点 *B* 的竖直方向直线的交点上。

命令：Circle↓　　//在命令行输入 Circle 命令并回车；

指定圆的圆心或[三点(3P)/两点(2P)/相切、相切、半径(T)]：_tt 指定临时对象追踪点：
//单击“临时追踪点”图标(见图 2-7)，参照图 2-17 所示方法，单击点 *E*，在点 *E* 出现临时追踪点“+”标记，如图 2-19(a)所示；

指定圆的圆心或 [三点(3P)/两点(2P)/相切、相切、半径(T)]： 40↓
//向上拖动鼠标，见图 2-19(b)，出现“轨迹点”提示后输入 40 并回车，确定圆心位置；

指定圆的半径或 [直径(D)] <30.0000>：30↓
//输入半径 30 并回车，见图 2-19(c)。

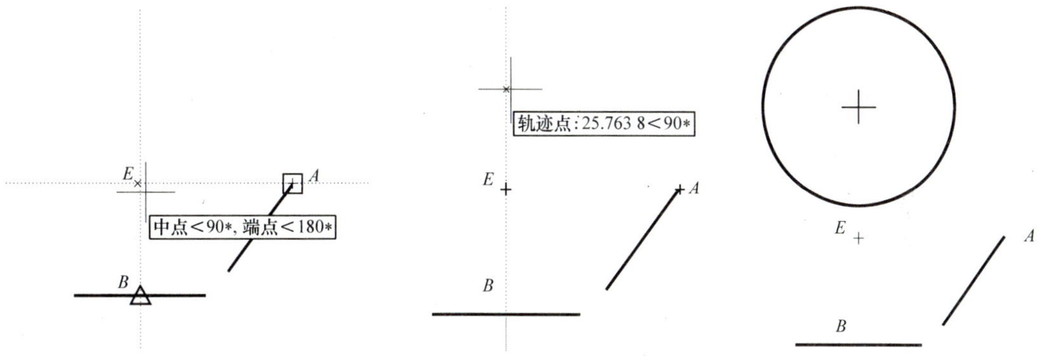

(a)极轴追踪确定点 *E*　(b)利用“临时追踪点”确定圆心位置　(c)绘制圆

图 2-19　临时追踪点功能的应用

第八节　动态输入简介

动态输入可以将命令行的输入移植到工作区，输入框随着光标动态移动，用户便可直观、动态地输入命令参数。“动态输入”在光标附近提供了一个命令界面，以帮助用户专注于绘图区域。

默认状态下，启用“动态输入”后，在命令执行过程中，将在光标附近显示工具栏提示信息，该信息随着光标移动而动态更新。

通过下面方法进行动态输入设置，并打开或关闭动态输入功能：

• 下拉菜单法：工具→草图设置…。

单击“草图设置”对话框中的“动态输入”选项卡，如图 2-20 所示。该选项卡上包括指针输入、标注输入和动态提示 3 个选项组。

“指针输入”选项组：当启用指针输入且在执行命令时，十字光标的位置将在光标附近的工具栏提示中显示为坐标。此时可在工具栏提示中直接输入坐标值，而不需在命令行中输入。单击“设置”按钮，可设置坐标的显示格式，以及控制指针输入工具栏提示在何时显示。

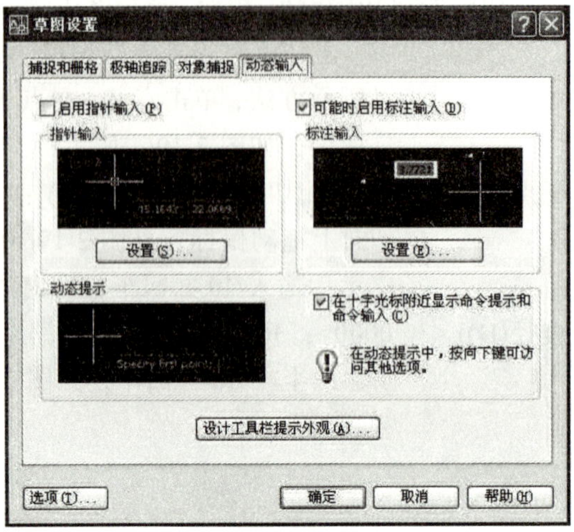

图 2-20　“动态输入”选项卡

“标注输入”选项组：启用标注输入，当命令提示输入第二点时，工具栏提示将动态显示光标所在位置相对于上一点的距离和角度值。单击“设置”按钮，可设置工具栏提示中显示的字段数。默认显示为距离和角度两个字段。通过使用 Tab 键，可实现在两字段间的输入切换；如果在输入一个值后，直接使用回车键，则第二个输入字段将被忽略。

“动态提示”选项组：启用动态提示时，若不勾选“在十字光标附近显示命令提示和命令输入”复选框，则工具栏提示中仅显示两个字段。在执行命令过程中，按“下箭头键”可以查看和选择选项；按“上箭头键”可以显示最近的输入。

打开或关闭动态输入也可采用以下几种方法：

- 功能键法：F12；
- 状态栏法：单击“DYN”开关按钮。

默认状态下，启用“动态输入”后，在命令执行过程中所输入的坐标值为相对值，前面无需再输入符号“@”；欲输入绝对坐标值，应在前面输入符号“#”，如#200,100。

第三章　简单二维图形的绘制

第一节　显示控制命令

AutoCAD 为用户提供了非常方便的用于观察图形的显示控制功能，合理利用这些功能可以灵活观察图形的全貌、局部，以及当前未显示在屏幕区域内的图形，从而提高绘图效率。AutoCAD 将显示控制命令集中放在“视图”下拉菜单中。

这里重点介绍缩放命令 Zoom、平移命令 Pan、重生成命令 Regen。

一、图形的缩放——Zoom

如何在大小不变的计算机屏幕上观察图形的全貌、局部和细节，就是图形缩放命令——Zoom 命令要实现的功能。执行 Zoom 命令并不改变图形对象的实际尺寸，仅改变图形在屏幕上的显示尺寸。该命令类似于照相机的镜头，可以放大或缩小观察区域，在近处可放大显示图形的某一部分，在远处可观察全部图形。这与本章后面要介绍的比例缩放(Scale)命令是不同的。

可通过以下方式调用该命令：

- 单击按钮法：(实时缩放、窗口缩放、缩放上一个——在“标准”工具栏中)；
- 下拉菜单法：视图→缩放→选择所需选项；
- 键盘输入法：Zoom(简捷命令为 Z)↓。

注意：“窗口缩放”按钮为一个嵌套按钮，用鼠标左键按住该按钮不放，会弹出下拉式按钮，包含了 Zoom 命令的其他选项。

执行命令后，系统做如下提示：

命令：Zoom↓　　　　　　　　　　　　//在命令行输入 Zoom 命令并回车。

[全部(A)/中心(C)/动态(D)/范围(E)/上一个(P)/比例(S)/窗口(W)/对象(O)] <实时>：

其中常用选项的含义：

(1)实时：该选项为系统默认选项。使用“实时”选项时，按住鼠标左键不放，可以通过向上(图形显示放大)或向下(图形显示缩小)移动鼠标进行动态缩放。单击鼠标右键，可以显示包含其他视图选项的快捷菜单。

(2)全部：该选项表示缩放显示整个图形及图形界限。

(3)窗口：该选项允许以输入矩形窗口中的两个对角点的方式确定要观察的区域。系统将所选区域放大至满屏。

(4)上一个：该选项将恢复上一次显示的图形。用户可连续使用该选项依次恢复以前编辑查看的图形，但连续操作不能超过 10 次。

由于滚轮鼠标的应用，缩放图形对象的操作已变得相对简单，向前转动滚轮即可放大图形，向后转动滚轮即可缩小图形。

二、平移——Pan

Pan 命令用于在不改变图形显示比例的前提下，观察图形的不同部分。

可通过以下方式调用该命令：

- 单击按钮法：(平移——在“标准”工具栏中)。
- 下拉菜单法：视图→平移→选取相应选项。
- 键盘输入法：Pan(简捷命令为 P)↓。

执行 Pan 命令后，十字光标将变为手形光标，如图 3-1(a)所示。按住鼠标左键，将光标锁定在当前位置，然后移动鼠标，窗口中的图形将随着光标沿同一方向移动；释放鼠标左键，则平移停止；按 Esc 键或 Enter 键均可结束平移操作。直接按住鼠标中间的滚轮，同时移动鼠标也可完成平移操作。

如果将图形平移到逻辑范围的边界，手形光标如图 3-1(b)所示。哪个方向到达了边界，就在手形光标的哪一侧显示一个边界栏，同时在状态栏上显示信息，明确指出已将图形平移到边界，并且不能继续沿该方向平移。

(a)　　(b)

图 3-1　手形光标

三、重生成——Regen

当改变了一些系统的设置，如改变了点的样式、填充模式和快速文本显示模式时，或者尺寸很小的圆或圆弧等被显示放大后产生了变形时，只有重生成图形才能使显示的图形与系统设置保持一致，如图 3-2 所示。

可通过以下方式调用该命令：

- 下拉菜单法：视图→重生成(G)；
- 键盘输入法：Regen(简捷命令为 RE)↓。

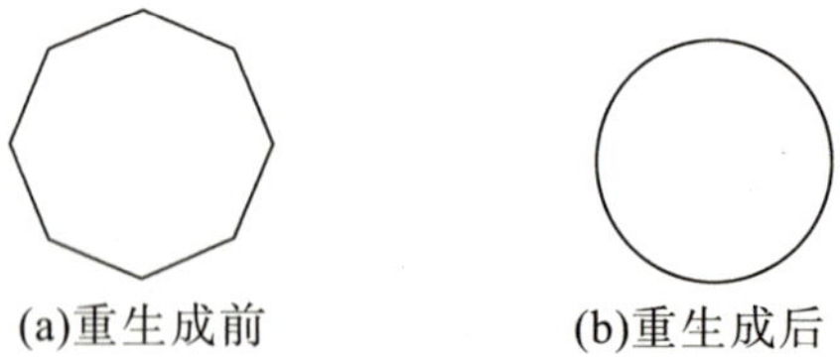

(a)重生成前　　(b)重生成后

图 3-2　重生成命令

第二节　几个常用的绘图命令

本节将以实例来介绍直线、圆、圆弧、椭圆、矩形、正多边形的绘制方法，它们是学习 AutoCAD 的基础。

一、直线——Line

(一)命令

Line 命令可以绘制一系列首尾相接的直线段,其中每一条直线均为各自独立的对象。绘制直线需确定两个点的位置，可以在绘图区使用十字光标选择点，也可采用输入坐标值的方式来确定点。

可通过以下方式调用该命令：

- 单击按钮法：(直线——在“绘图”工具栏中)；
- 下拉菜单法：绘图→直线；
- 键盘输入法：Line(简捷命令为 L)↓。

执行命令后，系统做如下提示：

命令：Line↓	//在命令行输入 Line 命令并回车；
指定第一点：	//指定直线的第一点；
指定下一点或[放弃(U)]：	//指定直线的端点，或键入“U”取消上一点；
指定下一点或[放弃(U)]：	//指定直线的端点，或键入“U”取消上一点；
指定下一点或[闭合(C)/放弃(U)]：	//指定直线的端点，若键入“C”系统将用一条直线连接最后一点与起点，形成一个封闭的图形，同时结束结束命令。

(二)实例

利用直线命令绘制标高符号。

根据前面章节介绍的对象追踪设置方法，设置角度增量为 45°。

绘制过程：

命令：Line↓	//在命令行输入 Line 命令并回车；
指定第一点：	//在屏幕的适当位置指定点 *a*；
指定下一点或[放弃(U)]：6↓	//利用对象追踪，追踪方向水平向右，距离为 6，得到点 *b*；
指定下一点或[放弃(U)]：	//过直线 *ab* 中点的追踪线与 225° 极轴追踪线的交点单击鼠标，得到点 *c*；
指定下一点或[闭合(C)/放弃(U)]：C↓	//选择闭合选项。

重新调用 Line 命令，过点 *b* 向右画长度为 12 的水平线。

标高符号绘制完成，结果如图 3-3 所示。

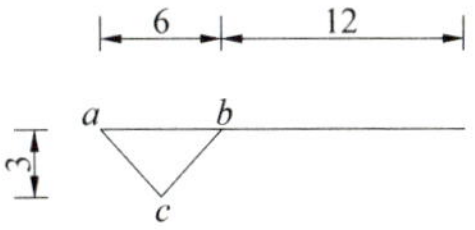

图 3-3　标高符号的绘制

二、圆——Circle

(一)命令

Circle 命令提供了 6 种不同的绘制圆的方式。图 3-4 为“绘图”下拉菜单中的“圆”

的子菜单。

可通过以下方式调用该命令：

- 单击按钮法：(圆——在“绘图”工具栏中)；
- 下拉菜单法：绘图→圆→选择相应的子菜单；
- 键盘输入法：Circle(简捷命令为 C)↓。

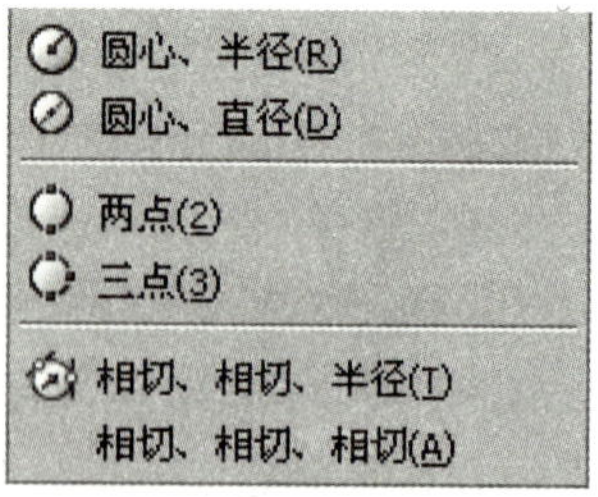

图 3-4　“圆”的子菜单

执行 Circle 命令后，命令行作如下提示：

命令：Circle↓　　　　　　//在命令行输入Circle命令并回车；

指定圆的圆心或[三点(3P)/两点(2P)/相切、相切、半径(T)]：

　　　　　　//指定圆心或选择不同的绘制圆的方法。

根据不同响应，即圆的不同画法，系统进一步的提示也不相同。现分别介绍如下：

(1)“圆心、半径”方式(默认选项)：基于指定圆心和半径的方法绘制圆。当确定圆心后，可直接拖动鼠标确定半径，也可通过键盘输入半径值，见图 3-5(a)。

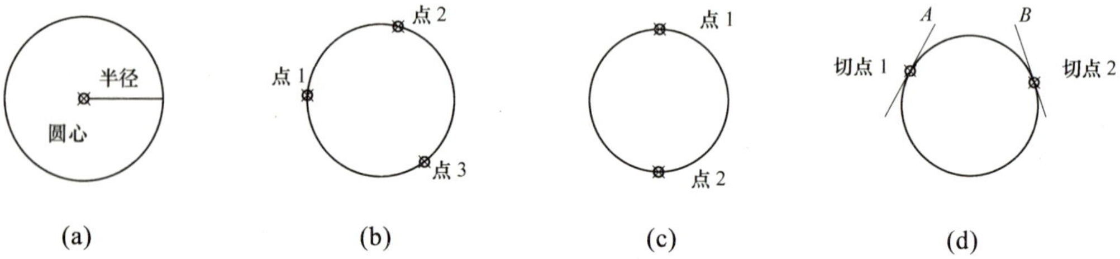

图 3-5　绘制圆的方法

(2)“圆心、直径”方式：基于指定圆心和直径的方法绘制圆。确定圆心后，在命令行输入“D”并回车，再指定圆的直径。

(3)“三点(3P)”方式：用指定圆上 3 点的方法绘制圆。分别指定 3 个点后，得到一个圆。注意 3 个点不能在一条直线上，见图 3-5(b)。

(4)“两点(2P)”方式：用指定的两点作为圆的直径来绘制圆，见图 3-5(c)。

(5)“相切、相切、半径(T)”方式：用指定的半径绘制圆，该圆与两个对象相切，如图 3-5(d)所示。采用该方法绘制圆时，按提示移动鼠标到直线 *A*(这时会自动出现“切点捕捉”标记)，在直线 *A* 的任意位置单击鼠标左键指定切点 1，同理在直线 *B* 上指定切点 2，再按提示输入半径值。

(6)“相切、相切、相切(A)”方式：绘制与 3 个对象相切的圆。分别在 3 个对象上各指定一点，系统自动计算后绘制出圆。该选项只能在下拉菜单中完成。

注意：在方式(5)和(6)中，指定对象上的切点时，并不一定就是所要求的精确的切点位置，精确的切点位置由 AutoCAD 自动确定。

(二)实例

绘制如图 3-6(a)所示三角形 *ABC* 的内切圆。

绘制过程：

- 下拉菜单法：绘图→圆→选择“相切、相切、相切(A)”选项。

命令行提示：

命令：_circle 指定圆的圆心或[三点(3P)/两点(2P)/相切、相切、半径(T)]：_3p 指定圆上的第一个点：_tan 到　　//在 *AB* 边上指定切点 1；

指定圆上的第二个点：_tan 到　　//在 *AC* 边上指定切点 2；

指定圆上的第三个点：_tan 到　　//在 *BC* 边上指定切点 3；

内切圆绘制完成，结果如图 3-6(b)所示。

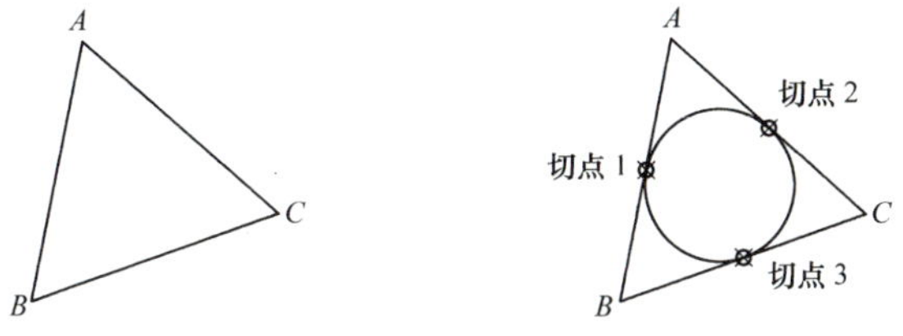

(a)已知三角形　　(b)绘制内切圆

图 3-6　绘制三角形内切圆

三、圆弧——Arc

(一)命令

Arc 命令提供了多种不同的绘制圆弧的方式。图 3-7 为“绘图”下拉菜单中的“圆弧”子菜单。

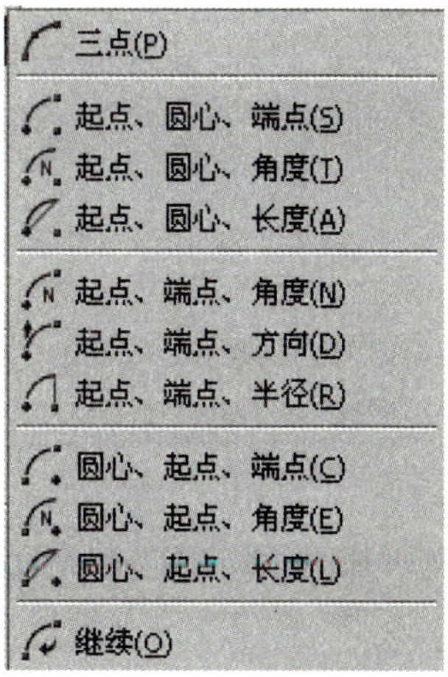

图 3-7　“圆弧”子菜单

可通过以下方式调用该命令：

- 单击按钮法：(圆弧——在“绘图”工具栏中)；
- 下拉菜单法：绘图→圆弧→选择相应的子菜单；
- 键盘输入法：Arc(简捷命令为 A)↓。

现对绘制圆弧的几种常用方法进行简要介绍：

(1)“三点”方式(默认选项)：用指定圆弧上的三点绘制圆弧。第一点为起点，第二点为圆弧上的任一点，第三点为终点。可以按顺时针方向也可以按逆时针方向指定三个点。

(2)“起点、圆心、xxx”方式：首先指定圆弧的起点和圆心，第三个参数 xxx 可以指定端点、角度或弦长中的任一个来完成圆弧。该方式默认以逆时针方向为绘制圆弧方向，角度、弦长均可为负值。角度(指圆心角)以逆时针方向为正，顺时针方向为负；弦长输入正值，绘制劣弧，弦长输入负值，绘制优弧。

(二)实例

利用“起点、圆心、端点”方式绘制圆弧 $\overset{\frown}{23}$，为如图 3-8(a)所示的门绘制开启线。

命令：ARC↓　　//在命令行输入 ARC 命令并回车

指定圆弧的起点或 [圆心(C)]：　　//鼠标单击点 2；

指定圆弧的第二个点或 [圆心(C)/端点(E)]：C↓　　//选择圆心选项；

指定圆弧的圆心：　　　　//鼠标单击点 1；

指定圆弧的端点或 [角度(A)/弦长(L)]：　　　　//鼠标单击点 3；

绘制完毕，结果如图 3-8(b)所示。

四、椭圆——Ellipse

(一)命令

Ellipse 命令用于绘制椭圆和椭圆弧。

可通过以下方式调用该命令：

- 单击按钮法：(椭圆或 椭圆弧——均在“绘图”工具栏中)；
- 下拉菜单法：绘图→椭圆→选择相应的子菜单(见图 3-9)；
- 键盘输入法：Ellipse(简捷命令为 EL)↓。

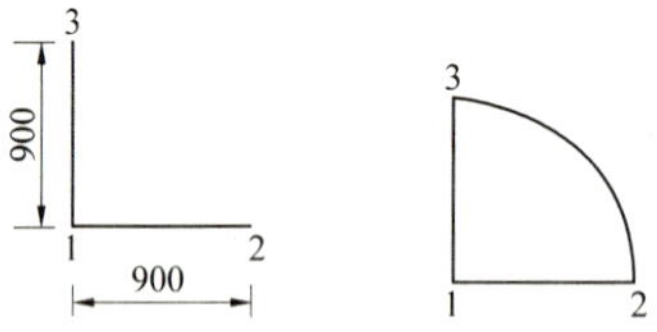

(a)　　(b)

图 3-8　绘制门的开启线

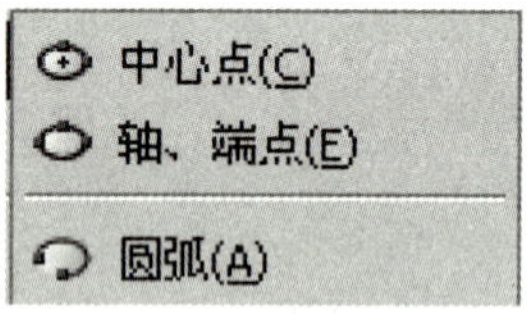

图 3-9　椭圆子菜单

现对绘制椭圆的各种方法进行简要介绍：

(1)已知轴、端点绘制椭圆：通过指定长、短轴端点绘制椭圆。

具体操作步骤：

命令：Ellipse↓　　　　//输入 Ellipse 命令并回车；

指定椭圆的轴端点或[圆弧(A)/中心点(C)]：　　　　//在点 *A* 处单击鼠标左键，输入椭圆的第一个轴端点；

指定轴的另一个端点：　　　　//在点 *B* 处单击鼠标左键，输入该轴的另一个轴端点；

指定另一条半轴长度或[旋转(R)]：　　　　//在点 *C* 处单击鼠标左键，绘制结果如图 3-10 所示。

注意：点 *C* 不一定在椭圆轮廓线上，但点 *C* 到 *AB* 两点连线中点的距离，确定椭圆的另一条半轴长度。

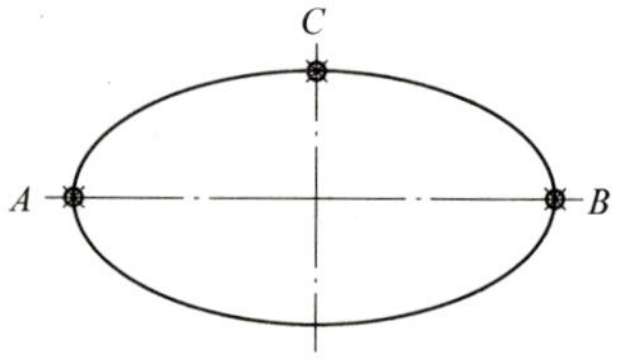

图 3-10　椭圆的绘制

(2)已知椭圆中心点绘制椭圆：“中心点”选项用于已知椭圆中心和轴端点时绘制椭圆。首先，系统提示输入椭圆中心点；然后，提示输入椭圆长轴或短轴的一个端点，该点至中心点距离为该轴长度的一半；最后，提示输入另一条半轴长度，可以用鼠标单击某点，该点至中心点的距离为另一轴长度的一半；也可直接输入另一条半轴长度数值。

(二)实例

绘制洗脸盆平面图，见图 3-11(a)。

绘制步骤：

(1)绘制洗脸盆外边框。利用 Line 命令绘制 600×300 的矩形，并绘制矩形对角线作为后续绘图的辅助线，结果如图 3-11(b)所示。

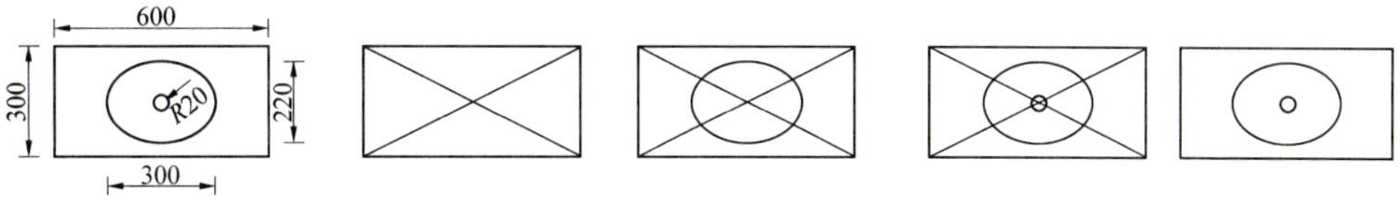

(a)　(b)　(c)　(d)　(e)

图 3-11　绘制洗脸盆

(2)绘制洗脸盆内边缘。利用 Ellipse 命令绘制长、短轴分别为 300，220 的椭圆。

具体操作步骤：

命令：_Ellipse↓　//输入 Ellipse 命令并回车；

指定椭圆的轴端点或 [圆弧(A)/中心点(C)]：C　//通过指定椭圆的圆心方式绘制椭圆；

指定椭圆的中心点：　//拾取矩形对角线交点作为椭圆的中心点；

指定轴的端点：@150,0　//利用相对坐标输入椭圆长轴的一个端点；

指定另一条半轴长度或[旋转(R)]：@0,110　//利用相对坐标输入椭圆短轴的一个端点；

绘制完毕，结果如图 3-11(c)所示。

(3)绘制半径为 20 的排水孔，排水孔的圆心为矩形对角线的交点，结果如图 3-11(d)所示；

(4)删除多余图线，结果如图 3-11(e)所示。

五、矩形——Rectang

(一)命令

Rectang 命令用于绘制矩形。其对象类型是“多段线”。

可通过以下方式调用该命令：

- 单击按钮法：(矩形——在“绘图”工具栏中)；
- 下拉菜单法：绘图→矩形；
- 键盘输入法：Rectang(简捷命令为 Rec)↓。

执行命令后，系统做如下提示：

命令：Rectang↓　//在命令行输入 Rectang 命令并回车；

指定第一个角点或[倒角(C)/标高(E)/圆角(F)/厚度(T)/宽度(W)]：

//在点 *A* 处单击鼠标左键，输入矩形的第一个角点；

指定另一个角点或[面积(A)/尺寸(D)/旋转(R)]:

//在点 *B* 处单击鼠标左键，输入矩形的第二个角点；

分别指定矩形的 *A*、*B* 两个对角点，即得到矩形，如图 3-12(a)所示。

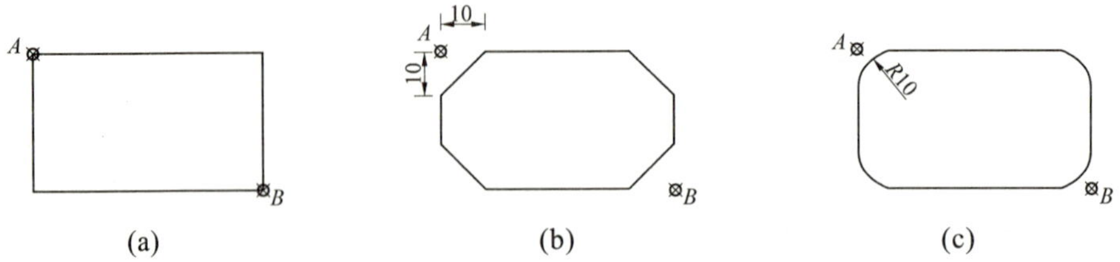

图 3-12　绘制矩形

该命令中主要选项的含义：

(1)“倒角(C)”：设置所绘制矩形的倒角距离。图 3-12(b)为设置“倒角距离=10”的绘制结果。

(2)“圆角(F)”：设置所绘制矩形的圆角半径。图 3-12(c)为设置“圆角半径=10”的绘制结果。具体操作步骤如下：

命令：Rectang↓　　//在命令行输入 Rectang 命令并回车；

指定第一个角点或[倒角(C)/标高(E)/圆角(F)/厚度(T)/宽度(W)]：F↓

//输入 F 选项,表示要重新设置圆角半径;

指定矩形的圆角半径<0.0000>：10↓　　//设置矩形圆角半径为 10；

指定第一个角点或[倒角(C)/标高(E)/圆角(F)/厚度(T)/宽度(W)]:

//在点 *A* 处单击鼠标左键,输入矩形的第一个角点;

指定另一个角点或[面积(A)/尺寸(D)/旋转(R)]:

//在点 *B* 处单击鼠标左键,输入矩形的第二个角点;

分别指定矩形的 *A*、*B* 两个对角点，即得到矩形，如图 3-12(c)所示。

(二)注意事项

退出该命令时，将保留现有的选项设置。

六、正多边形——Polygon

Polygon 命令用于绘制一个正多边形，绘制边数最多达 1024 条，其对象类型是“多段线”。

可通过以下方式调用该命令：

- 单击按钮法：(正多边形——在“绘图”工具栏中)；
- 下拉菜单法：绘图→正多边形；
- 键盘输入法：Polygon(简捷命令为 Pol)↓。

执行命令后，有 3 种方式绘制正多边形：

(1)“内接于圆(I)”：绘制一个内接于假想圆的正多边形。正多边形中心到各顶点的距离等于圆的半径，如图 3-13(a)所示。

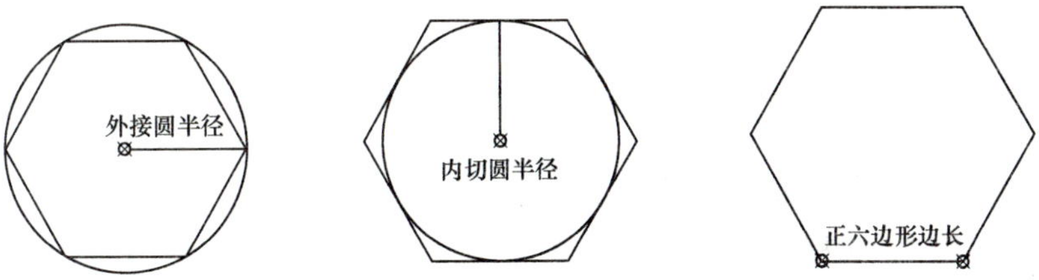

(a)内接正六边形　　(b)外切正六边形　　(c)已知边长绘制正六边形

图 3-13　绘制正六边形

(2) “外切于圆(C)”：绘制一个外切于假想圆的正多边形。正多边形中心到各边中点的距离等于圆的半径，如图 3-13(b)所示。

(3) “边(E)”：指定正多边形的边长。当已知正多边形的边长时用该方式，如图 3-13(c)所示。

绘制内接于圆的正六边形，操作步骤如下：

命令：Polygon↓　　//在命令行输入 Polygon 命令并回车；
输入边的数目 <4>：6↓　　//指定正多边形边数；
指定正多边形的中心点或[边(E)]：鼠标在屏幕的适当位置任意点取
　　//确定正多边形的中心；
输入选项[内接于圆(I)/外切于圆(C)] <C>：I↓　　//选择绘制正多边形方式并回车；
指定圆的半径：50↓　　//输入外接圆半径，回车结束操作。

第三节　几个常用的修改命令

利用“绘图”命令可方便地绘制出基本图形，但对于稍复杂的图形需借助“修改”命令完成。AutoCAD 提供了丰富的图形修改功能，利用这些功能可以大大提高绘图精度和效率。

本节介绍的修改命令有移动(Move)、复制(Copy)、偏移(Offset)、镜像(Mirror)、圆角(Fillet)、缩放(Scale)、修剪(Trim)、延伸(Extend)及分解(Explode)。

一、移动——Move

(一)命令

该命令用于将选定的对象从原来位置移到新的位置。

可通过以下方式调用该命令：

- 单击按钮法：✥(移动——在“修改”工具栏中)；
- 下拉菜单法：修改→移动；
- 键盘输入法：Move(简捷命令为 M)↓。

(二)实例

移动图 3-14(a)中的圆 2，使圆 2 与圆 1 成为同心圆。

命令：Move↓　　//在命令行输入 Move 命令并回车；
选择对象：　　//选择圆 2；
选择对象：↓　　//回车，结束选择；
指定基点或[位移(D)] <位移>：　　//单击圆心 2，作为基点；
指定第二个点或<使用第一个点作为位移>：　　//单击圆心 1，作为第二个点。

绘制结果如图 3-14(b)所示。

注意：执行移动命令时，基点一般选择物体的角点或中心点等特殊位置点。

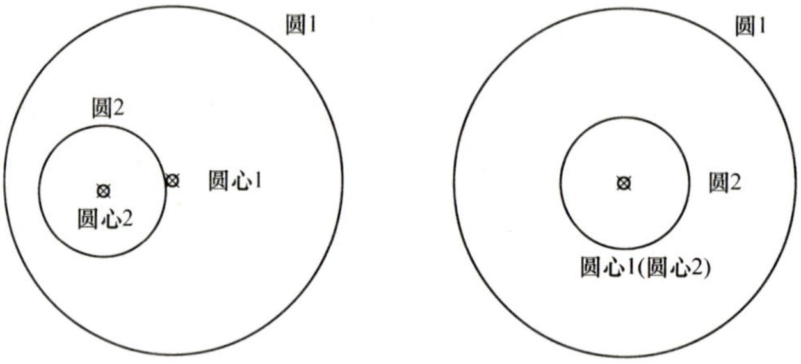

(a)移动前　　(b)移动后

图 3-14　Move 命令的应用

二、复制——Copy

该命令用于将选定的对象复制到指定的位置，且原对象保持不变。复制的对象与原对象方向、大小均相同，可一次复制出多个，直到按回车键结束。

可通过以下方式调用该命令：

- 单击按钮法：(复制——在“修改”工具栏中)；
- 下拉菜单法：修改→复制；
- 键盘输入法：Copy(简捷命令为 Co、Cp)↓。

注意：该命令操作方法与移动命令相同，基点一般亦选择物体的角点或中心点等特殊位置点。

三、偏移——Offset

(一)命令

该命令可创建选取对象的平行结构，如创建所选直线的平行直线、创建所选圆的同心圆等。常用此命令来进行辅助定位，如确定门、窗、洞口的位置等。

可通过以下方式调用该命令：

- 单击按钮法：(偏移——在“修改”工具栏中)；
- 下拉菜单法：修改→偏移；
- 键盘输入法：Offset(简捷命令为 O)↓。

执行命令后，系统做如下提示：

命令：Offset↓　　//在命令行输入 Offset 命令并回车；

当前设置：删除源=否　图层=当前　OFFSETGAPTYPE=0;

指定偏移距离或 [通过(T)/删除(E)/图层(L)] <通过>:

各选项含义：

(1)偏移距离：直接输入偏移量。

(2)通过(T)：新建的对象将通过指定点。

(3)删除(E)：偏移后是否删除源对象。

(4)图层(L)：选择对象偏移后所在的图层是当前层还是与源对象同层。

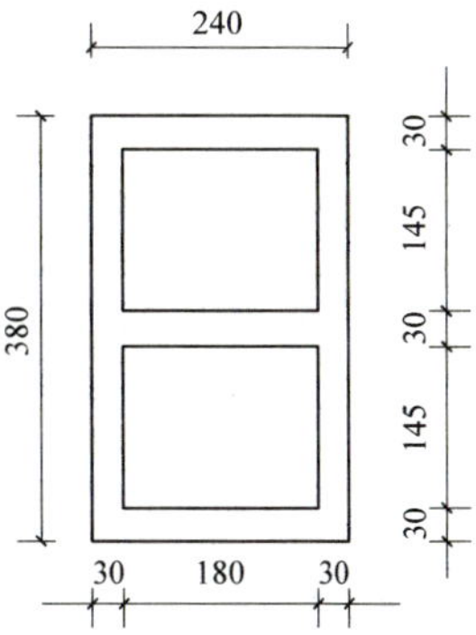

图 3-15　排风道图样

(二)实例

绘制排风道平面图，见图 3-15。

(1)绘制矩形生成排风道内轮廓线。

执行“矩形”命令，绘制 180 × 145 的矩形 1，如图 3-16(a)所示。

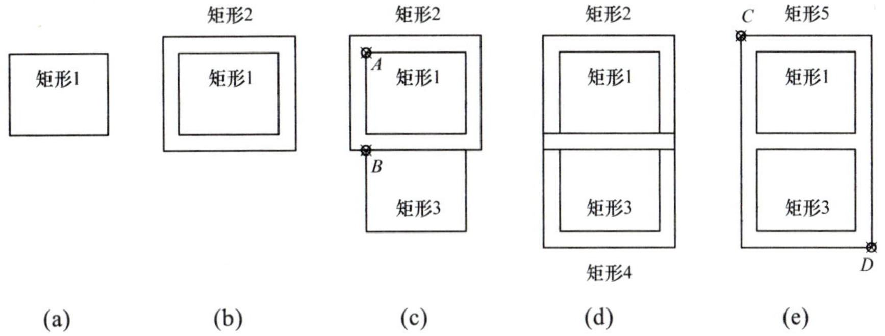

图 3-16　排风道绘制流程

(2)利用偏移命令对排风道外轮廓进行定位。

具体操作步骤：

命令：Offset↓　　//在命令行输入 Offset 命令并回车；

当前设置：删除源=否　图层=源　OFFSETGAPTYPE=0;

指定偏移距离，或 [通过(T)/删除(E)/图层(L)] <0.0000>：30↓

//设置偏移距离为 30；

选择要偏移的对象，或 [退出(E)/放弃(U)] <退出>:

//选择矩形 1；

指定要偏移的那一侧上的点，或 [退出(E)/多个(M)/放弃(U)] <退出>:

//在矩形 1 的外部任意指定一点，偏移生成矩形 2；

绘制结果如图 3-16(b)所示。

(3)利用 Copy 命令生成另一个排风道口内轮廓。

具体操作步骤：

命令：Copy↓　　//在命令行输入 Copy 命令并回车；

选择对象：　　//选择复制对象矩形 1；

选择对象：↓　　//回车结束选择；

指定基点或 [位移(D)] <位移>： //选取点 *A*(矩形 1 的左上角点)作为基点；

指定第二个点或 <使用第一个点作为位移>：@0，–175

//输入点 *B* 相对于点 *A* 的坐标值；

指定第二个点或 [退出(E)/放弃(U)] <退出>：↓ //回车，结束命令；

生成矩形 3，如图 3-16(c)所示。

(4)继续对排风道外轮廓线进行定位。偏移矩形 3，偏移距离 30，生成矩形 4。绘制过程同步骤 2，结果如图 3-16(d)所示。

(5)分别过矩形 2 的左上角点 *C* 与矩形 4 的右下角点 *D* 绘制矩形 5，生成排风道外轮廓线。

(6)删除辅助定位矩形 2 和矩形 4。完成排风道平面图的绘制，见图 3-16(e)。

四、镜像——Mirror

(一)命令

以一条对称线来创建所选对象的镜像图形。镜像线不一定为实际存在的直线，只要在屏幕上任取两点，该两点连线即可作为镜像线。

可通过以下方式调用该命令：

- 单击按钮法：(镜像——在“修改”工具栏中)；
- 下拉菜单法：修改→镜像；
- 键盘输入法：Mirror(简捷命令为 Mi)↓。

1. 图形镜像

执行命令后，系统做如下提示：

命令：Mirror↓ //在命令行输入 Mirror 命令并回车；

选择对象： //选择要进行镜像的对象；

指定镜像线的第一点： //在屏幕上单击一点作为确定镜像线的第一点；

指定镜像线的第二点： //在屏幕上单击一点作为确定镜像线的第二点；

要删除源对象吗？[是(Y)/否(N)] <N>：↓ //是否要删除被镜像的对象，系统默认为 N。

2. 文字镜像

文字镜像后是否可识读，取决于系统变量 MIRRTEXT 的设置。

MIRRTEXT=1 时，文字不可读(字符将被反转)。MIRRTEXT=0 时(系统默认值)，文字只是位置被镜像，文字本身仍保持不变，可以直接键入 MIRRTEXT 进行设置。

(二)实例

利用 Mirror 命令完成如图 3-17(a)所示炉灶的右半部分。

具体操作步骤：

命令：Mirror↓ //在命令行输入 Mirror 命令并回车；

选择对象：　　　　　　　　　　　　　　　//选择如图 3-17(a)所示左半个炉灶；
指定镜像线的第一点：　　　　　　　　　　//选择点 A；
指定镜像线的第二点：　　　　　　　　　　//选择点 B；
要删除源对象吗？[是(Y)/否(N)] <N>：↓　　//采用默认设置，直接回车。
设置 MIRRORTEXT 值分别为 1，0，绘制结果见图 3-17(b)、(c)。

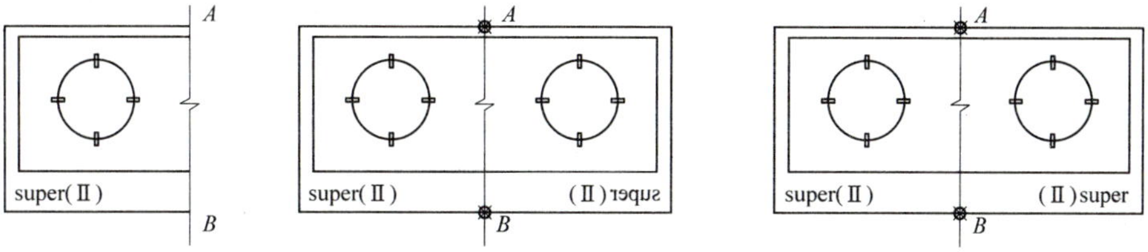

(a)已知图形　　　(b)MIRRORTEXT=1　　　(c)MIRRORTEXT=0

图 3-17　MIRRORTEXT 不同值时炉灶平面图镜像结果

五、圆角——Fillet

Fillet 命令用于将两个对象以给定半径的圆弧平滑地连接，主要用于在直线、圆弧、多段线及样条曲线之间建立圆角。

可通过以下方式调用该命令：

- 单击按钮法：(圆角——在“修改”工具栏中)；
- 下拉菜单法：修改→圆角；
- 键盘输入法：Fillet(简捷命令为 F)↓。

执行命令后，系统做如下提示：

命令：Fillet↓　　　　　　　　//输入 Fillet 命令并回车；
当前设置：模式=修剪，半径=0.0000；
选择第一个对象或[放弃(U)/多段线(P)/半径(R)/修剪(T)/多个(M)]：
　　　　　　　　　　　　　　//选择被倒圆角的第一个对象或选择其他选项；
选择第二个对象或按住 Shift 键选择要应用角点的对象：
　　　　　　　　　　　　　　//选择被倒圆角的第二个对象，完成修改并结束命令。

各选项含义：

(1)“半径”：该选项用于修改圆角的半径。当 R=0 时，不产生圆角，仅使两对象相交。

(2)“多段线”：该选项用于在二维多段线的各个顶点处同时绘制圆角，如图 3-18(a)所示。

(3)“修剪”：该选项有两个子选项，即“修剪”模式与“不修剪”模式，系统缺省值为“修剪”模式，表示在倒圆角时多余线段被修剪，并且两对象不相交时将其延伸相交，如图 3-18(b)所示。对于“不修剪”模式，倒圆角时保留原线段，原线段既不修剪也不延伸，如图 3-18(c)所示。

(4)“多个”：该选项用于连续倒多个圆角。

如果倒圆角的两个对象具有相同的图层、线型和颜色，则圆角对象也与其相同；否则圆角对象采用当前图层、线型和颜色。

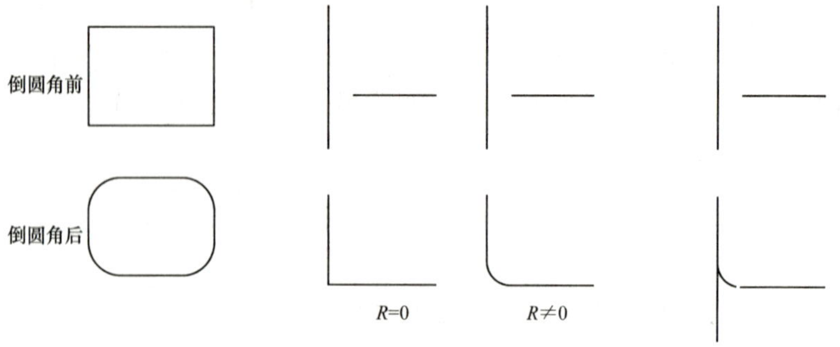

(a)多段线　　(b)修剪模式　　(c)不修剪模式

图 3-18　Fillet 命令应用

六、缩放——Scale

(一)命令

该命令用于改变选定对象的大小。对象在放大或缩小时，其 *X*、*Y*、*Z* 三个方向保持相同的放大或缩小倍数。

可通过以下方式调用该命令：

- 单击按钮法：(缩放——在“修改”工具栏中)；
- 下拉菜单法：修改→缩放；
- 键盘输入法：Scale(简捷命令为 Sc)↓。

执行命令后，系统做如下提示：

命令：Scale↓　　//输入 Scale 命令并回车；
选择对象：　　//选择要缩放的对象；
选择对象：↓　　//回车，结束选择对象；
指定基点：　　//指定缩放时的基点；
指定比例因子或[复制(C)/参照(R)] <1.0000>：　　//输入放大或缩小的倍数，比例因子大于 1 时，图形放大；比例因子小于 1 时，图形缩小。

“参照(R)”选项含义：首先以当前大小或通过指定一条直线的两个端点确定一个参照长度，然后再指定所需的新长度，系统自动计算比例缩放的倍数。

(二)实例

(1)将图形放大 2 倍，结果如图 3-19(a)所示，绘制过程略。其中点 *A* 为缩放时的基点。

(2)将直线 *AB* 相对于左端点 *A* 进行缩放，缩放后长度等于直线 *CD*，见图 3-19(b)、(c)。

绘制过程如下：

命令：Scale↓　　//输入 Scale 命令并回车；
选择对象：　　//选择直线 *AB*；

选择对象：↓　　//回车，结束选择对象；
指定基点：　　//选择点 *A* 作为缩放时的基点；
指定比例因子或[复制(C)/参照(R)] <0.5000>：R　　//选择参照(R)选项；
指定参照长度<136.8526>：　　//选择点 *A*；
指定第二点：　　//选择点 *B*；
指定新的长度或[点(P)] <68.4263>：P　　//通过取点方式在屏幕上指定新的长度；
指定第一点：　　//选择点 *C*；
指定第二点：　　//选择点 *D*。
绘制结束，结果如图 3-19(c)所示。

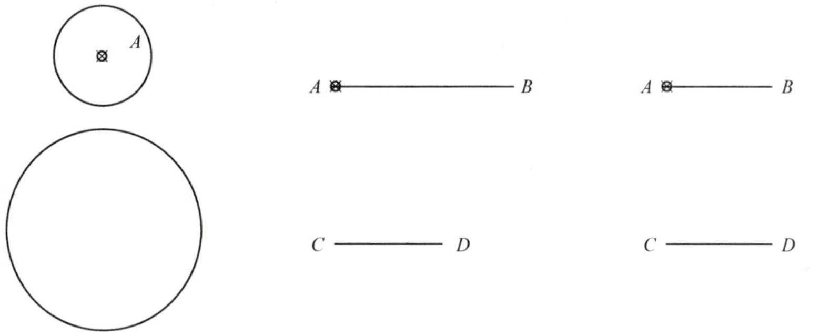

(a)图形放大 2 倍　　(b)已知两直线　　(c)缩放至两直线等长

图 3-19　Scale 命令应用

七、修剪——Trim

(一)命令

该命令可以指定一个或多个对象作为边界，精确地修剪与之相交对象的某一部分。可通过以下方式调用该命令：

- 单击按钮法：-/--(修剪——在“修改”工具栏中)；
- 下拉菜单法：修改→修剪；
- 键盘输入法：Trim(简捷命令为 Tr)↓。

执行命令后，系统做如下提示：

命令：Trim↓　　//输入 Trim 命令并回车；
当前设置：投影=UCS，边=无
选择剪切边...
选择对象或 <全部选择>：　　//选择一个或多个边界；
选择对象：↓　　//回车，结束选择剪切边；
选择要修剪的对象，或按住 Shift 键选择要延伸的对象，或[栏选(F)/窗交(C)/投影(P)/边(E)/删除(R)/放弃(U)]：　　//选择一个或多个要修剪的对象；
选择要修剪的对象，或按住 Shift 键选择要延伸的对象，或[栏选(F)/窗交(C)/投影

(P)/边(E)/删除(R)/放弃(U)]：↓　　　　　　　　//回车结束命令。

(二)说明

(1) “先选边界，再选修剪对象”是本命令执行的关键之一；

(2)对象可同时作为修剪边界和被修剪对象；

(3)若不选择剪切边，直接回车，则系统默认选择所有对象作为剪切边。

(三)实例

将图 3-20(a)修剪成图 3-20(d)，修剪过程如图 3-20(b)、(c)所示。

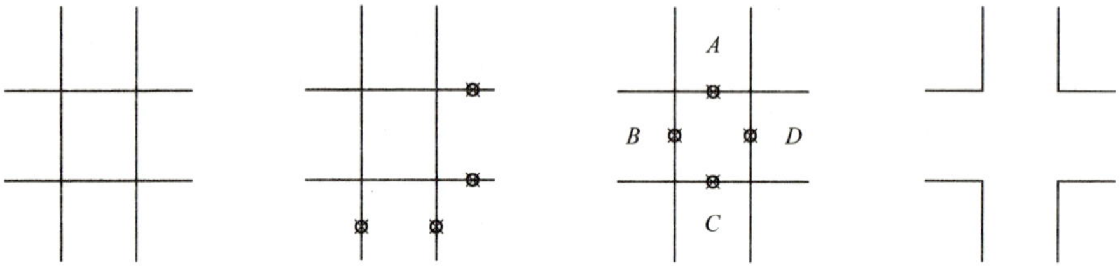

(a)原图　　(b)选择修剪边界　　(c)选择被修剪对象　　(d)修剪结果

图 3-20　Trim 命令应用

具体操作过程：

命令：Trim↓　　　　　　　　//输入 Trim 命令并回车；

当前设置：投影=UCS，边=无

选择剪切边...

选择对象或 <全部选择>：　　　　　　　　//选择四条边作为修剪边界；

选择对象：↓　　　　　　　　//回车，结束选择剪切边；

选择要修剪的对象，或按住 Shift 键选择要延伸的对象，或[栏选(F)/窗交(C)/投影(P)/边(E)/删除(R)/放弃(U)]：　　　　　　　　//鼠标左键点击点 *A*；

选择要修剪的对象，或按住 Shift 键选择要延伸的对象，或[栏选(F)/窗交(C)/投影(P)/边(E)/删除(R)/放弃(U)]：　　　　　　　　//鼠标左键点击点 *B*；

选择要修剪的对象，或按住 Shift 键选择要延伸的对象，或[栏选(F)/窗交(C)/投影(P)/边(E)/删除(R)/放弃(U)]：　　　　　　　　//鼠标左键点击点 *C*；

选择要修剪的对象，或按住 Shift 键选择要延伸的对象，或[栏选(F)/窗交(C)/投影(P)/边(E)/删除(R)/放弃(U)]：　　　　　　　　//鼠标左键点击点 *D*；

选择要修剪的对象，或按住 Shift 键选择要延伸的对象，或[栏选(F)/窗交(C)/投影(P)/边(E)/删除(R)/放弃(U)]：↓　　　　　　　　//回车结束命令。

八、延伸——Extend

(一)命令

该命令用于将对象的一个端点或两个端点延伸到被称为“边界”的另一个对象上或另一个对象的延伸线上，与 Trim 命令正好相反。

可通过以下方式调用该命令：

- 单击按钮法：(延伸——在“修改”工具栏中)；

- 下拉菜单法：修改→延伸；
- 键盘输入法：Extend(简捷命令为 Ex)↓。

该命令各选项的意义及操作与 Trim 命令的选项类似，不再重述。

(二)说明

(1)选取延伸对象时，一般采用单选或栏选方式，延伸靠近边界的一端。

(2)对象可同时作为边界和延伸对象。

(3)没有选择边界时，则按默认值选择所有对象作为延伸边界。

对图 3-21(a)所示图形执行延伸命令，具体操作步骤如下：

命令：Extend↓　　//输入 Extend 命令并回车；

当前设置：投影=UCS，边=无

选择边界的边...

选择对象或 <全部选择>：　　//选择圆作为延伸边界；

选择对象：↓　　//回车；

选择要延伸的对象，或按住 Shift 键选择要修剪的对象，或[栏选(F)/窗交(C)/投影(P)/边(E)/放弃(U)]：　　//点选水平线的右端(见图 3-21(b))；

选择要延伸的对象，或按住 Shift 键选择要修剪的对象，或[栏选(F)/窗交(C)/投影(P)/边(E)/放弃(U)]：　　//再次点选水平线的右端(见图 3-21(c))；

选择要延伸的对象，或按住 Shift 键选择要修剪的对象，或[栏选(F)/窗交(C)/投影(P)/边(E)/放弃(U)]：↓　　//回车结束命令。

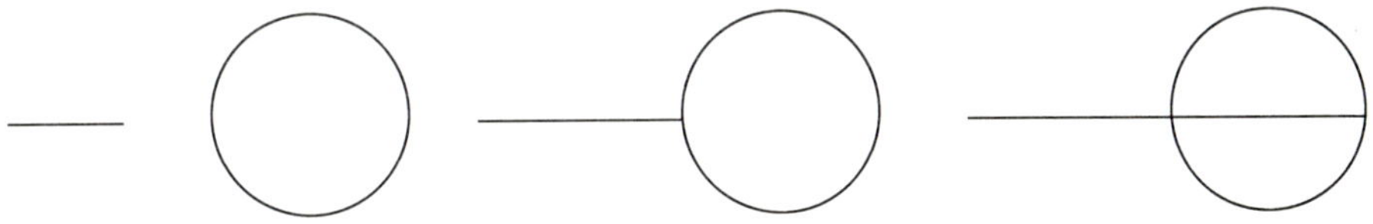

(a)延伸样图　　(b)延伸结果 1　　(c) 延伸结果 2

图 3-21　Extend 命令应用

九、分解——Explode

(一)命令

该命令可以将多段线、图块、图案填充等分解为单一实体，命令执行后屏幕上图形看上去并没有发生变化，但其构成实体已经被分解为独立对象。

可通过以下方式调用该命令：

- 单击按钮法：(分解——在“修改”工具栏中)；
- 下拉菜单法：修改→分解；
- 键盘输入法：Explode(简捷命令为 X)↓。

执行命令后，系统做如下提示：

命令：Explode↓　　//输入 Explode 命令并回车；

选择对象：　　//选择要分解的对象；

选择对象：↓　　　　　　　　//回车结束命令。

(二)实例

用 Explode 命令将图 3-22(a)中的矩形分解，分解后如图 3-22(b)所示。

可以看出，图 3-22(a)分解前矩形为一个整体，图 3-22(b)分解后矩形的四条边为相对独立的四条线段。

(a)分解前

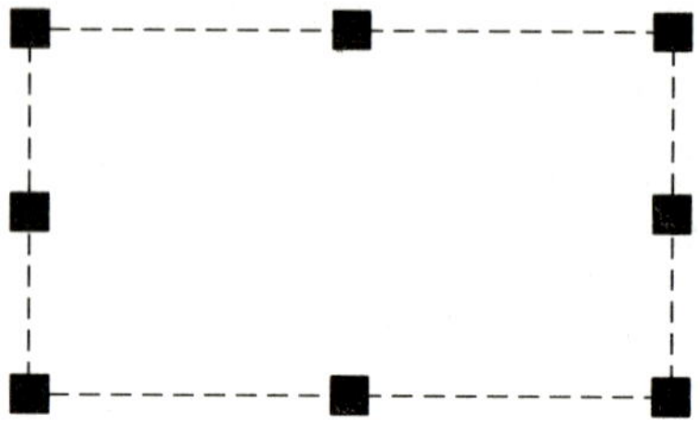

(b)分解后

图 3-22　Explode 命令应用

第四章　工程图形的初步绘制

从本章起我们开始介绍如何绘制符合国家标准要求的工程图形。由于历史的原因和行业的差别，我国现行的工程制图标准有多种，为了便于学习过程特别是绘制专业图形过程中的查找和使用，我们将本书涉及的几种相关专业的制图标准，集中以附录的形式列于与本书配套使用的《计算机辅助设计上机实验指导》中。本章中所介绍的专业图形的绘制均以相应标准为依据。

第一节　初步绘制建筑平面图

一张完整的工程图样，应包括图形、尺寸标注、文字说明等内容。图形的绘制需采用多种不同的线型，在本节中我们将围绕如何使用正确的线型来绘制工程图样中的图形，以及如何处理需反复使用的图形或符号来进行讲解，也就是完成工程图形的初步绘制。在学过如何标注尺寸、文字等内容后，我们将在本书第八章介绍完整绘制工程图形的方法。

一、图线的合理运用——图层

对于工程图形中的不同线型，在 AutoCAD 中一般是通过使用“图层”的方法来解决的。通过合理创建和使用图层，不仅能够节省图形文件的存储空间，而且便于图形管理和输出。

我们可以将不同图层看做是有着准确定位关系的若干张“透明图纸”叠加在一起。分别对每一层设置合适的颜色、线型、线宽等，再根据需要将不同的对象分别绘制在不同图层上，由于各图层间有着准确的定位关系，故所有对象构成的统一整体，也就是我们所需要的工程图形。

在 AutoCAD 中，每创建一个新图形，系统都会自动产生一个默认图层——“0 层”；同时指定该层的颜色(白色)、线型(Contionuous——连续)、线宽(默认值为 0.25 mm)等。在创建新图层之前，所有的图形对象均绘制在 0 层上。0 层既不能被删除，也不能被重命名，但可以修改其颜色、线型等；为便于对图层的管理，建议保留 0 层的全部默认设置，不要对其做任何修改。为了满足绘图的需要，可创建若干新图层。

创建和管理图层可通过“图层特性管理器”对话框来实现。可通过下述几种方法调出该对话框：

- 单击按钮法：(图层特性管理器——在“图层”工具栏中)；
- 下拉菜单法：格式→图层…；
- 键盘输入法：Layer(简捷命令为 La)↓。

执行命令后，弹出如图 4-1 所示的“图层特性管理器”对话框。

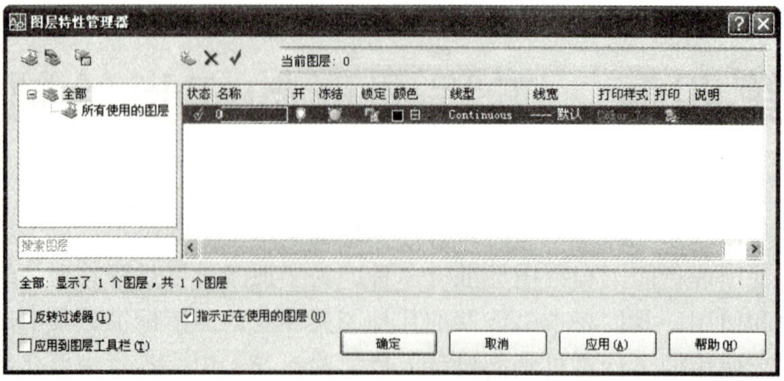

图 4-1　“图层特性管理器”对话框

(一)创建图层

“图层特性管理器”对话框中的三个按钮分别表示新建图层、删除图层和置为当前。

需要注意的是：0 层、当前层及包含对象的图层均不能被删除。单击按钮，在高亮显示的图层名称前面将带有标志；再次单击该按钮，标志消失；在单击“确定”按钮后，对话框关闭；再次打开对话框时，看到带有标记的图层已被删除。若在单击“确定”按钮前，单击“应用”按钮，则带有标记的图层直接被删除。

另外，虽然一次可设置多个图层，但当前图层只能有一个，我们只能在当前图层上绘制图形，通过选择图层，然后单击“置为当前”按钮，可切换当前层(双击对应图层也可完成当前层的切换)，在当前图层名称前面带有标志。

下面我们来介绍如何利用“图层特性管理器”对话框对图层进行设置。

1. 修改图层名称

单击“新建图层”按钮后，生成新图层图层1，此时可直接修改其名称；若在以后修改，需先将欲修改名称激活为可编辑状态。连续单击按钮，可依次生成名为“图层 1”、“图层 2”……的新图层。默认情况下，新建图层与高亮显示图层的状态、颜色、线型、线宽等设置相同，而与当前层的设置无关。如图 4-2 所示，此时单击按钮，则新图层与“细实线 01”层的设置相同，而与当前层——“粗实线 01”层的设置无关。

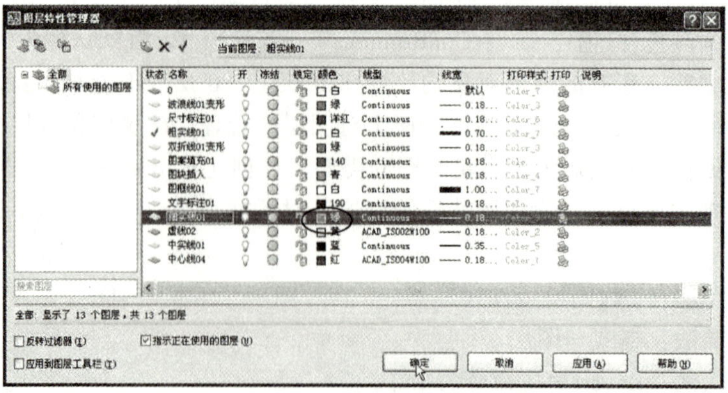

图 4-2　图层设置

一般地，图层的命名可采用线型名与对象名相结合的方法。如图 4-2 中的“粗实线 01”等是以线型名命名的，这就要求绘图者了解该线型的应用场合，也就是了解不同制图标准中对线型应用的规定；而其中的“中心线 04”等是以对象名命名的，应用比较明确。

2. 设置图层颜色

单击高亮显示图层的“颜色”对应位置，如图 4-2 所示位置，可弹出“选择颜色”对话框，如图 4-3 所示。选择合适颜色，如绿色，单击“确定”按钮，返回“图层特性管理器”对话框，单击“确定”按钮，即可完成高亮显示图层的颜色设置。

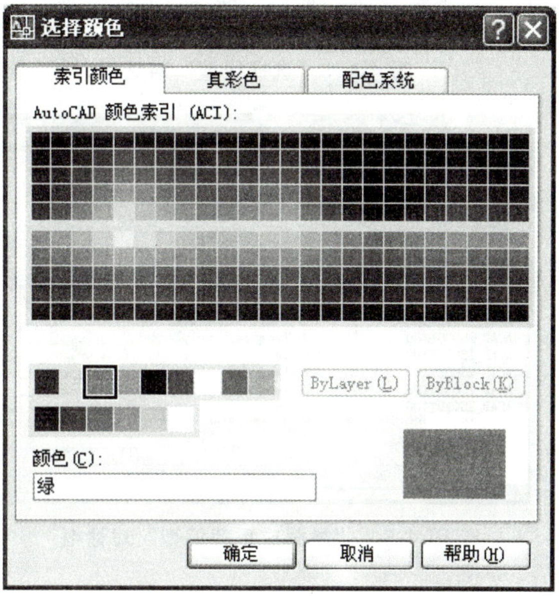

图 4-3　“选择颜色”对话框

3. 设置图层的线型

1)利用“图层特性管理器”对话框设置并加载线型

单击高亮显示图层的“线型”对应位置，可弹出“选择线型”对话框，如图 4-4 所示，此时，对话框中仅显示已加载线型(图 4-4 中仅有默认线型 Continuous)，若无所需线型，则需单击“加载…”按钮，弹出“加载或重载线型”对话框，如图 4-5 所示，选择所需线型，如 ACAD_ISO02W100，单击“确定”按钮，返回“选择线型”对话框，这时一定要注意应使刚选择的线型 ACAD_ISO02W100 处于高亮显示状态，单击“确定”按钮，返回“图层特性管理器”对话框，即可完成亮显图层的线型设置。

建议在选择线型时，尽量选择 ISO 标准中的线型，如虚线选择 ACAD_ISO02W100、中心线选择 ACAD_ISO04W100、双点画线选择 ACAD_ISO05W100 等。

2)设置线型比例

在实际绘图过程中，经常会遇到虚线、点画线等不连续线段在屏幕上显示为连续线段的情况，这是因为线型比例值设置不合理(默认值为 1)，可以通过下述方法修改线型比例。

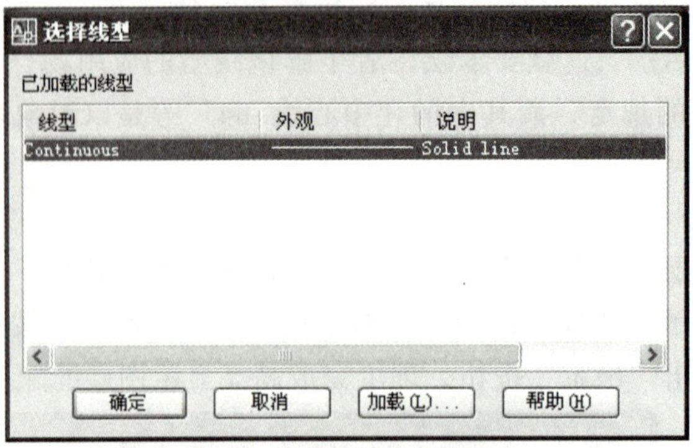

图 4-4　“选择线型”对话框

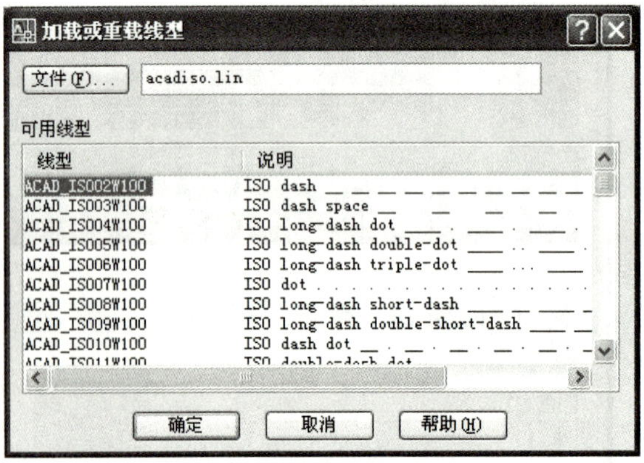

图 4-5　“加载或重载线型”对话框

• 下拉菜单法：格式→线型…；

• 键盘输入法：Ltscale(简捷命令为 Lts)↓。

应用下拉菜单法，会弹出“线型管理器”对话框，如图 4-6 所示，单击“显示细节”按钮，修改全局比例因子(其值不能设置为 0)即可。这里值得注意的是，修改全局比例因子对已绘制线型和将要绘制的线型都会产生影响；修改当前对象缩放比例只会影响将要绘制的线型，其缩放比为当前对象缩放比例与全局比例因子的乘积。

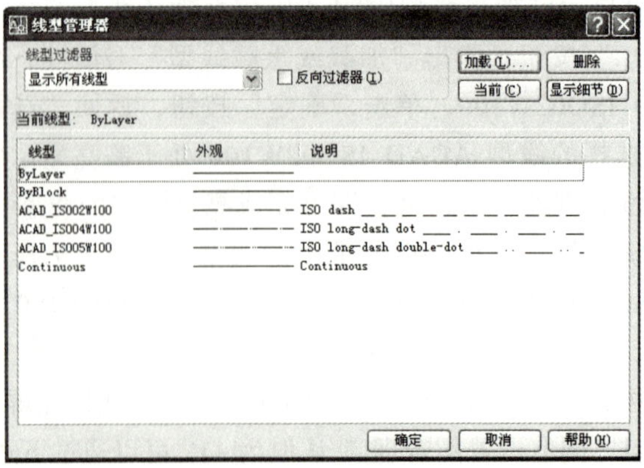

图 4-6　“线型管理器”对话框

应用键盘输入法，可在命令行直接输入比例因子数值，这样的设置也会同时影响已绘制线型和将要绘制的线型。

另外，通过本节后面将要讲到的“对象特性”选项板，还可修改选定对象的比例因子。

一般地，利用 A3 幅面的图纸绘制图形时，默认比例因子值 1 就能够满足大部分图线的绘制要求，当图形较大时，可适当放大比例因子；当图形较小时，可适当缩小比例因子。

图 4-7 所示为虚线和点画线在取不同线型比例因子时的显示情况。

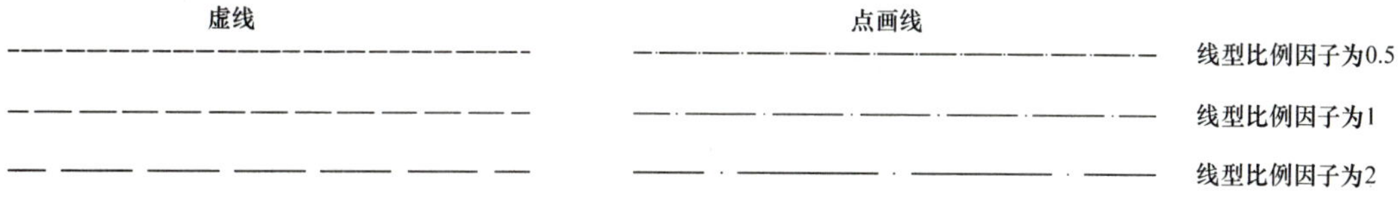

图 4-7　不同线型比例因子对比

4. 设置图层的线宽

单击高亮显示图层的“线宽”对应位置，可弹出“线宽”对话框，如图 4-8 所示，选择所需线宽值，单击“确定”按钮，返回“图层特性管理器”对话框，即可完成亮显图层的线宽设置。

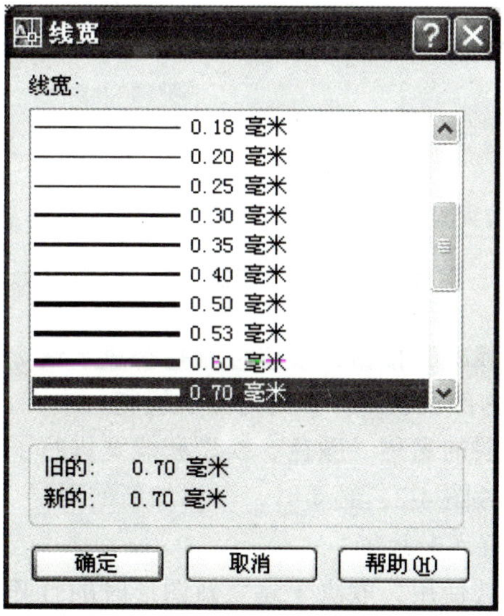

图 4-8　“线宽”对话框

默认情况下，屏幕上不显示线宽，可通过以下方法控制线宽的显示状态：

- 下拉菜单法：格式→线宽…；
- 状态栏法：单击“线宽”开关按钮。

利用下拉菜单法，可打开“线宽设置”对话框，如图 4-9 所示。通过该对话框不仅能设置线宽的显示状态，还能改变屏幕上的线宽显示宽度。勾选“显示线宽”复选框，单击“确定”按钮，可以打开线宽显示；通过调整显示比例滑块位置，可改变屏幕上的线宽显示宽度，该显示宽度不会影响打印宽度。同一种宽度的图线，当设置为不同的显示比例时，在屏幕上的显示情况是不同的，如图 4-10 所示，是宽度为 0.7 的图线，在两种不同显示比例时，屏幕上的宽度显示效果。

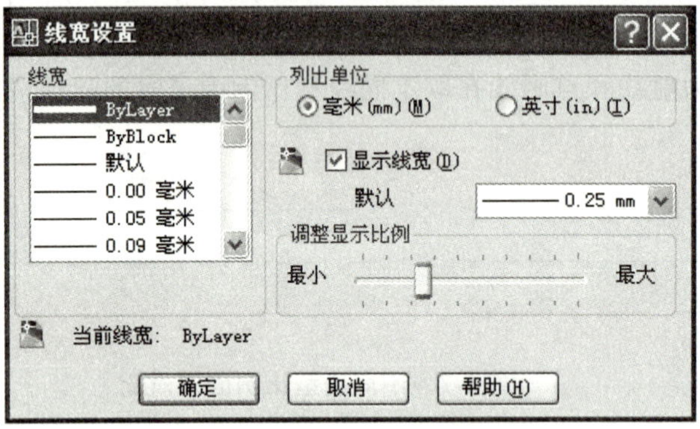

图 4-9　“线宽设置”对话框

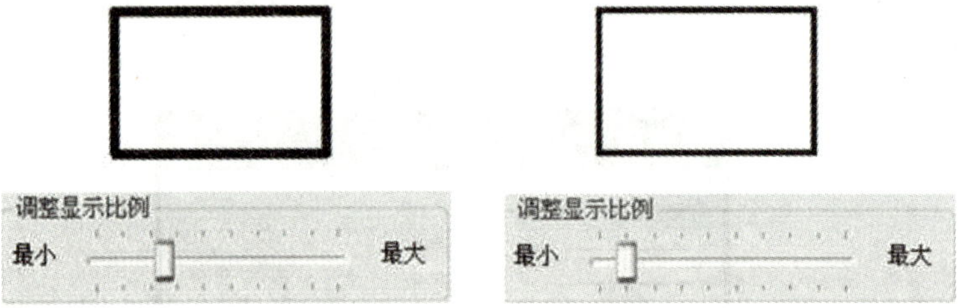

(a)较大显示比例　　(b)较小显示比例

图 4-10　不同显示比例时线宽显示效果

单击状态栏中的“线宽”按钮，仅仅控制是否显示线宽。默认为隐藏线宽，按钮呈凸出状 线宽；如果按钮为凹沉状 线宽，则为显示线宽。

以上我们分别对图层的名称、颜色、线型和线宽进行了设置。一般情况下，绘制工程图样的图层设置可参考图 4-2，必要时，可添加新的图层。

5. 设置图层的打印样式和打印

打印样式是否能够被使用，取决于建立新图形时的打开方式。当使用无样板打开或颜色打印方式建立新图形时，打印样式不能被使用；只有使用命名打印方式建立新图形时，打印样式才能被使用(本书中不要求掌握这种情况)。两种方式下，“特性”工具栏略有不同，如图 4-11 所示。

建议：绘制工程图形时采用无样板——公制打开方式建立新图形。

通过单击“图层特性管理器”对话框中的打印图标，可控制是否打印相应图层上的图形。打印图标的两种显示方式 / 分别表示打印和不打印。

另外，通过如图 4-11(a)所示“特性”工具栏中的下拉列表也可对图层进行颜色、线型、线宽的设置。

(a)无样板方式或颜色打印方式下的“特性”工具栏

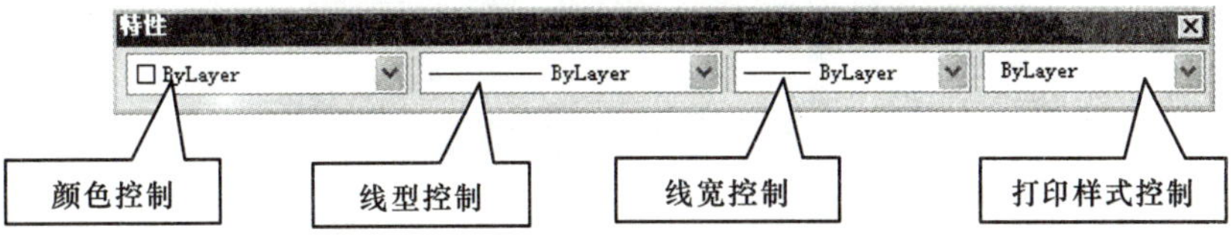

(b)命名打印方式下的“特性”工具栏

图 4-11　两种打开方式下的“特性”工具栏

需要注意的是，为了便于今后的管理，最好使各层的颜色、线型和线宽等都处于随层状态，也就是图 4-11 中所显示的状态，这里我们用“万事随层”来描述这一设置。

(二)管理图层

1. 打开/关闭图层

其对应图标分别为 / 。图层的默认状态为打开状态。当图层处于打开状态时，可在该层上绘制图形，所有的图形都显示在屏幕上，也能对该层上的图形进行修改，还可以打印输出；当图层处于关闭状态时，可以在该层上绘制图形或修改图形，但图层上所有的图形都不能在屏幕上显示，也不能打印输出。所以，最好不要关闭当前层。

2. 解冻/冻结图层

其对应图标分别为 / 。当图层处于解冻状态时，与打开状态完全相同；当图层处于冻结状态时，不能将该层设为当前层，也不能在该层上绘制图形或修改图形，图层上所有的图形既不能在屏幕上显示，也不能打印输出。当前层不能被冻结。

关闭图层与冻结图层不同的是：当对图形文件做重生成处理时，处于关闭图层上的对象参与运算；而处于冻结图层上的对象不参与运算，从而提高了重生成速度。

3. 解锁/锁定图层

其对应图标分别为 / 。当图层处于解锁状态时，与打开状态完全相同；当图层处于锁定状态时，可以在该层上绘制图形，图层上所有的图形既能在屏幕上显示也能打印输出，但不能修改图形。利用锁定图层可防止意外选定并修改该图层上的对象。

上述几种图层管理方式，除可以通过在“图层特性管理器”对话框中点取相应图标完成切换外，还可以在“图层”工具栏的下拉列表中点取相应图标完成，如图 4-12(a)所示。该图中 0 层为当前层，图层 1 处于关闭状态，图层 2 处于锁定状态，图层 3 处于冻结状态。

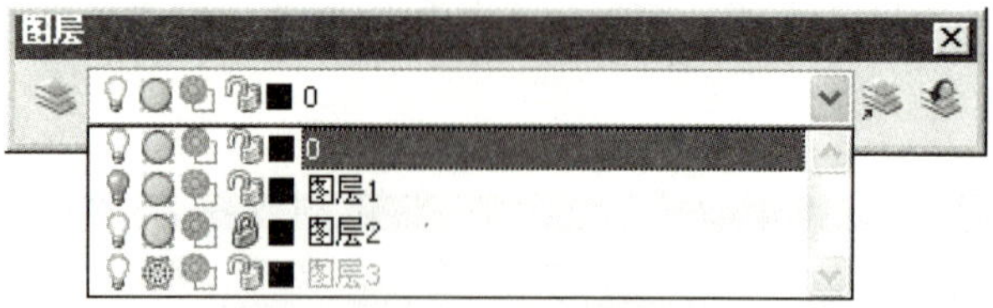

(a)通过下拉列表设置图层状态

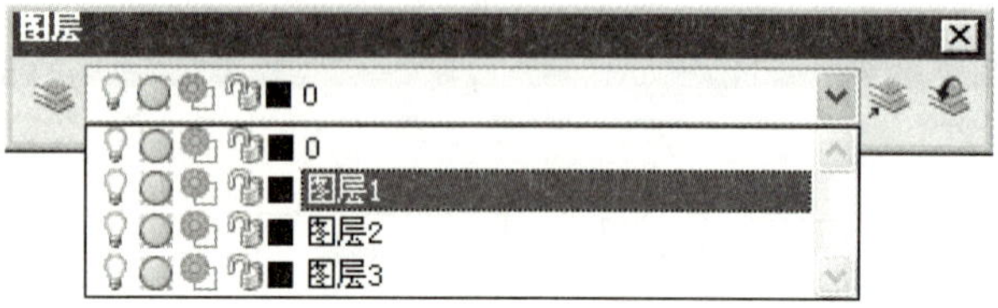

(b)通过下拉列表切换当前图层

图 4-12 “图层”工具栏

4. 切换当前层

1)直接切换

直接切换当前层，可通过两种方法实现：一是前面介绍的利用“图层特性管理器”对话框；二是利用“图层”工具栏中的下拉列表，直接在图层高亮显示位置单击鼠标即可将该层切换为当前层。如图 4-12(b)所示，可将图层 1 切换为当前层。

2)利用已绘制实体切换

如果我们已在不同图层上绘制了实体，便可以选中其中任意一个实体，然后单击“图层”工具栏上的按钮，就可将选中实体所在的图层切换为当前图层。如果先单击按钮，再选择实体，也可将选中实体所在的图层切换为当前层。

(三)利用图层绘制图形

1. 改变已绘制实体所在图层

1)直接改变

选中欲改变图层的实体，则在“图层”工具栏的列表框中显示该实体所在的图层(称为源图层)，然后在下拉列表中的目标图层名称位置处单击鼠标，再按下键盘上的 Esc 键，就可将实体由源图层改变至目标图层上。

2)利用“特性匹配”功能

特性匹配功能就是将一个对象的特性赋予另一个对象。从中提取特性的对象称为源对象，接受特性的对象称为目标对象。可以匹配的特性包括颜色、图层、线型、线型比例、线宽等。可以全部匹配，也可以有选择地匹配。

一般可以通过以下三种方式调用“特性匹配”功能：

- 单击按钮法：(特性匹配——在“标准”工具栏中)；
- 下拉菜单法：修改→特性匹配；
- 键盘输入法：Matchprop(简捷命令为 Ma)或 Painter↓。

执行命令后，按照命令提示行的提示可完成操作。

3)利用“特性”选项板

一般可以通过以下几种方式调用“特性”选项板：

- 单击按钮法：(对象特性——在“标准”工具栏中)；
- 下拉菜单法：修改→特性(或工具→选项板→特性)；
- 键盘输入法：Properties(简捷命令为 Pr)或 Ddmodify↓；
- 快捷方式：Ctrl+1(表示同时按下 Ctrl 键和数字键 1)。

执行命令后，弹出“特性”选项板，如图 4-13 所示。根据选择对象的不同，“特性”选项板中显示的内容会有所不同，图 4-13(a)中所显示的是选择了位于中心线层上的直线后的内容；打开图层栏中隐藏的下拉列表，如图 4-13(b)所示，在其中选择目标图层，再按下键盘上的 Esc 键，就可将实体由源图层改变至目标图层上。

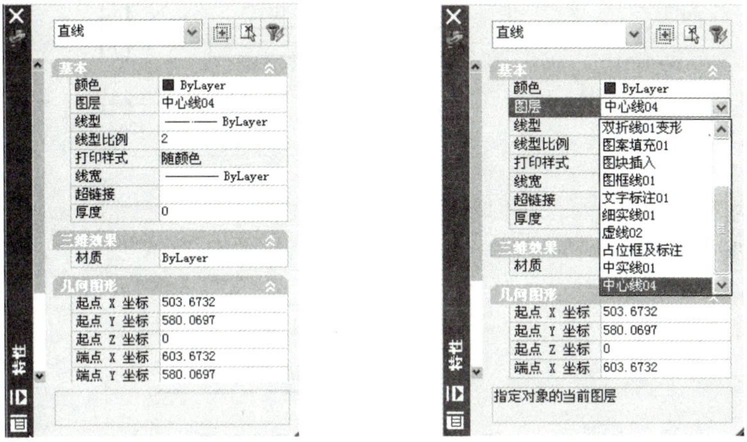

(a)选择对象后的“特性”选项板　　　　(b)图层列表

图 4-13　“特性”选项板

在“特性”选项板中所有底色为白色的参数都可进行修改。比如我们前面提到的修改对象的线型比例因子就可以先选择对象，再修改“线型比例”选项后面的参数，如图 4-13(a)中，所选直线的线型比例因子为 2。

2. 利用已创建图层直接绘制实体

当我们已经按图 4-2 所示的要求创建好图层后，就可以按照图形中所要求的图线，按一定的绘图步骤，先切换所需当前层，再绘制图形的方法，直接将图线按要求绘制出来。

【例 4-1】 下面我们以绘制图 4-14 所示的某卫生间的局部平面图为例来说明，其绘图步骤参见图 4-15。

步骤 1： 将中心线层设为当前层，绘制直线 1 和直线 2，然后利用 Offset(偏移)命令，按指定距离偏移出直线 3 和直线 4，如图 4-15(a)所示；

步骤 2： 将粗实线层设为当前层，分别以点 *a*、*b* 为矩形两对角点绘制矩形 5；再用偏移命令，按指定距离将矩形 5 偏移生成矩形 6 和矩形 7；继续利用偏移命令，按指定距离将直线 3 和直线 4 偏移生成窗洞及门洞的定位线 8、9 及 10、11，如图 4-15(b)所示；

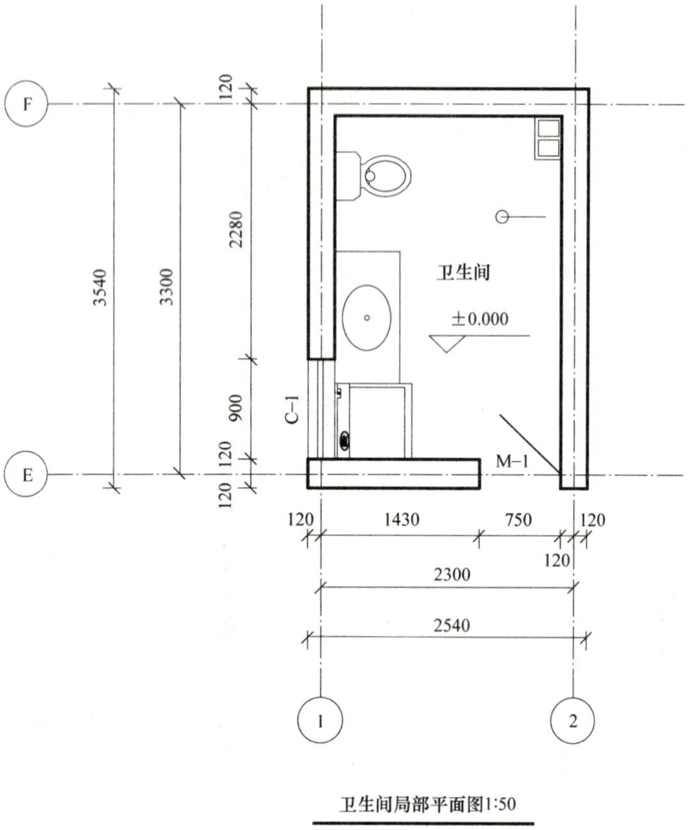

图 4-14　卫生间局部平面图

步骤 3：删除矩形 5；再用 Trim(修剪)命令，分别以定位线 8、9 及 10、11 为剪切边，修剪出窗洞和门洞；然后删除定位线 8、9 及 10、11，如图 4-15(c)所示；

步骤 4：分别使用 Line(直线)命令和 Extend(延伸)命令，补出门洞两侧的直线(使用延伸命令的好处是，所补直线段与原内墙线成为一个整体)，再将中实线层设为当前层，绘制开启的门(倾角为 45º)，如图 4-15(d)所示。

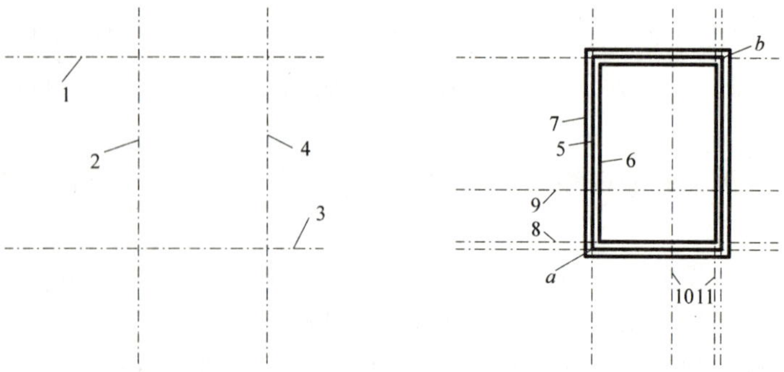

(a)绘制定位轴线　　(b)绘制墙线、确定门窗洞位置

图 4-15　卫生间部分绘制步骤

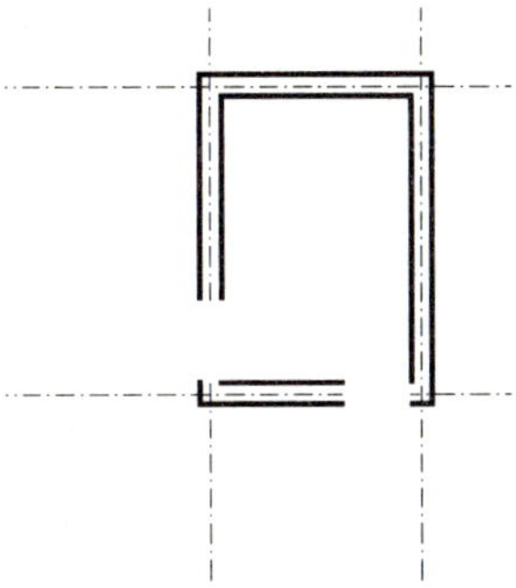
(c)修剪门窗洞、删除定位线

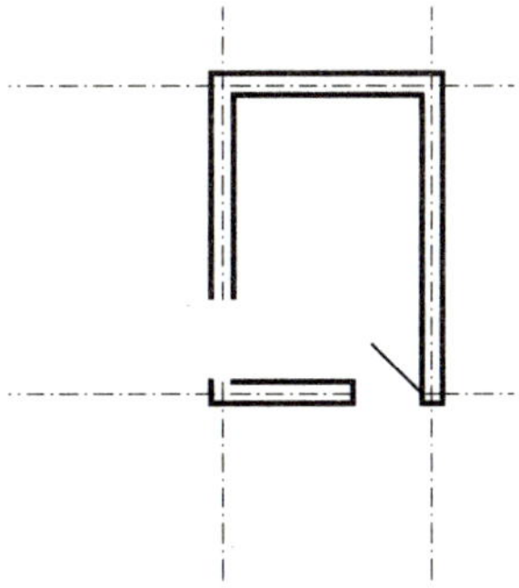
(d)整理图形、绘制门

续图 4-15

这里需要说明的是：图中的窗、卫生器具、标高符号及轴线符号等分别以“块”插入的形式完成，将在本节第二个问题中予以介绍；图中的文字、尺寸标注等则在以后的章节中逐步介绍。目前的重点是熟练掌握利用图层正确绘制图形的一般方法。

二、常用图形的合理运用——图块及属性

工程图样中经常遇到反复使用的图形及符号，如卫生器具、标高符号等。为了避免重复性工作，在 AutoCAD 中一般是将这些图形及符号创建为图块，也就是将一个或几个对象创建为一个整体，需要时可将图块以任意比例、任意旋转角度插入到图形的任意位置。

在标高符号、轴线符号等工程符号中，除基本图形外，还包括标高数值、轴线编号等文字或字母，AutoCAD 将这些附属给图形对象的文字信息称为属性。

前面我们在图层的介绍中，要求将颜色、线型、线宽等特性均设置为“随层”。在图块中同样会遇到对颜色、线型、线宽等特性的设置问题，不同的设置会对图块中的各个对象产生不同的影响。如果将图块中的各个对象绘制在不同图层上，在插入图块后，无论插入时当前图层为哪一层，块中的对象都会保留绘制时所在图层的特性；如果将图块中的所有对象均绘制在 0 层上，在插入图块后，块中的对象将继承插入时当前图层的特性；如果创建图块时，颜色等特性没有设置为“随层”，则不管插入时的设置如何都不会影响图块中对象的特性。

建议：由于同一图块中的不同对象往往会使用不同的线型，为便于今后的管理，本书要求大家将各个对象绘制在“应在”的图层上，创建为图块后，统一在“图块插入”层插入。在图块设置中，我们仍然坚持“万事随层”的原则。

(一)图块

1. 使用图块的优点

1)避免重复绘制相同结构

对于经常使用的图形或符号，可将其创建为图块，需要时插入即可。

2)方便修改

如果一个图形文件中，有多处用到同一图块，当需要对该图块进行修改时，只要在

分解图块并做出修改后以原名称重新定义该图块，则图形中所有使用该图块的地方就会自动更改。

3)节省存储空间

创建图块后，组成图块的各元素就成为一个整体。当使用图块时，AutoCAD 只需记住整个图块的插入点等相关信息，而无需存储各个组成元素的诸如尺寸、位置、图层、颜色、线型等信息。

4)创建图块属性

一旦为图块定义属性，在插入图块的同时，就可输入文字信息，并且可以对属性做修改内容等操作。

5)建立常用图块库

通过创建图块文件的方法可建立图块库，以便于实现资源共享。

2. 创建图块

1)创建图块的方法

创建图块，可采用以下几种方法：

- 单击按钮法：(创建块——在“绘图”工具栏中)；
- 下拉菜单法：绘图→块→创建；
- 键盘输入法：Block(简捷命令为 B)↓。

执行命令后，弹出“块定义”对话框，如图 4-16 所示(该图已做必要的设置)。

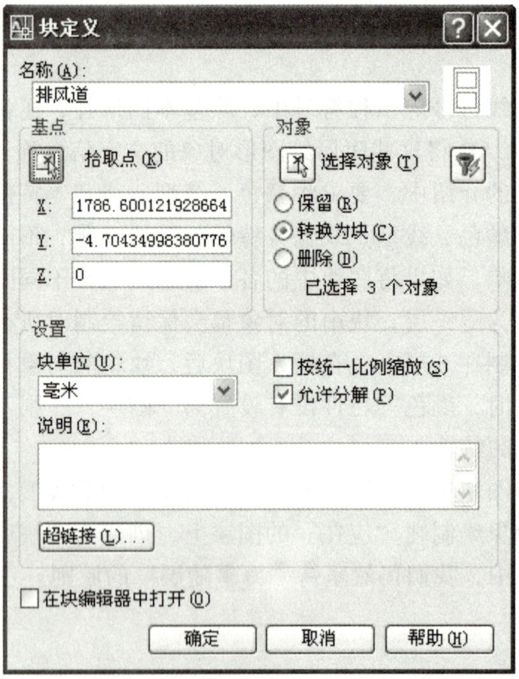

图 4-16　“块定义”对话框

在“块定义”对话框中的“基点”，指的是块的插入点，一般选择方便图形定位的点作为基点；若不选择基点，系统默认坐标原点为块的插入点。

在“块定义”对话框的“对象”选项组中：

▪“保留”选项：表示创建好图块后，原图形不转换为块，仍保留原有状态，这样可以利用图形继续做其他设置；

▪“转换为块”选项：表示创建好图块后，原图形转换为块，不能继续被用做其他设置，只能作为图块使用，除非采用分解命令将其分解；

▪“删除”选项：表示创建好图块后，将原图形删除，但创建的图块可以被使用。

2)创建不带属性的图块

创建不带属性的图块，可通过绘制图形和创建图块两步实现。

【例 4-2】 下面通过本书第三章中图 3-15 所示将排风道创建为图块说明这一过程：

步骤 1：由于排风道图形已经绘制完成，直接使用就可以了，但由于当时我们还没有学习“层”的概念，该图形绘制在默认的 0 层上，在这里只需将图形转换到细实线层上；

步骤 2：调用 Block 命令，在弹出的如图 4-16 所示的“块定义”对话框中做如下设置：在名称列表中输入“排风道”；单击“选择对象”左边的按钮，对话框消失，返回绘图区，选择排风道图形，按回车键回到“块定义”对话框；单击“拾取点”左边的按钮，拾取排风道图形的右上角点，重新回到“块定义”对话框，单击“确定”按钮即可。

采取同样的方法，我们可以将图 4-14 所示卫生间局部平面图中的洗衣机、台式洗脸盆、坐便器、淋浴喷头及窗户等创建为图块。图 4-14 中的门采用的是 45°中实线表示的方法，还可采用第三章图 3-8 所示的方法表示，也可以将门创建为图块。

3)创建带属性的图块

定义图块的属性，一般可采用以下几种方法：

• 下拉菜单法：绘图→块→定义属性；

• 键盘输入法：Attdef(简捷命令为 Att)↓。

执行命令后，弹出“属性定义”对话框，如图 4-17 所示。

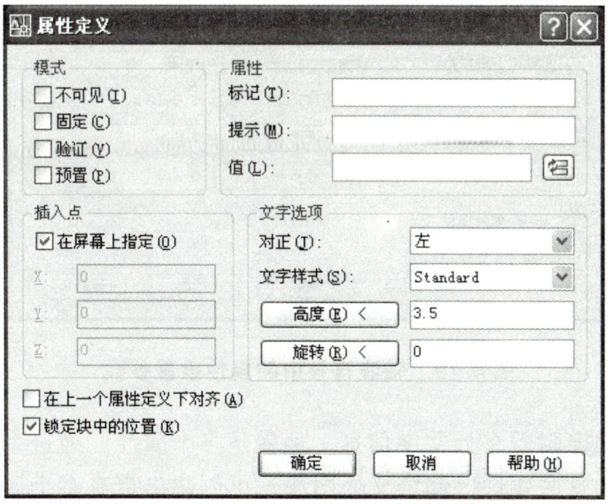

图 4-17　“属性定义”对话框

在“属性定义”对话框的“属性”选项组中：

(1)“标记”文本框：输入属性的标记；

(2)“提示”文本框：输入插入块时系统显示的提示信息；

(3)“值”文本框：输入属性的默认值(一般输入使用频率最多的值)。

“属性定义”对话框的“文字”选项组中有关内容，将在本书第五章中做详细介绍，此处仅结合具体实例做设置。

创建带属性的图块，一般可通过绘制图形、定义属性和创建图块三步实现。

【例 4-3】 下面以创建“轴线符号”图块为例说明这一过程(符号形状及尺寸均应符合制图标准)。

步骤 1：绘制图形 在细实线层上，绘制直径为 8 的圆，如图 4-18(a)所示；

(a)绘制基本符号　　(b)定义属性　　(c)创建图块

图 4-18　创建“轴线符号”图块

步骤 2：定义属性 调用 Attdef 命令，在“属性定义”对话框中做如图 4-19 所示的设置；单击确定按钮后，在绘图区中单击圆心即可，此时，属性定义以标记的形式显示在图块中，如图 4-18(b)所示；

步骤 3：创建图块 调用 Block 命令，将拾取点选择在圆的上象限点；选择对象时将图形(此时为圆)和属性一起选中，若在对象选项组中选择了“转换为块”，则可创建如图 4-18(c)所示的图块(属性值是可以变化的，在插入图块时，可按要求输入)。

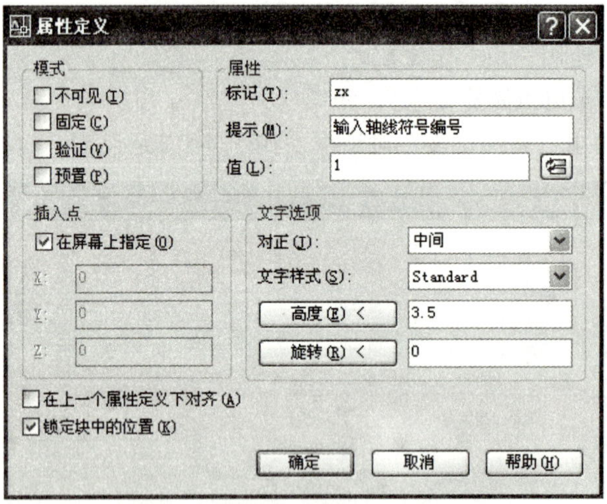

图 4-19　轴线符号中的属性设置参数

有时一个图块中会附着多处文字信息，也就是多个属性。通过多次为同一图形定义属性，然后将图形和这些属性一起定义为图块，可创建出带有多个属性的图块，具体创建方法请参阅 CAD 帮助或有关书籍。

3. 插入图块

创建图块后，可根据需要向图形中插入图块。

向图形中插入图块，一般可采用以下几种方法：

- 单击按钮法：(插入块——在“绘图”工具栏中)；
- 下拉菜单法：插入→块…；
- 键盘输入法：Insert(简捷命令为 I)↓。

执行命令后，弹出“插入”对话框，如图 4-20 所示。

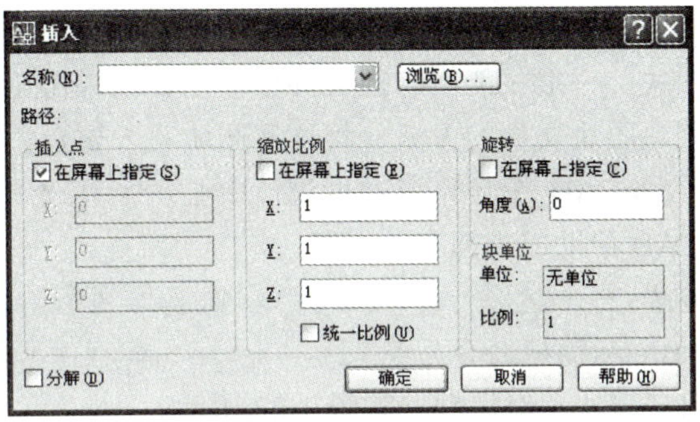

图 4-20　“插入”对话框

如果图形中已定义了图块，打开“插入”对话框的“名称”下拉列表后，就可找到该图块名称。图块的插入点一般选择“在屏幕上指定”；在缩放比例中，可在 X、Y、Z 文本框中输入三个方向的插入比例，若三个方向的插入比例相同，也可选择“统一比例”复选框；旋转角度值，可根据图形的需要在角度文本框中输入数值；设置完成后，单击“确定”按钮即可完成图块的插入。

【例 4-4】　现在我们接着图 4-15(d)的图形，继续完成图 4-14 所示的卫生间局部平面图：

步骤 1：将图块插入层设置为当前层，再把已经创建为图块的洗衣机、台式洗脸盆、坐便器、排风道、淋浴喷头、窗户及轴线符号、标高符号(具体创建步骤可参考上机实验指导书的实验三)等，依次按要求插入到图形的合适位置，如图 4-21(a)所示；

步骤 2：观察图 4-21(a)发现纵墙的轴线符号位置不合适，可使用 Move 命令，用窗口选择的方式，将所有纵墙的轴线符号全部选中，然后以其中任意一个符号圆的右象限点做基准点，移至上象限点(也就是中心线的端点)的位置即可，如图 4-21(b)所示。

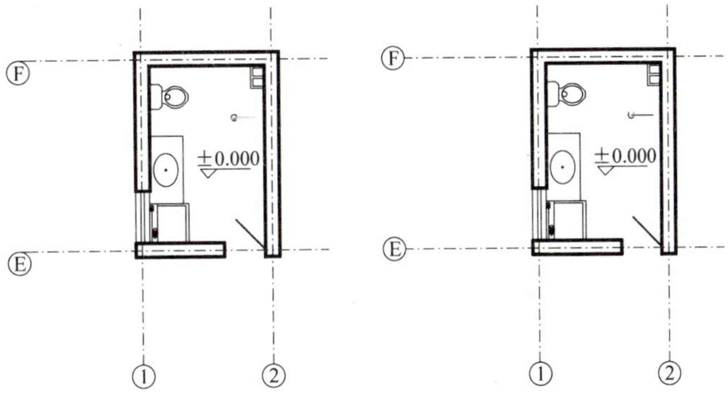

(a)插入图块　　(b)调整图块位置

图 4-21　向已有图形中插入图块

至此，完成图 4-14 所示平面图的初步绘制；在后续章节将陆续为图形加注文字、标注尺寸以及绘制边框线、标题栏等，完成平面图的完整绘制。

由于在创建图块时，已将各实体绘制在“应在”的图层上，在这里我们将所有的图块统一插入在“图块插入”层。

另外，还可以沿着选定的几何对象，以一定间隔一次插入多个图块，详见本书第九章。

4. 创建图块文件

用 Block 创建的图块，一般仅能在当前文件中使用；如果希望这些图块也能被其他文件应用，可以通过创建图块文件的方式，将这些图块写入磁盘。这样就从某种意义上实现了资源共享，在 AutoCAD 中还可以通过设计中心、工具选项板等方式实现资源共享，具体做法请使用 CAD 帮助或查阅有关书籍。

创建图块文件的方法：

• 键盘输入法：WBlock(简捷命令为 W)↓。

执行命令后，弹出“写块”对话框，如图 4-22 所示。

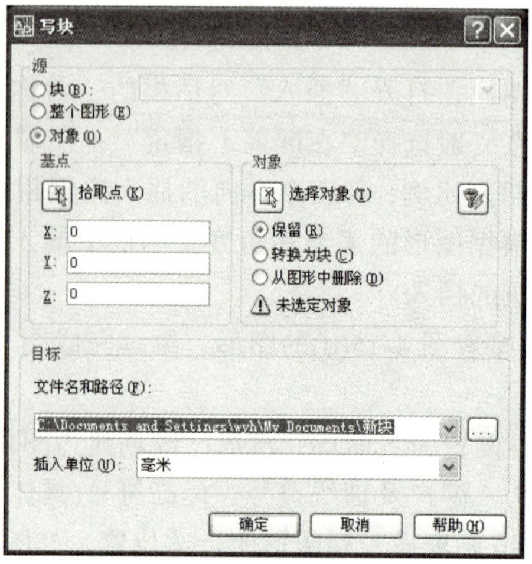

图 4-22 “写块”对话框

在“写块”对话框中，各选项组的含义：

▪“源”选项组：一般选择“对象”，这样可以将选定的对象创建为块文件；如果选择“整个图形”，则将全部图形创建为块文件。

▪“目标”选项组：通过单击文件名和路径下拉列表右侧的[...]按钮，可以为块文件指定存储路径和文件名；插入单位选择“毫米”。

▪“基点”和“对象”选项组：含义及操作方法同“块定义”对话框。

建议：为方便管理和使用，将所有的块文件存储在事先建立好的文件夹中。

当在其他文件中调用已存盘图块文件时，只需在图 4-20 所示的“插入”对话框中，单击“浏览”按钮，按存储路径找到图块文件即可。

5. 编辑图块及属性

1)编辑图块

插入图块后，如果发现诸如比例因子、旋转角度等参数不符合要求，在不重新插入图块的情况下，可通过“特性”选项板，进行参数修改。

如果将图 4-14 所示卫生间局部平面图改为图 4-23 所示，则两个“窗户”图块就可按原尺寸插入后，再通过“特性”选项板进行参数修改完成(具体做法参见上机实验指导中的实验四)。

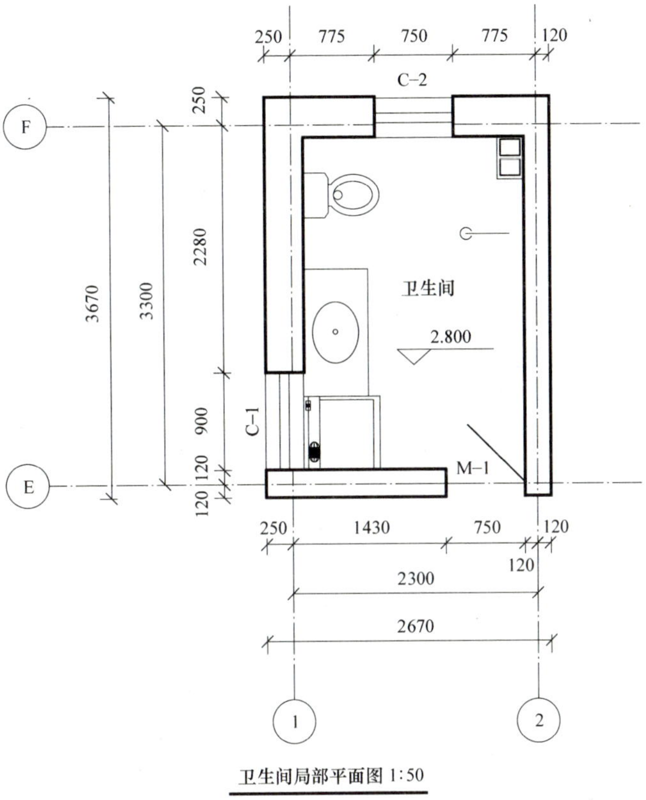

图 4-23 卫生间局部平面图

2)编辑图块属性

在图 4-23 中，地面标高值为 2.800。在不重新插入图块的情况下，可双击属性值(原图中为 ± 0.000)，弹出“增强属性编辑器”对话框，如图 4-24 所示，在对话框的“属性”标签的“值”文本框中输入 2.800，单击确定按钮即可。

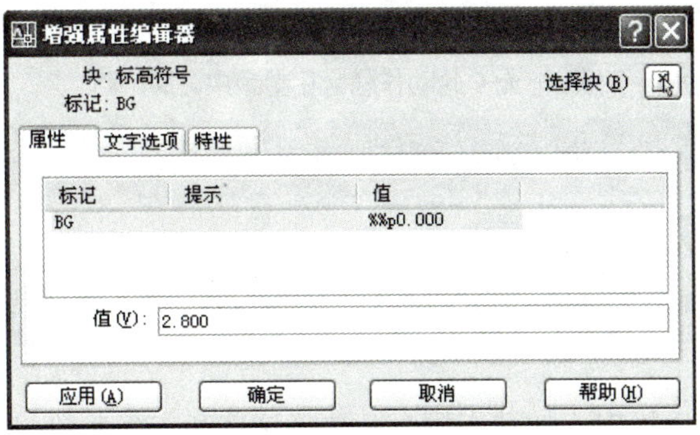

图 4-24 “增强属性编辑器”对话框

(二)动态图块简介

前面我们介绍了在不重新插入图块的情况下，通过“特性”选项板对图块的比例因子、旋转角度等参数进行修改，进而改变图块外观的方法，但是使用步骤仍显得比较烦琐。在 AutoCAD 2007 中可使用动态图块功能，在插入图块后，利用图块的动态夹点来实现图块的拉伸、旋转、缩放等操作。

1. 创建动态图块

1)创建动态图块的方法

通过使用块编辑器向图块中添加参数和动作，可以为新建图块或已有图块添加动态行为，使其成为动态图块。也就是说在动态图块中，除几何图形外，还包含一个或多个参数和动作。

2)动态图块中的参数与动作

向图块中添加参数后，图块会自动添加自定义夹点和特性，使用这些自定义夹点和特性可以操作图形中的块参照。

向图块中添加动作后，可控制该图块中几何图形的移动或更改。

向图块中添加的参数和动作仅显示在块编辑器中。将动态图块插入到图形中时，不会显示这些参数和动作。

添加到动态块中的参数类型决定了添加的夹点类型，每种参数类型仅支持特定类型的动作。表 4-1 显示了参数、夹点和动作之间的关系。其中的线性参数可显示出两个固定点之间的距离，并且约束夹点沿预置角度的移动。

表 4-1　参数、夹点和动作之间的关系

参数类型	夹点类型		可与参数关联的动作
点	■	标准	移动、拉伸
线性	▶	线性	移动、缩放、拉伸、阵列
极轴	■	标准	移动、缩放、拉伸、极轴拉伸、阵列
XY	□	标准	移动、缩放、拉伸、阵列
旋转	●	旋转	旋转
翻转	➡	翻转	翻转
对齐	▶	对齐	无（此动作隐含在参数中。）
可见性	▼	查寻	无（此动作是隐含的，并且受可见性状态的控制。）
查寻	▼	查寻	查寻
基点	□	标准	无

应当注意的是：向块中添加动作后，必须将这些动作与参数相关联，并且通常情况下要与几何图形相关联。

3)创建动态图块的步骤

下面我们以将图 4-14 中的窗户(900 × 240)创建为动态图块为例，说明创建动态图块的一般步骤。该窗户规格尺寸为 900，安装在 24 墙上。现为其增加尺寸 1200、1500、1800，使具有四种规格，同时可安装在 37 墙上。

步骤1：创建图块　使用B命令，将符合图层要求的、尺寸为900 × 240的窗户创建为图块“窗户”(如果图块已存在，可直接进行步骤2的操作)。

步骤 2：打开块编辑器　单击“标准”工具栏中的按钮，弹出如图 4-25 所示的“编辑块定义”对话框，选择列表中的“窗户”名称，单击确定按钮，则打开如图 4-26 所示的“块编辑器”；(该步骤也可在绘图区中直接选中窗户图块，并在其上任意位置右击，在弹出的快捷菜单中选择“块编辑器”选项，则不需经过“编辑块定义”对话框，便可打开“块编辑器”)。

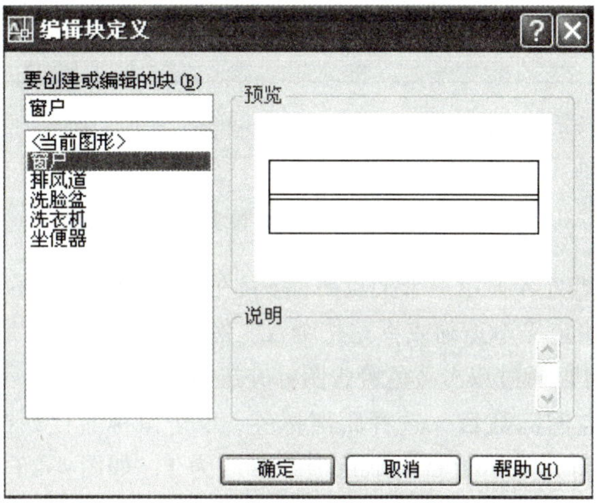

图 4-25　“编辑块定义”对话框

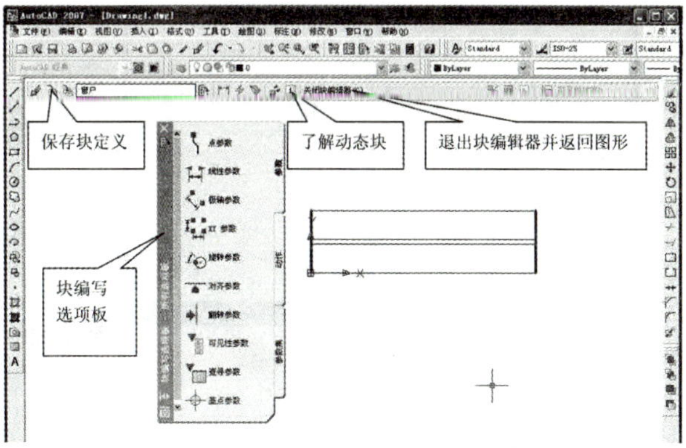

图 4-26　块编辑器

步骤3：图块添加参数　选择“块编写选项板”上的“参数”选项卡，单击“线性参数”选项，按命令行提示做如下操作，操作结果如图4-27所示。

命令：_BParameter 线性

指定起点或[名称(N)/标签(L)/链(C)/说明(D)/基点(B)/选项板(P)/值集(V)]：N↓

//输入N并回车，用于定义参数名称；

输入参数名<线性>：宽度↓　　//输入参数名“宽度”并回车；

指定起点或[名称(N)/标签(L)/链(C)/说明(D)/基点(B)/选项板(P)/值集(V)]：

//在点*a*处单击鼠标左键；

指定端点：　　//在点*b*处单击鼠标左键；

指定标签位置：　　//移动鼠标至适当位置并单击鼠标左键，得到距离标签。

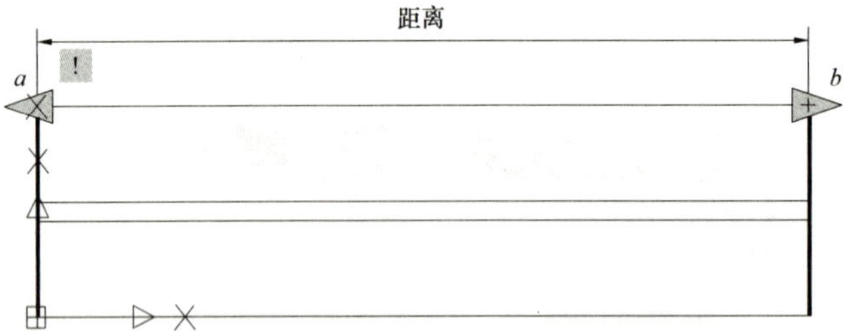

图 4-27　为图块添加线性参数——宽度

可看到在 *a*、*b* 两点处各显示一个夹点图标，且在距离标签一端显示一个黄色警告图标，出现警告图标是由于块定义不正确或不完整所致。例如，图 4-27 中是由于没有添加与线性参数相关联的动作。可以通过双击黄色警告图标并按照命令行中的提示来更正这些错误。

步骤 4：修改夹点图标数目　选择距离标签，单击鼠标右键，在弹出的快捷菜单中，选择“夹点显示”，将其显示数目由默认值 2 修改为 1，如图 4-28 所示。

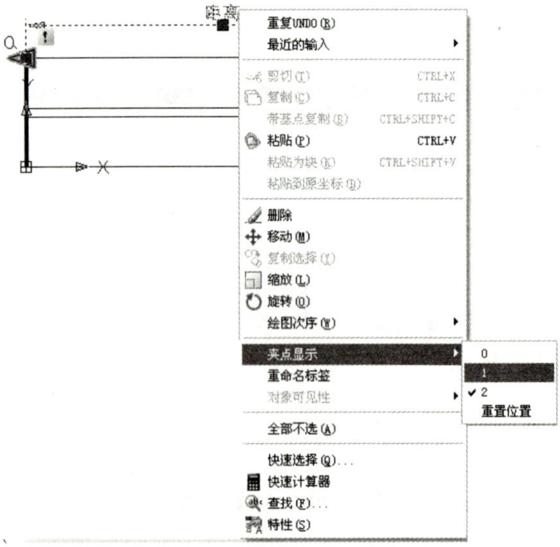

图 4-28　将夹点数目修改为 1

步骤 5：添加参数固定列表　通过该步骤可以为窗户的宽度值定义一些特定的尺寸。

选中图 4-27 中的距离标签，并打开“特性”选项板，在“值集”标签中的“距离类型”后的下拉列表中选择“列表”项，如图 4-29(a)所示，图中显示出参数名为“宽度”；然后单击“距离值列表”后面的“对话框”按钮(图中距离值为图形原始数值 900)，如图 4-29(b)所示，激活“添加距离值”对话框，如图 4-30 所示。

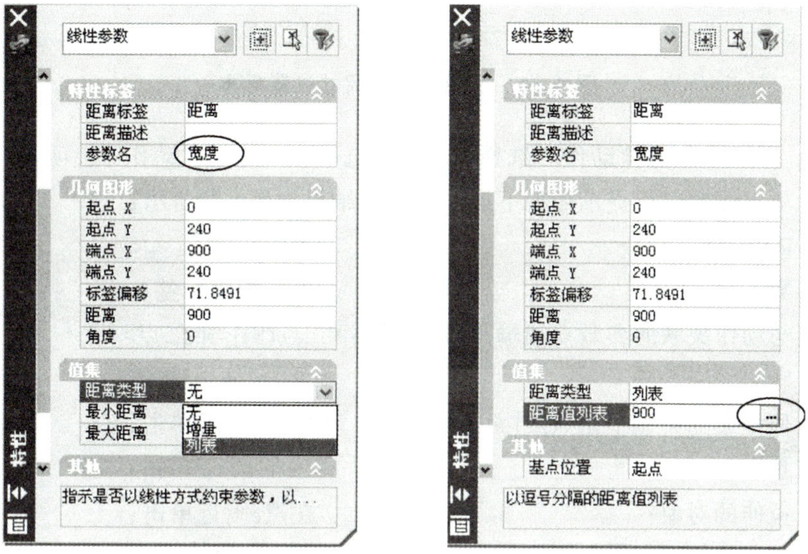

(a)选择距离类型　　(b)激活“添加距离值”对话框

图 4-29　“特性”选项板

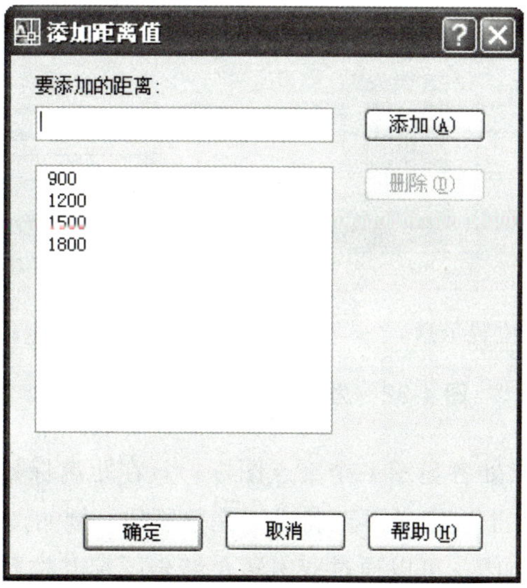

图 4-30　“添加距离值”对话框

在“添加距离值”对话框中的“要添加到距离”编辑框中依次输入距离值，并单击添加按钮，可在预览框中显示出原有值900和新添加的值1200、1500和1800，如图4-30所示。单击“确定”按钮完成距离值的添加，可看到图形中新增了三个尺寸位置标志，如图4-31所示。

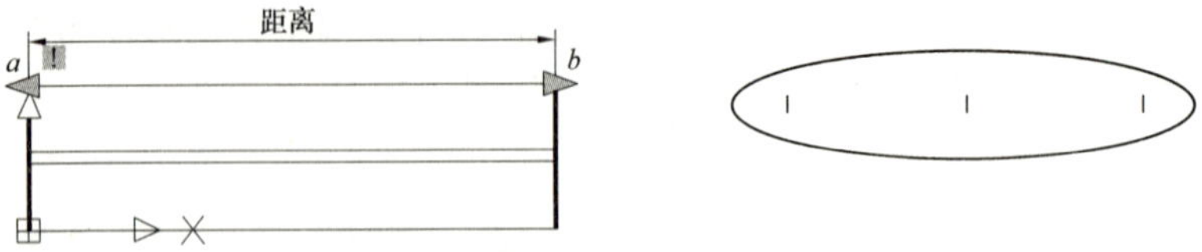

图 4-31　“距离值”尺寸位置标志

步骤6：图块添加拉伸动作　选择“块编写选项板”上的“动作”选项卡，单击“拉伸动作”选项，按命令行提示做如下操作，操作结果如图4-32所示；

命令：BActionTool↓　　//按回车键；
选择参数：　　//单击距离标签；
指定要与动作关联的参数点或输入[起点(T)/第二点(S)]<第二点>:
　　//单击点*b*；
指定拉伸框架的第一个角点或[圈交(CP)]:　　//在点*c*附近单击；
指定对角点：　　//在点*d*附近单击；
指定要拉伸的对象：　　//在点*e*附近单击；
选择对象：指定对角点：找到8个　　//在点*f*附近单击，如图4-32(b)所示；
选择对象：　↓　　//按回车键；
指定动作位置或[乘数(M)/偏移(O)]:　　//在适当位置单击，得到一个带有发亮螺栓的“拉伸”标签，如图4-32(b)所示。

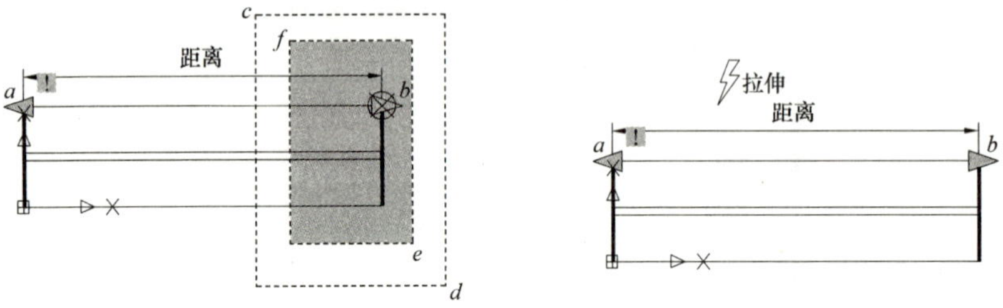

(a)选择位置示意　　(b)指定动作位置

图 4-32　为图块添加动作——拉伸

可看到在 *a*、*b* 两点处各显示一个夹点图标；且在距离标签一端显示一个黄色警告图标，出现警告图标是由于块定义不正确或不完整所致。例如，图 4-27 中是由于没有添加与线性参数相关联的动作。可以通过双击黄色警告图标并按照命令行中的提示来更正这些错误。

步骤 7：图块添加其他参数和动作　参照步骤 3、4、5、6，为图块增加 37 墙规格，结果如图 4-33 所示；

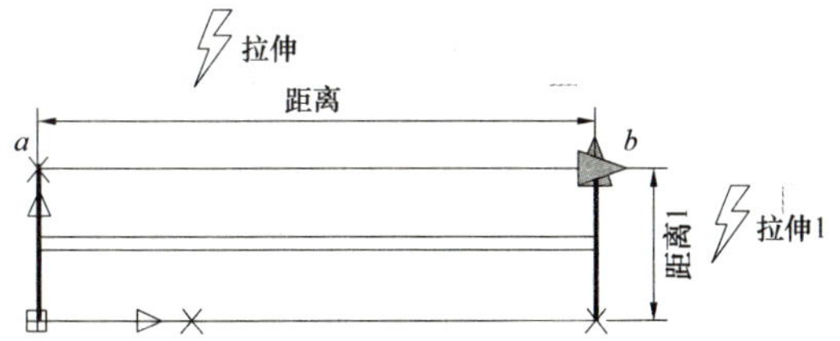

图 4-33　为图块添加墙体厚度参数和拉伸动作

步骤8：保存动态块　单击保存块定义按钮，再单击关闭块编辑器(C)按钮，返回AutoCAD绘图界面，完成动态图块的创建。

2. 使用动态图块

1)测试使用新创建的动态图块

单击刚刚创建的“窗户”动态块，显示如图 4-34(a)所示，单击点 *b* 处的夹点并向右移动鼠标，发现鼠标只能捕捉到添加的距离值 1200、1500 和 1800 处，如图 4-34(b)所示；同样可以单击另一个夹点，图形被拉伸为 37 墙规格。

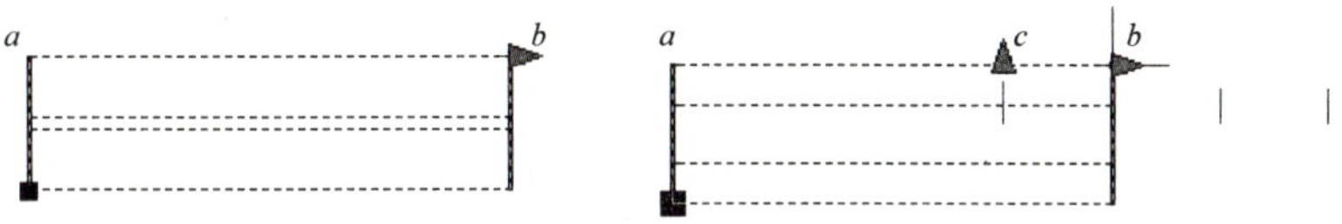

(a)选择动态块　　(b)单击操作夹点

图 4-34　测试使用动态图块——窗户

在操作过程中，若发现动态块中出现不正确的动作，可通过“块编辑器”进行修改。

2)使用系统提供的动态图块

AutoCAD 2007 中提供了一些动态图块，通过“动态块”工具板可直接调用。可以通过以下几种方式调出“动态块”工具板：

- 单击按钮法：(工具选项板——在“标准”工具栏中)；
- 下拉菜单法：工具→选项板→工具选项板；
- 键盘输入法：ToolPalettes(简捷命令为 Tp)↓；
- 快捷方式：Ctrl+3(表示同时按下 Ctrl 键和数字键 3)。

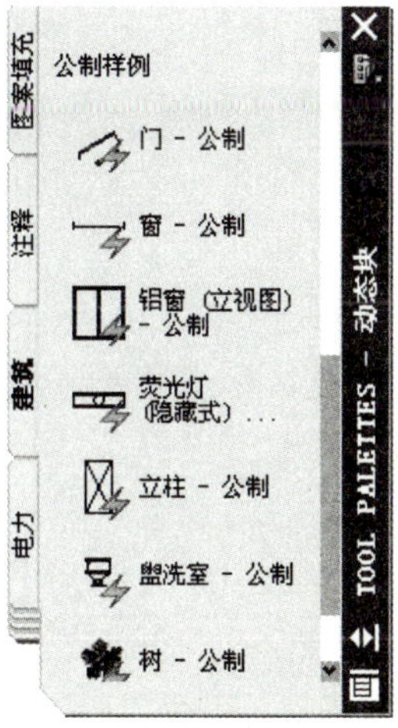

图 4-35　“动态块”选项板

执行命令后，弹出“动态块”选项板，如图 4-35 所示。单击“建筑”标签，选择“门–公制”，并按住鼠标左键，将其拖至绘图区域，该动态块——门就被插入到图形中。

选中该门，则出现如图 4-36(a)所示的若干夹点。通过操作点 *a*、*b*、*c*、*d* 处的夹点，可对门做不同尺寸的拉伸和不同方向的翻转；选择点 *e* 处的夹点，出现如图 4-36(b)所示的选项菜单，可对门设定不同的开启角度。各种情况详见计算机辅助设计上机实验指导中的实验三。

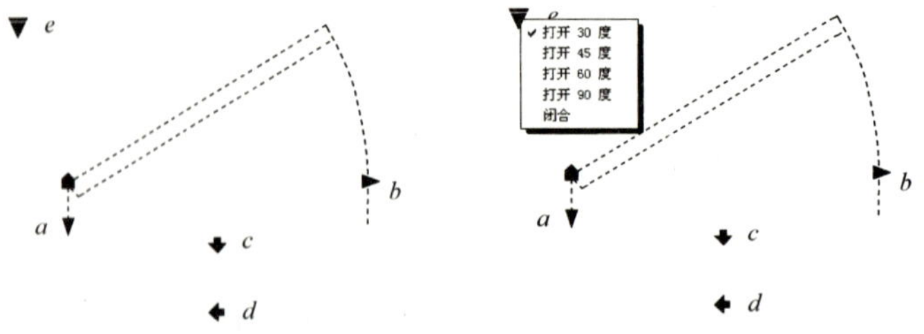

(a)夹点显示　(b)设定门的开启角度

图 4-36　"动态块——门"中的夹点显示与操作

第二节　初步绘制简单水利水电工程图

在水利水电工程中，表达水工建筑物结构及其施工过程的图样叫做水利水电工程图，简称水工图。常见的水工图包括地形图、地质图、规划图、枢纽布置图、建筑结构图和施工图等。本节重点介绍如何利用 AutoCAD 绘制简单水工图。

一、水闸闸室段剖面的初步绘制

(一)基本绘图环境设置

1. 正交模式设置

图 4-37 以水平线和垂直线为主，为方便绘图，激活状态行中的"正交"模式。

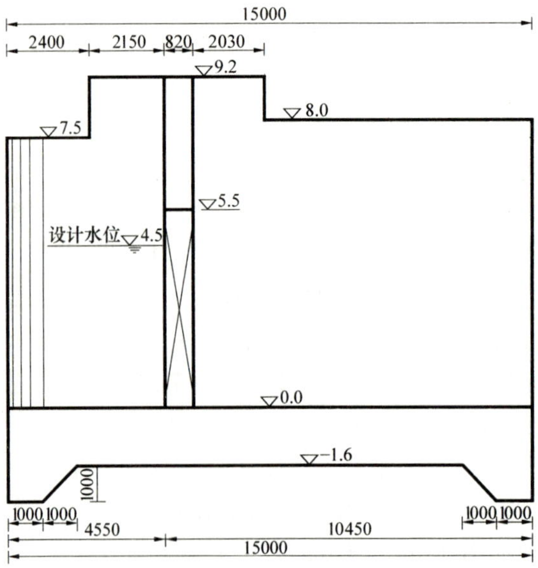

图 4-37　水闸闸室段剖面简图

2. 捕捉设置

为保证精确绘图，启用对象捕捉并设定端点、中点、交点、垂足等对象捕捉模式。

(二)图层设置

图层设置参见图 4-2，绘图过程中分别通过将粗实线层和细实线层设置为当前层绘制相应图线。

(三)绘制水闸底板

1. 选择图层

将粗实线层设为当前层绘制水闸底板轮廓线。

2. 绘制直线

单击“绘图”工具栏中的“直线”按钮，并采用键盘输入的方法绘制直线完成如图 4-38 所示闸底板断面图。命令行提示以及坐标输入如下：

命令：_line 指定第一点：　　//在绘图界限内任取一点作为点 *A*；

指定下一点或[放弃(U)]：<正交 开>15000　　//在正交模式下将光标向点 *B* 方向拉出后，输入 *A*、*B* 两点间的水平距离，得到点 *B*；

指定下一点或[放弃(U)]：2600　　//在正交模式下将光标向点 *C* 方向拉出后，输入 *B*、*C* 两点间的竖向距离，得到点 *C*；

指定下一点或[闭合(C)/放弃(U)]：1000　　//在正交模式下将光标向点 *D* 方向拉出后，输入 *C*、*D* 两点间的水平距离，得到点 *D*；

指定下一点或[闭合(C)/放弃(U)]：@–1000，1000

//输入相对于点 *D* 的直角坐标值，得到点 *E*；

指定下一点或[闭合(C)/放弃(U)]：11000　　//在正交模式下将光标向点 *F* 方向拉出后，输入 *E*、*F* 两点间的水平距离，得到点 *F*；

指定下一点或 [闭合(C)/放弃(U)]：@–1000，–1000

//输入相对于点 *F* 的直角坐标值，得到点 *G*；

指定下一点或[闭合(C)/放弃(U)]：1000　　//在正交模式下将光标向点 *H* 方向拉出后，输入 *G*、*H* 两点间的水平距离，得到点 *H*；

指定下一点或[闭合(C)/放弃(U)]：C　　//选择闭合选项后将直线的起点 *A* 和最后一点 *H* 进行闭合连接。

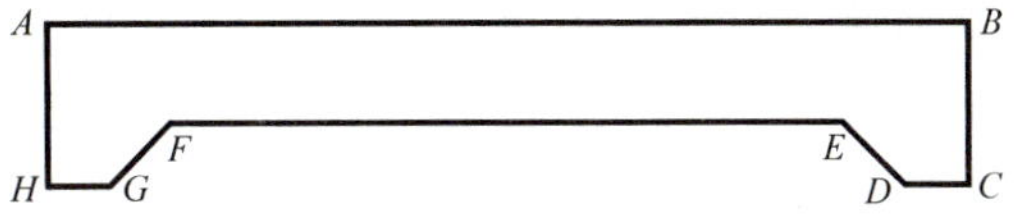

图 4-38　水闸底板

(四)绘制闸墩轮廓线

当前图层保持不变，采用已知点捕捉和在正交模式下输入两点间水平或竖向距离的方式绘制如图 4-39 所示闸墩轮廓线。命令行提示以及坐标输入如下：

命令：_line 指定第一点： //捕捉 A 点；
指定下一点或[放弃(U)]：7500 //输入 *A*、*K* 两点间的竖向距离，得到点 *K*；
指定下一点或[放弃(U)]：2400 //输入 *K*、*L* 两点间的水平距离，得到点 *L*；
指定下一点或[闭合(C)/放弃(U)]：1700 //输入 *L*、*M* 两点间的竖向距离，得到点 *M*；
指定下一点或[闭合(C)/放弃(U)]：5000 //输入 *M*、*N* 两点间的水平距离，得到点 *L*；
指定下一点或[闭合(C)/放弃(U)]：1200 //输入 *N*、*P* 两点间的竖向距离，得到点 *P*；
指定下一点或[闭合(C)/放弃(U)]：7600 //输入 *P*、*Q* 两点间的水平距离，得到点 *Q*；
指定下一点或[闭合(C)/放弃(U)]： //捕捉 *B* 点；
指定下一点或[闭合(C)/放弃(U)]：↓ //回车，结束命令。

(五)绘制闸门槽及闸门轮廓线

闸门槽及闸门顶轮廓线均可以采用由已知直线偏移后经延伸或修剪后得到：由直线 *AK* 偏移 455 得到直线 *ST*，偏移 537 得到直线 *WX*，直线 *AB* 偏移 550 得到直线 *UV*，如图 4-40 所示为偏移命令执行结果。再将直线 *ST* 和 *WX* 延伸到直线 *MN*，修剪直线 *UV* 只保留 *YZ* 段即可得到门槽和闸门轮廓线。

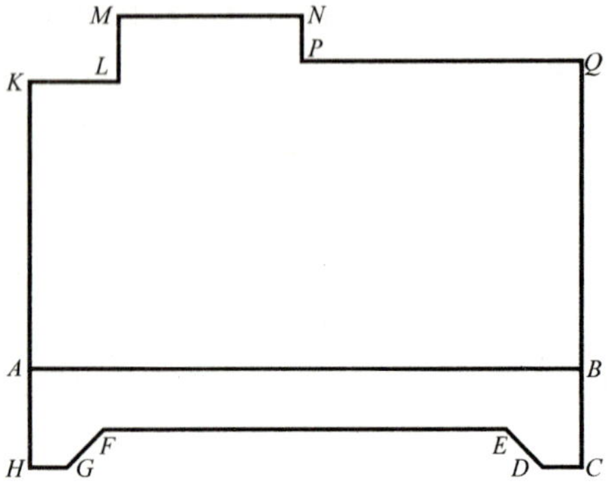

图 4-39 水闸闸墩的绘制

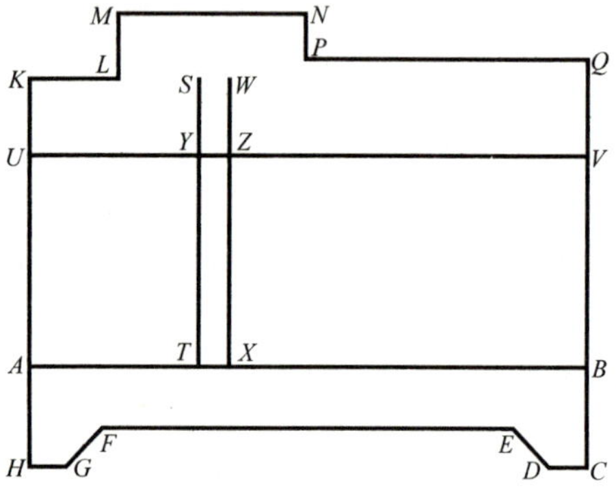

图 4-40 利用偏移命令绘制闸门槽

(六)绘制细实线

1. 选择图层

单击“图层”工具栏中图层列表框，选择“细实线”层作为当前层。

2. 绘制水闸图例

利用对象捕捉功能分别连接如图 4-40 所示的直线 *XY* 和直线 *TZ* 得到水闸图例。

3. 绘制上游闸墩素线

利用偏移命令由直线 *AK* 偏移得到四条闸墩素线，这时的四条素线为粗实线，要将其改为细实线，可以在选择素线后单击“图层”工具栏中的下拉列表框，选择“细实线”层，并按 Esc 键。

二、双曲拱横断面的初步绘制

双曲拱横断面简图如图 4-41 所示。

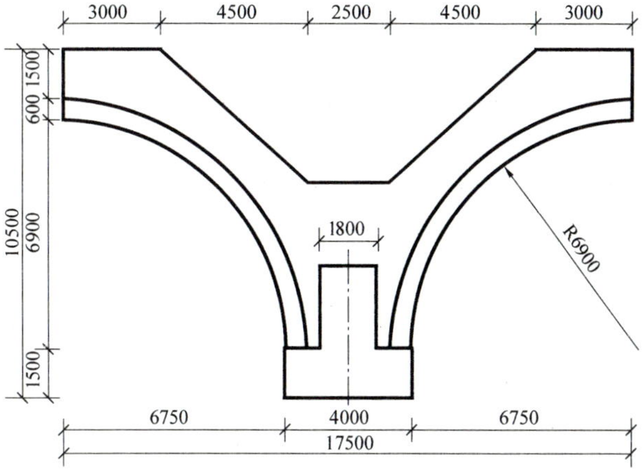

图 4-41　双曲拱横断面简图

(一)基本绘图环境设置

启用对象捕捉并设定端点、中点、交点、垂足等对象捕捉模式，激活状态行中的“正交”模式。

(二)绘制拱肋

1. 选择图层

单击“图层”工具栏中图层列表框，选择“粗实线”层作为当前层。

2. 绘制拱肋直线

单击“绘图”工具栏中的“直线”按钮，在正交模式下通过输入两点间水平或竖向距离的方式绘制如图 4-42 所示的拱肋横断面。

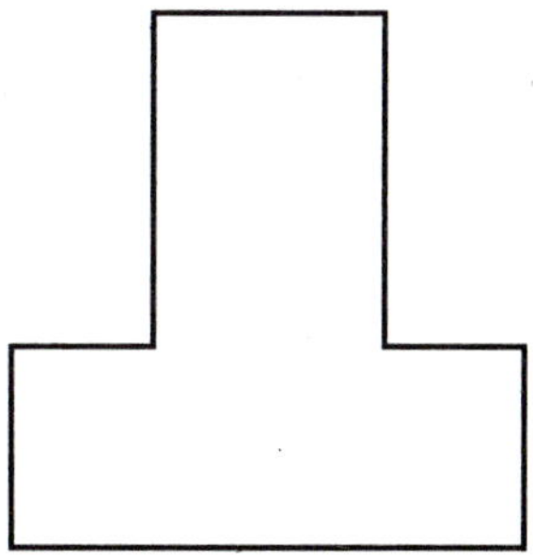

图 4-42　拱肋横断面

(三)绘制中心线

将“中心线”层设置为当前层，单击“绘图”工具栏中的“直线”按钮，捕捉相应直线的中点并延伸后得到中心线，但这时中心线显示为实线，其原因是线型比例不合适，此时单击中心线后选择修改→特性，弹出如图 4-43 所示“特性选项板”，将线型比例设置为 30，得到如图 4-43 所示的拱肋中心线。

(四)绘制拱波

1. 绘制圆弧段 *AB*

绘制拱波采用圆弧命令，首先选择绘图→圆弧→起点、端点、角度方式绘制圆弧段 *AB*，相应的命令行提示以及输入如下：

命令：_arc 指定圆弧的起点或[圆心(C)]：选择 A 点　　//捕捉点 *A* 作为圆弧起点；

指定圆弧的第二个点或[圆心(C)/端点(E)]：E　　//选择指定圆弧的端点；

指定圆弧的端点：@–6750, 6900　　//输入端点 *B* 相对于点 *A* 的直角坐标；

指定圆弧的圆心或[角度(A)/方向(D)/半径(R)]：_a 指定包含角：90

//指定圆弧的包含角为 90º。

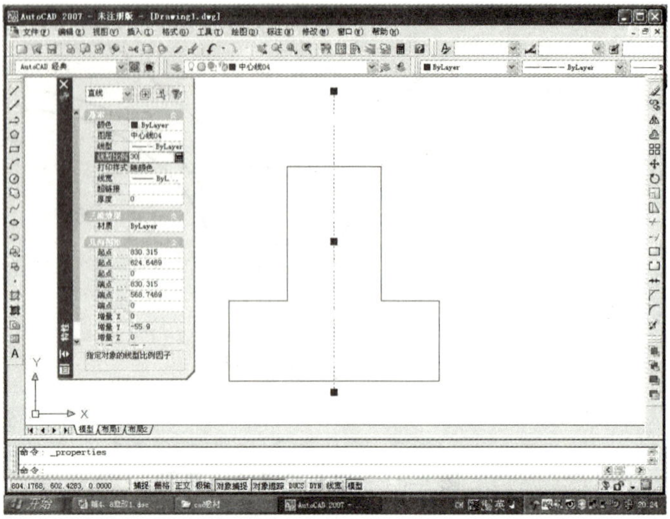

图 4-43　利用“特性选项板”绘制拱肋中心线

2. 绘制直线 *BC*

在正交方式下绘制直线 *BC*，表示拱波厚度。

3. 绘制通过点 *C* 的外侧圆弧

利用偏移命令得到通过点 *C* 的外侧圆弧，相应的命令行提示以及输入如下：

命令：_offset

当前设置：删除源=否　图层=源　OFFSETGAPTYPE=0

指定偏移距离或[通过(T)/删除(E)/图层(L)]<通过>：T　　//以通过一点的方式偏移对象；

选择要偏移的对象，或[退出(E)/放弃(U)]<退出>：　　//选择圆弧 *AB* 作为被偏移的对象；

指定通过点或[退出(E)/多个(M)/放弃(U)]<退出>：　　//捕捉点 *C* 作为偏移通过点。

注意：偏移命令执行后还需要对外侧圆弧进行修剪。

4. 利用镜像命令得到另一侧拱波

由于两侧的拱波对称，所以只需绘制一侧拱波后经镜像得到另一侧拱波，如图 4-44 所示。

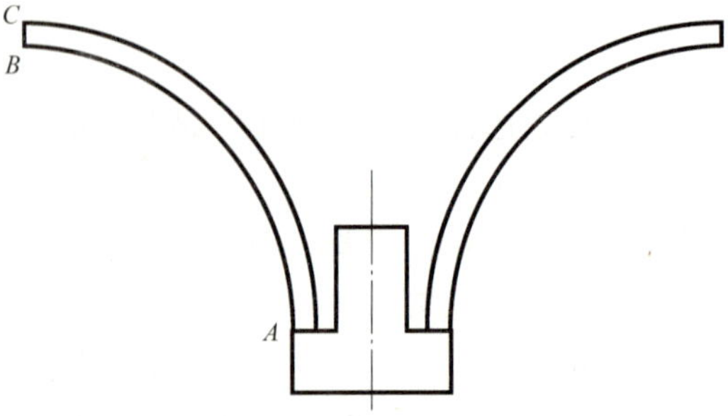

图 4-44　拱波的绘制

(五)绘制拱板

利用直线命令绘制拱板，如图 4-45 所示。相应的命令行提示以及输入如下：

命令：_line 指定第一点：　//捕捉点 *C*；

指定下一点或[放弃(U)]：1500　//在正交模式下将光标向点 *D* 方向拉出后，输入 *C*、*D* 两点间的竖向距离，得到点 *D*；

指定下一点或[放弃(U)]：300　//在正交模式下将光标向点 *E* 方向拉出后，输入 *D*、*E* 两点间的水平距离，得到点 *E*；

指定下一点或[闭合(C)/放弃(U)]：@450,–400　//输入点 *F* 相对于点 *E* 的直角坐标值；

指定下一点或[闭合(C)/放弃(U)]：180　//在正交模式下将光标向点 *G* 方向拉出后，输入 *F*、*G* 两点间的水平距离，得到点 *G*；

指定下一点或[闭合(C)/放弃(U)]：@450,400　//输入点 *H* 相对于点 *G* 的直角坐标值；

指定下一点或[闭合(C)/放弃(U)]：300　//在正交模式下将光标向点 *K* 方向拉出后，输入 *H*、*K* 两点间的水平距离，得到点 *K*；

指定下一点或[闭合(C)/放弃(U)]：150　//在正交模式下将光标向点 *M* 方向拉出后，输入 *K*、*M* 两点间的水平距离，得到点 *M*；

指定下一点或[闭合(C)/放弃(U)]：↓　//回车，结束命令。

注意：由于拱板对称，所以也可以采用绘制一半图形后，镜像得到整个图形。

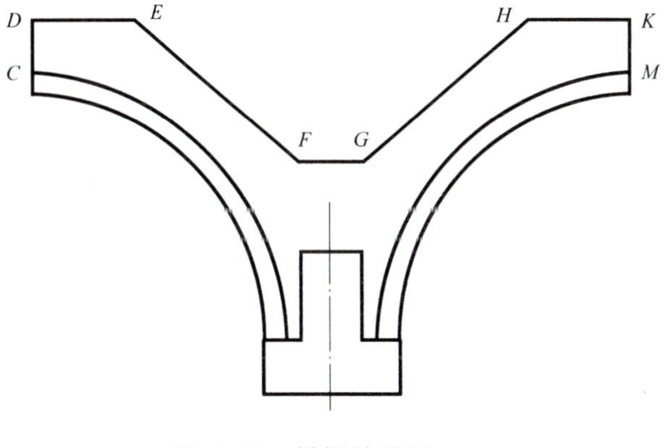

图 4-45　拱板的绘制

第五章　文字标注及表格绘制

在工程图中，文字和表格不可缺少，如技术要求、工艺流程、明细表和门窗表等。AutoCAD 中提供了单行文字和多行文字两种文字输入方法和表格绘制及编辑的功能。本章针对工程图中经常涉及的功能进行介绍。

第一节　文字样式的设置方法

在 AutoCAD 中，可使用的字体分为两种：一种是 Windows 提供的 TrueType 字体，即 TTF 字体；另一种是 AutoCAD 特有的字体，其扩展名为.shx，这类字体最大的特点在于占用系统空间小。

由于工程制图标准中对文字标注有一定要求，所以利用 AutoCAD 在工程图中标注文字之前，应先设置需要的文字样式。

一、设置文字样式

(一)设置方法

创建、修改或设置文字样式可通过“文字样式”对话框来实现。可通过下述几种方法调出该对话框：

- 单击按钮法：A(文字样式——在“样式”工具栏中)；
- 下拉菜单法：格式→文字样式…；
- 键盘输入法：Style(简捷命令为 St)↓。

执行命令后，弹出如图 5-1 所示的“文字样式”对话框。

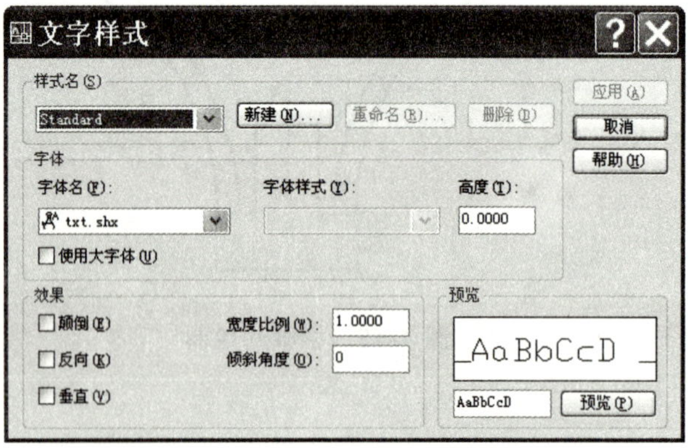

图 5-1　“文字样式”对话框

(二)对话框说明

“文字样式”对话框中包括样式名、字体、效果和预览四个选项组。下面详细介绍这四部分内容。

1. 样式名

该选项组中包括“样式名”下拉列表、“新建”按钮、“重命名”按钮和“删除”按钮 4 项。

1)“样式名”下拉列表

在该下拉列表框中，可以选择和显示当前字体样式名。

2)“新建”

单击 新建(N)... 按钮，即可打开“新建文字样式”对话框，如图 5-2 所示，在该对话框中可以输入新文字样式的名称。

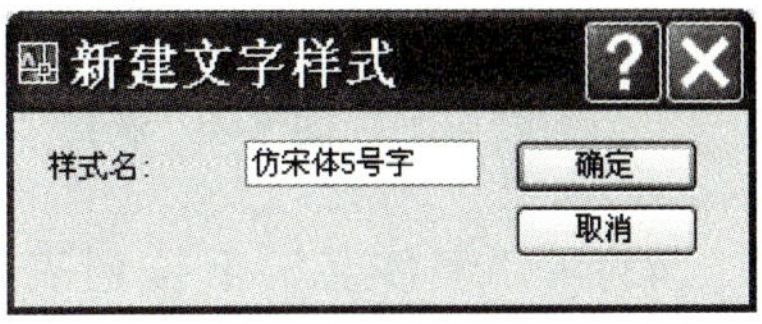

图 5-2　“新建文字样式”对话框

3)“重命名”

单击 重命名(R)... 按钮，可以打开“重命名文字样式”对话框，在该对话框中可以输入重命名的文字样式名称。该按钮只对新建的文字样式可用，在默认的文字样式名 STANDARD 状态下，重命名(R)... 按钮是灰色不可用。

4)“删除”

单击 删除(D) 按钮，询问是否要删除当前的文字样式名，点击 是(Y) 或 否(N) 按钮来删除或不删除该样式名。

2. 字体

该选项组中包括“字体名”下拉列表、“字体样式”下拉列表、“高度”和“使用大字体”4 项。

1)“字体名”下拉列表

在该列表框中列出了可以调用的字体，包括 TrueType 类型(字体名称前有 Tr 标志)的字体和.shx 字体。

如果选中 ☑使用大字体(U) 复选框，“字体名”将变为“shx 字体”下拉列表，在此下拉列表中只显示“.shx”类型字体。

2)“字体样式”下拉列表

该下拉列表框有 3 种显示状态。

(1)在“字体名”下拉列表中选择 TrueType 类型的字体，利用“字体样式”下拉列表可设置字体的样式，如斜体、粗体和常规字体等；随字体选择的不同，下拉列表的内容也不同，如图 5-3 所示。

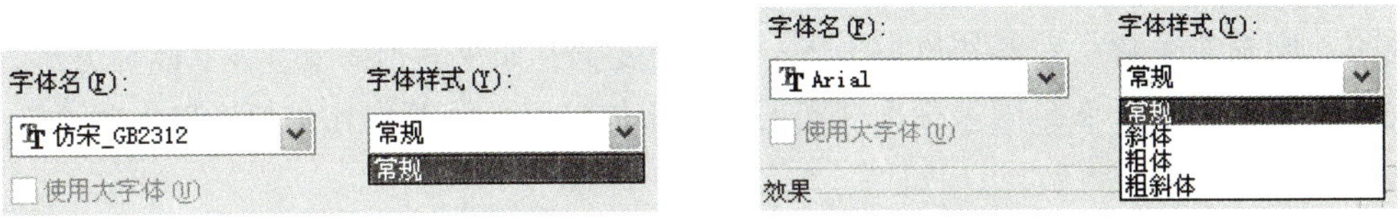

图 5-3　不同字体的不同下拉列表内容

(2)在“字体名”下拉列表框中选择“.shx”类型字体，并且选中☑使用大字体(U)复选框，则“大字体”下拉列表框有效，利用该列表框可设置大字体，如 gbcbig.txt 代表简体中文字体，chineseset.txt 代表繁体中文字体，bigfont.txt 代表日文字体等，见图 5-4。

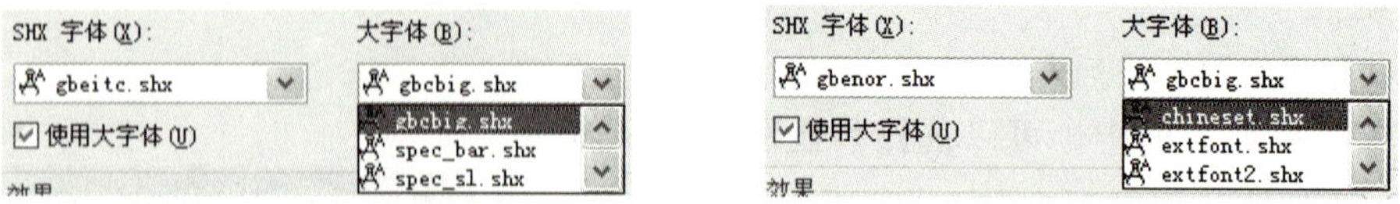

图 5-4　选择“.shx”类型字体并选中使用大字体的情况

(3)在“字体名”下拉列表框中选择“.shx”类型字体，并且不勾选☑使用大字体(U)复选框，则“字体样式”下拉列表框无效，如图 5-1 所示。图 5-1 所示为采用“无样板–公制”方式创建新图形文件时，“文字样式”对话框中参数的默认设置。

3)“高度”

该选项用于设置文字的高度。如果将其设置为 0，则在输入文本时会提示指定文本高度。如果输入大于 0 的高度值，则成为该样式设置的固定文字高度。在相同的高度设置下，TrueType 字体显示的高度要小于.shx 字体。如果希望将该文本样式用做尺寸文本样式，则高度值必须设置为 0，否则在设置尺寸文本样式时所设的文本高度将不起作用。

4)“使用大字体”

选中该复选框可以设置大字体。只有在“字体名”中指定“.shx”类型字体，该复选框才有效，如 txt.shx 字体文件。

3. 效果

该选项组中包括“颠倒”、“反向”、“垂直”、“宽度比例”和“倾斜角度”5 项。

1)“颠倒”

该选项用于设置显示颠倒效果的字符。仅对单行文字输入有效，如图 5-5 所示。

2)“反向”

该选项用于设置显示反向效果的字符。仅对单行文字输入有效，如图 5-5 所示。

3)“垂直”

该选项用于设置显示垂直对齐的字符。只有选择了.shx 字体文件时才可用。如 txt.shx 字体文件下，“垂直”可用，而在“仿宋体”字体文件下，“垂直”不可用。

4)“宽度比例”

该选项用于设置字符的宽度系数。宽度系数为字符宽度与字符高度之比。如果其值小于 1，则字符变窄；如果其值大于 1，则字符变宽；如果其值等于 1，字体为方形，如图 5-5 所示。欲输入满足国家标准规定的长仿宋体汉字，该宽度比例值应输入为 0.7。

5)“倾斜角度”

该选项用于设置字符的倾斜角度。其值在–85~85 选取。在 *XY* 平面内，与 *Y* 轴平行的位置为 0°，向左倾斜为负，向右倾斜为正，如图 5-5 所示。

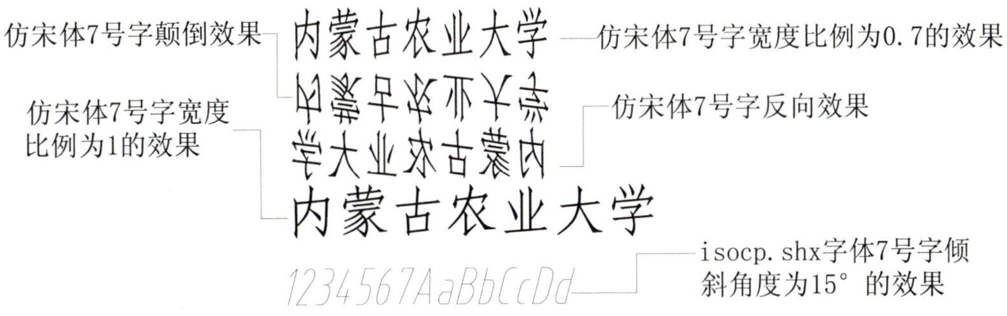

图 5-5　文字的字体及效果

4. 预览

该选项用于动态显示样例文字的字体和效果。

二、修改文字样式

(一)操作方法

修改文字样式的操作方法与设置文字样式一样，只是修改完成后，单击“文字样式”对话框中的 应用(A) 按钮便修改生效。此时 AutoCAD 立即更新图样中与此文字样式关联的文字。

(二)注意事项

当修改文字样式的“颠倒”和“反向”特性时，则影响用该样式名输入的单行文字，对多行文字无效。

当修改文字样式的“宽度比例”和“倾斜角度”时，改变用该样式名输入的多行文字，但对单行文字没有影响。

当修改文字样式的“高度”时，现有单行文字和多行文字均不受影响。

第二节　单行文字的输入与编辑

可以使用单行文字(Text)输入命令创建一行或多行文字，通过按回车键或在所需位置单击鼠标来结束每一行。每行文字都是独立的对象，可以重新定位、调整格式或进行其他修改。

一、输入单行文字

(一)操作方法

调用单行文字输入命令，可通过下述几种方法：

- 单击按钮法：AI(单行文字——在 “文字”工具栏中)；
- 下拉菜单法：绘图→文字→单行文字；
- 键盘输入法：Text(简捷命令为 Dt)↓。

(二)操作说明

执行单行文字输入命令后，命令行做如下提示：

当前文字样式：Standard 当前文字高度：2.5000

指定文字的起点或[对正(J)/样式(S)]:

指定高度<2.5000>:

指定文字的旋转角度<0>:

在系统提示下，可执行如下操作：

(1)指定文字的起点：用定点设备设置文字的起始点。

(2)输入“J”：设定文字的对正样式。

输入(J)选项后，命令行提示如下：

输入选项

[对齐(A)/调整(F)/中心(C)/中间(M)/右(R)/左上(TL)/中上(TC)/右上(TR)/左中(ML)/正中(MC)/右中(MR)/左下(BL)/中下(BC)/右下(BR)]: //根据需要选择不同选项

各选项的含义如下：

• 对齐(A)：指定文字基线上两点，将文字嵌入两点之间。系统调整字体高度进行镶嵌，文字的宽高比不变，如图 5-6(a)所示。

• 调整(F)：指定文字基线上两点和字符高度，将文字嵌入两点之间。系统调整字体宽度进行镶嵌，文字的高度不变，如图 5-6(b)所示。

• 中心(C)/中间(M)/右(R)/左上(TL)/中上(TC)/右上(TR)/左中(ML)/正中(MC)/右中(MR)/左下(BL)/中下(BC)/右下(BR)：如图 5-6(c)所示。

(3)输入“S”：指定当前文字的样式。输入“?”可以在文本框中显示所设置的文字样式。

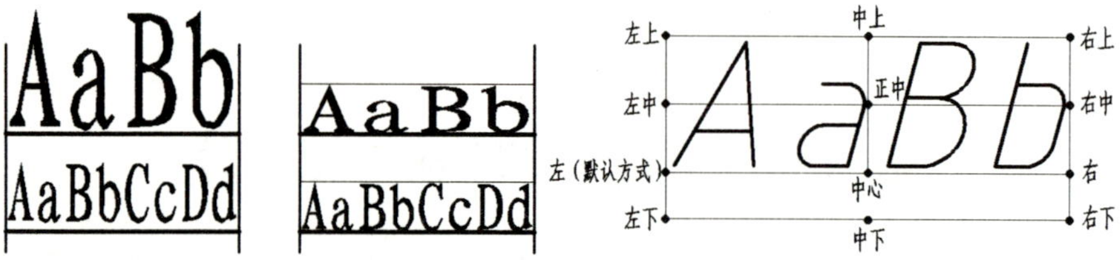

(a)“对齐”方式 (b)“调整”方式 (c)其他对正方式

图 5-6 文字的对正方式

二、编辑单行文字

编辑单行文字，可通过下述几种方法：

• 单击按钮法：(编辑、比例、对正——在“文字”工具栏中)；

• 下拉菜单法：修改→对象→文字；

• 利用“特性”选项板：(对象特性——在“标准”工具栏中)；

• 双击文字法：双击要编辑的文字。

在以上方法中，利用“特性”选项板可以修改文字的内容、样式、对齐方式、高度、宽度比例、倾斜角度以及是否颠倒、反向等信息。其他方法主要修改文字的内容、对齐方式、高度等信息。如图 5-7 所示，表示对“AutoCAD 2007”文字的字号、字体、对齐方式(左对齐变为正中对齐)、倾斜角度等修改后的效果。

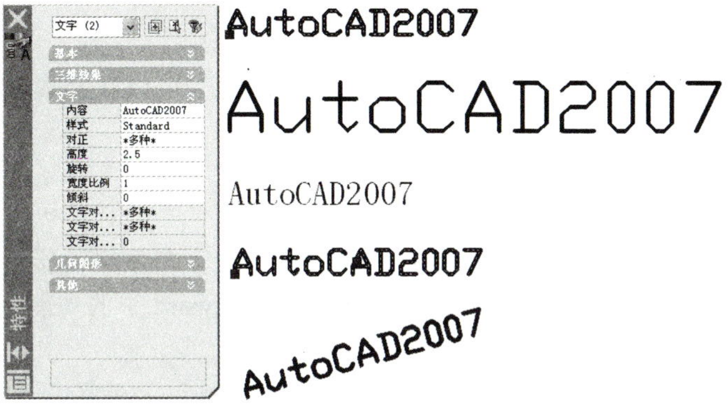

图 5-7 利用“特性”选项板编辑单行文字

第三节 多行文字的输入与编辑

在工程图样中，对于设计说明、技术要求等文字较多且段落格式复杂的文字，一般采用多行文字输入法。相对于单行文字，多行文字有“多行文字在位编辑器”，因此具有更强的可编辑性。

一、输入多行文字

(一)操作方法

调用多行文字输入命令，可通过下述几种方法：

- 单击按钮法：A(多行文字——在“文字”工具栏中)；
- 下拉菜单法：绘图→文字→多行文字；
- 键盘输入法：Mtext(简捷命令为 Mt)↓。

(二)操作说明

执行多行文字输入命令后，命令行做如下提示：

当前文字样式：“Standard”当前文字高度：2.5

指定第一角点：

指定对角点或[高度(H)/对正(J)/行距(L)/旋转(R)/样式(S)/宽度(W)]：

在系统提示下，可执行如下操作：

(1)指定第一角点和指定对角点：指定文字边框的两个角点。文字边框用于定义多行文字对象中段落的宽度。

(2)[高度(H)/对正(J)/行距(L)/旋转(R)/样式(S)/宽度(W)]：

高度(H)：改变当前字体高度。

对正(J)：选择对正方式。根据文字边界，确定文字的文字对齐和文字溢出方向。对正选项为[左上(TL)/中上(TC)/右上(TR)/左中(ML)/正中(MC)/右中(MR)/左下(BL)/中下(BC)/右下(BR)]，默认为左上(TL)。

行距(L)：指定多行文字对象的行距。行距是一行文字的底部与下一行文字底部之间的垂直距离。行距类型为 [至少(A)/精确(E)]。

旋转(R)：指定文字边界的旋转角度。

样式(S)：指定用于多行文字的文字样式。输入“?”可以在文本框中显示所设置的文字样式。

宽度(W)：指定文字边界的宽度。

(三)“多行文字在位编辑器”说明

当指定了对角点之后，弹出如图 5-8 所示的多行文字在位编辑器，即可输入文字并进行文字格式的设置。这里许多功能与 Microsoft office word 中的功能一样。下面对编辑器中的部分功能进行说明。

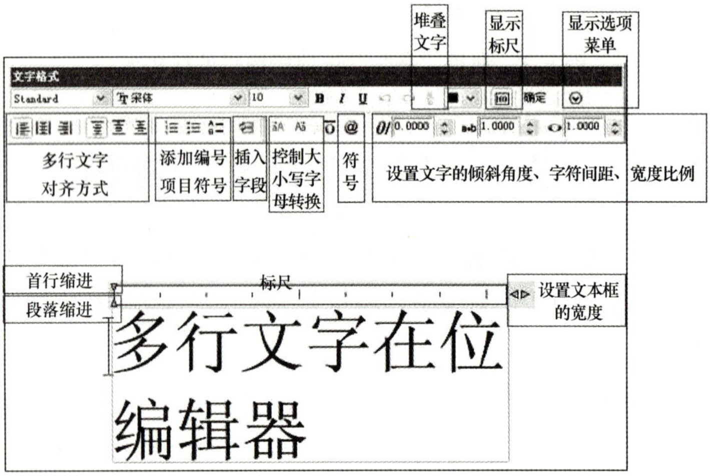

图 5-8　多行文字在位编辑器

1. 堆叠文字

单击工具，可以将所选文字创建为堆叠文字。需要注意，堆叠文字之间使用“/”、“#”或“^”分隔开来。例如，首先输入“50/100”、“30#100”和“80+0.01^–0.02”，然后选中这些文字并单击工具，其最终效果如图 5-9 所示。

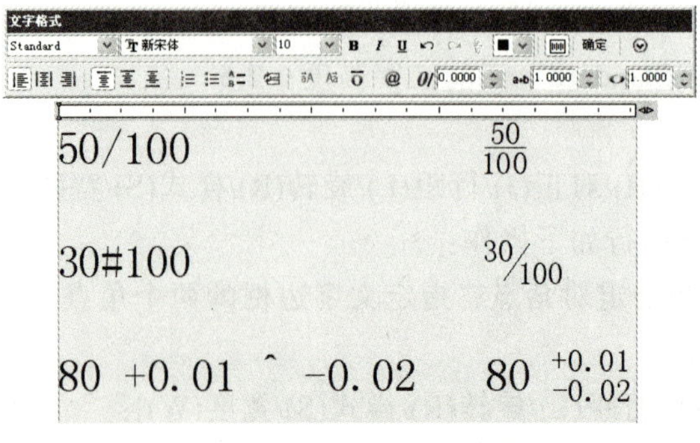

图 5-9　利用堆叠方法的效果

2. 选项菜单

选项菜单用来控制“文字格式”工具栏的显示并提供了其他编辑选项，如图 5-10 所示。

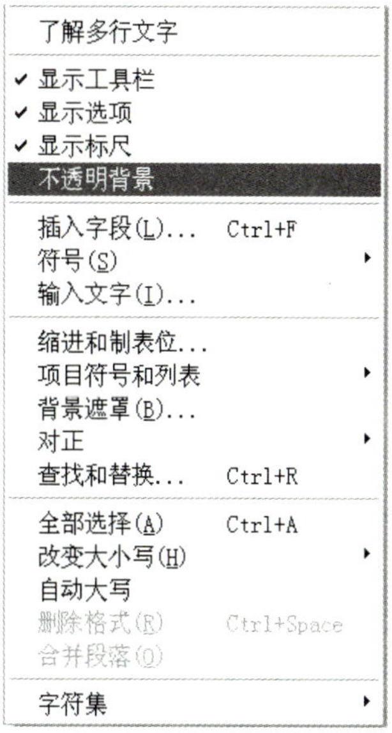

图 5-10 选项菜单

3. 多行文字对齐方式

设置左右文字边界和顶部、底部文字边界的对正和对齐方式。“左上”选项是默认设置。如图 5-11 所示为调整对齐方式的效果。

4. 添加编号、项目符号

给文本添加各种编号，如图 5-12 所示。

5. 字段

字段用于在文字对象内显示可更改的数据，可包含面积、长度、图层、日期、文件名等各种信息。单击按钮，可以显示如图 5-13 所示“字段”对话框，从中可以选择要插入到文字中的字段。关闭该对话框后，字段的当前值将显示在文字中。修改对象时，可以利用“工具”→“更新字段”来显示最新数据。

下面以创建一个显示多边形面积的字段为例加以说明，如图 5-14 所示。

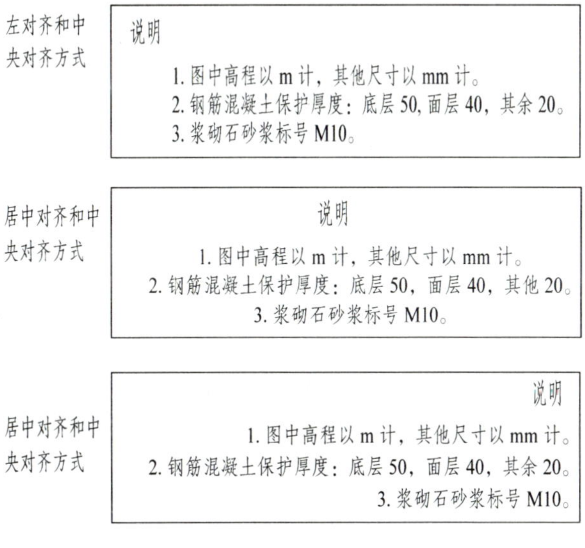

图 5-11 调整对齐方式的效果

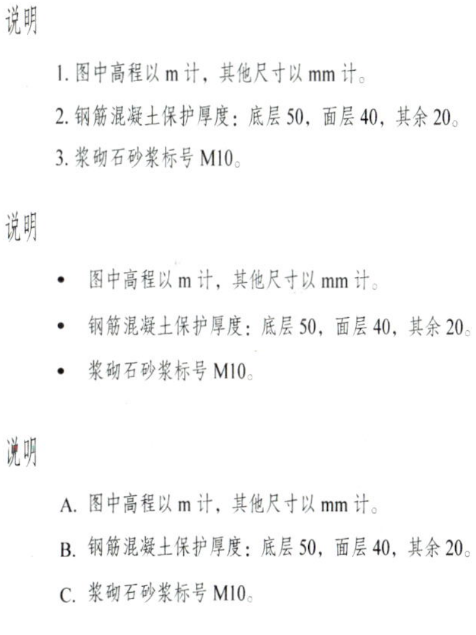

图 5-12 各种编号的效果

操作步骤：

步骤 1：绘制图 5-14(a)，并在图中用多行文字输入法添加文字“多边形面积=”。

步骤 2：在“=”后单击“文字格式”工具栏中按钮，出现图 5-13 所示的“字段”对话框。

步骤 3：在“字段类型”下拉框中选择“对象”，并利用“对象类型”后面的按钮拾取图 5-14(a)。

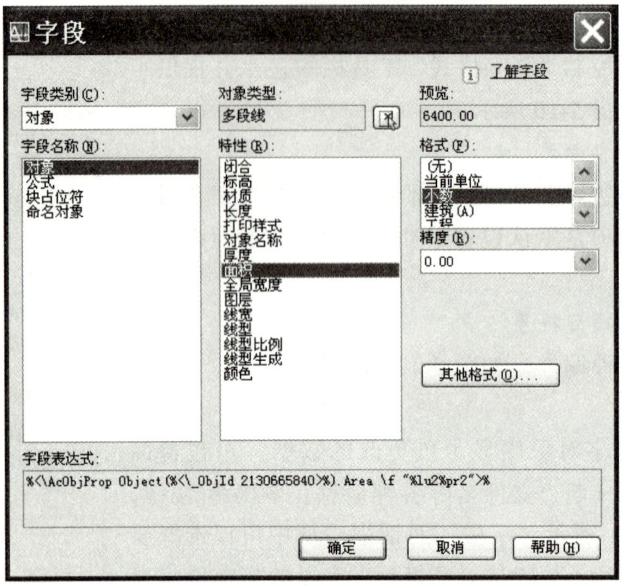

图 5-13　“字段”对话框

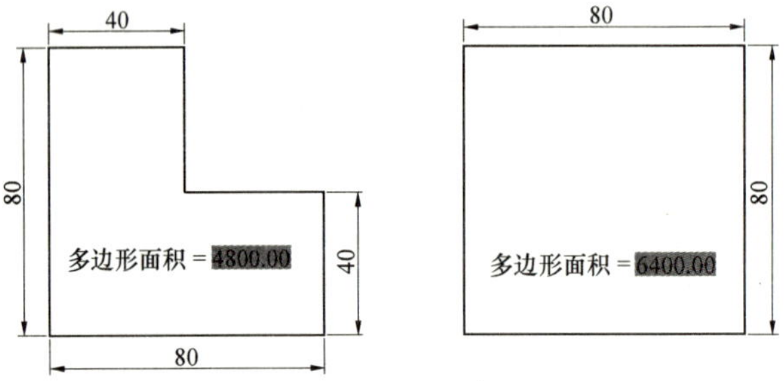

(a)原对象　　　　(b)对象更改后

图 5-14　关于字段的应用

步骤 4：在特性列表框中选择“面积”，并选择其格式和精度值。

步骤 5：单击确定按钮关闭对话框，即可以看到图 5-14(a)所示加了底纹的面积值。

步骤 6：利用修改命令，将图 5-14(a)变成图 5-14(b)所示形状，此时面积值未发生变化。

步骤 7：利用“工具”→“更新字段”可显示当前值。

二、编辑多行文字

编辑多行文字，与编辑单行文字类似，可通过下述几种方法：

- 单击按钮法：(编辑、比例、对正——在“文字”工具栏中)；
- 下拉菜单法：修改→对象→文字；
- 利用“特性”选项板：(对象特性——在“标准”工具栏中)；
- 双击文字法：双击要编辑的文字，弹出“多行文字在位编辑器”，可对文字进行灵活的编辑、修改。

第四节　特殊符号的输入

一、在多行文字中输入特殊符号的方法

工程图样中用多行文字输入的注释中，经常用到如±、Φ、°、$等特殊符号，可直接单击“文字格式”工具栏中的@按钮，激活如图 5-15 所示的菜单进行选择。如果其中没有所需的符号(例如，输入“$”)，可以执行以下操作。首先，从如图 5-15 所示的菜单中选择最下方的“其他”，打开“字符映射表”对话框，如图 5-16 所示；然后，从“字体”下拉列表中选择合适的字体(不同字体提供了不同的特殊符号)，在字符列表区单击，选择所需符号，再单击 选择(S) 按钮，使其出现在“复制字符”编辑框中，如图 5-17 所示；最后，单击 复制(C) 按钮，将选中的符号复制到剪贴板。关闭对话框后，可以利用 Ctrl+V 将符号粘贴到文字编辑区，如图 5-18 所示。

图 5-15　符号菜单

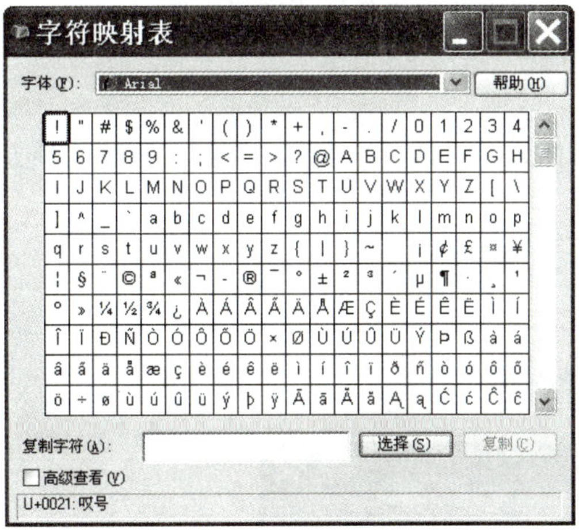

图 5-16　“字符映射表”对话框

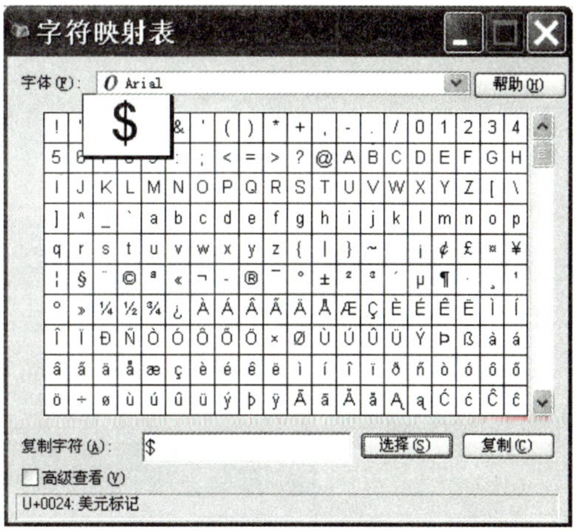

图 5-17　选择特殊符号后的对话框

图 5-18　将保存在剪贴板中的符号粘贴到文字编辑区

二、在单行文字中输入特殊符号的方法

在单行文字中输入某些特殊符号时，可直接输入这些符号的代码。表 5-1 列出了常用特殊字符及其代码。例如，输入“45%%D”，可得到“45°”；输入“%%UAutoCAD%%U2007”，可得到“AutoCAD 2007”。

表 5-1　常用特殊字符及其代码

输入代码	对应字符	输入代码	对应字符
%%C	直径符号(Φ)	%%O	上划线(成对出现)
%%P	正/负符号(±)	%%U	下划线(成对出现)
%%D	度数符号(°)		

第五节　创建表格样式

对于工程图样中经常用到的标题栏、钢筋表等表格，可利用 AutoCAD 2007 提供的“表格”工具方便地绘制。

要创建表格，应首先设置好表格的样式，然后再基于表格样式创建表格。

一、创建表格样式的方法

创建、修改或设置表格样式可通过“表格样式”对话框来实现。可通过下述几种方法调出该对话框：

- 单击按钮法：(表格样式——在“样式”工具栏中)；
- 下拉菜单法：格式→表格样式…；
- 键盘输入法：Tablestyle(简捷命令为 Ts)↓。

执行命令后，弹出如图 5-19 所示的“表格样式”对话框。

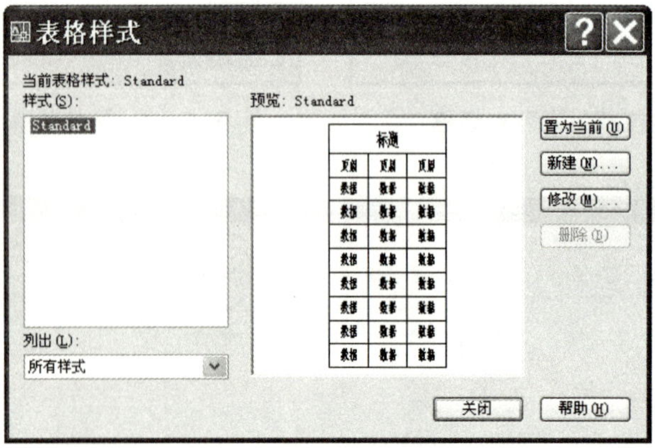

图 5-19　“表格样式”对话框

二、对话框说明

“表格样式”对话框可以新建、修改和删除表格样式，并将样式名列于列表框内，在预览框中可以看到其效果。

(一)新建

单击 新建(N)... 按钮，打开“创建新的表格样式”对话框。在“新样式名”编辑框中输入新的表格样式名称，如钢筋表；在“基础样式”下拉列表框中选择参照样式，默认基础样式为 Standard，如图 5-20 所示。

图 5-20　“创建新的表格样式”对话框

(二)继续

单击 继续 按钮，打开“新建表格样式：钢筋表”对话框，在该对话框中有“数据”、“列标题”和“标题”3 个选项卡。每个选项卡上的选项分别用于设置数据单元、列标题或表格标题的外观，如图 5-21 所示。

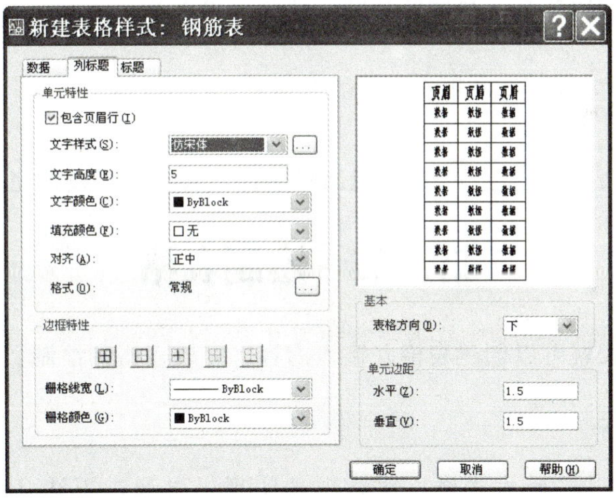

图 5-21　“新建表格样式：钢筋表”对话框

1.“单元特性”选项组

• 包含页眉行(选中“列标题”选项卡时显示此项)：决定表格是否有页眉行。

• 包含标题行(选中“标题”选项卡时显示此项)：决定表格是否有表标题行。若不钩选 □包含标题行(I) 复选框，则不包含标题行。

• 文字样式：列出所有的文字样式，还可以新建文字样式。详细操作可参见设置文字样式的方法一节。如列标题的文字样式选择仿宋体。

• 文字高度：设置文字高度。如列标题的文字高度改为5号字。

• 文字颜色：指定文字颜色。

• 填充颜色：指定表单元的背景色，默认为“无”。

• 对齐：设置表单元中文字的对正和对齐方式。

2.“边框特性”选项组

该选项组可控制单元边界的外观，例如，在单元的哪些边显示边框以及边框的线宽和颜色等内容。

3.“基本”选项组

该选项组设置表格的方向，其中：

• 向下：创建由上而下读取的表格。标题行和列标题行位于表格的顶部。

• 向上：创建由下而上读取的表格。标题行和列标题行位于表格的底部。

4.“单元边距”选项组

该选项组可以设置单元边界和单元内容之间的间距，其中：

• 水平：设置单元内容与左右单元边界之间的距离。

• 垂直：设置单元内容与上下单元边界之间的距离。

(三)修改

若要修改现有的表格样式，可在“表格样式”对话框的“样式”列表中选中要修改的样式，然后单击 修改(M)... 按钮，打开“修改表格样式”对话框进行修改。该对话框中的选项与“新建表格样式”对话框相同，在此不再重复。

(四)删除

单击 删除(D) 按钮，可以删除所选的表格样式。

(五)确定

设置完成后单击 确定 按钮，退出对话框，表格样式设置完毕。

第六节 绘制表格

设置好表格样式就可以创建表格并输入内容，完成表格的绘制。

一、操作方法

创建表格可通过“插入表格”对话框来实现，可通过下述几种方法调出该对话框：

• 单击按钮法：▦(表格——在“绘图”工具栏中)；

• 下拉菜单法：绘图→表格…；

• 键盘输入法：Table(简捷命令为Tb)↓。

执行命令后，弹出如图5-22所示的“插入表格”对话框。

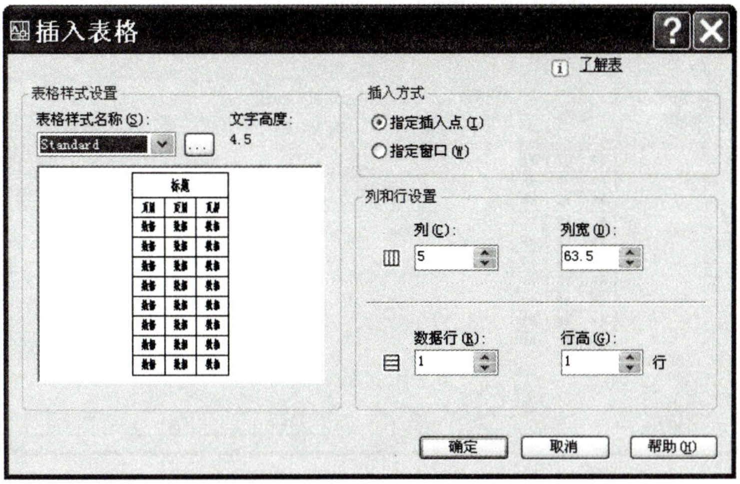

图 5-22　“插入表格”对话框

二、对话框说明

“插入表格”对话框中，包括表格样式设置、插入方式、列和行设置等三个选项组，可输入创建表格必需的信息。

(一)表格样式设置

在该选项组中，可以选择表格的样式或单击右侧[...]按钮，打开“表格样式”设置对话框，进行新表格样式的设置。在下面的预览框中可以看到该样式的效果。

(二)插入方式

插入方式包括指定插入点和指定窗口两种，其含义为：

(1)指定插入点：指定表格左上角的位置。若表格方向为“上”，则其位于表格左下角。

(2)指定窗口：用窗口的形式指定表格的大小和位置。

(三)列和行设置

用丁设置列和行的数日及大小。其中：

• 数据行：除标题行和页眉行之外的数据行数目。带有标题行和页眉行的表格最少应有 3 行。

• 行高：按照文字行高指定表格的行高。文字行高基于文字高度和单元边距，这两项均在表格样式中设置。

注意：当插入方式选择了“指定窗口”时，列或行的数目和大小只能设置一项，另外一项则变为“自动”，它将受表格整体大小的限制。

三、创建表格并输入内容

(一)创建表格

在“插入表格”对话框的“表格样式名称”中，选择“钢筋表”样式名；“插入方式”为“指定插入点”；“列和行设置”如图 5-23 所示。

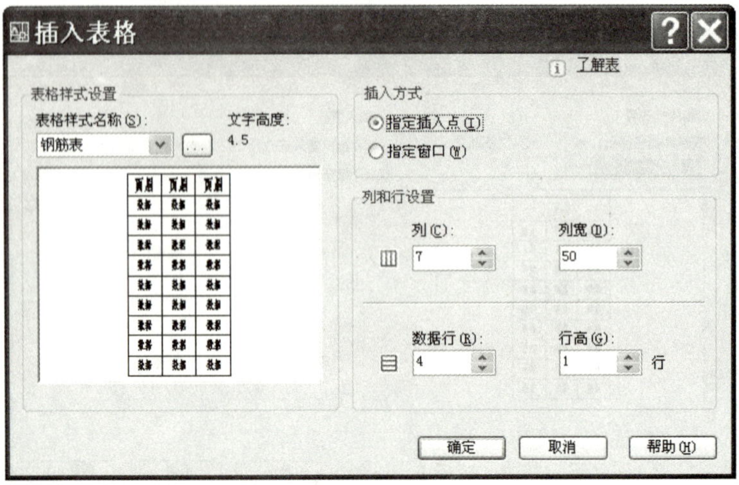

图 5-23 “插入表格”对话框的设置

单击确定按钮，在选定位置单击插入表格，系统自动进入表格文字编辑状态，如图 5-24 所示。“文字格式”工具栏的使用方法见本章第三节。单元编号为“列号+行号”，其中列号为 A、B、C、D 等；行号为 1、2、3 等。如图 5-24 中，光标所在的单元编号为 A1。按“Tab”键可切换到同一行的下一个表格单元；按“Enter”键可切换到同一列的下一个表格单元；按“↑”、“↓”、“←”键和“→”键可在各表单元之间切换。如图 5-25 所示为所绘制的钢筋表。

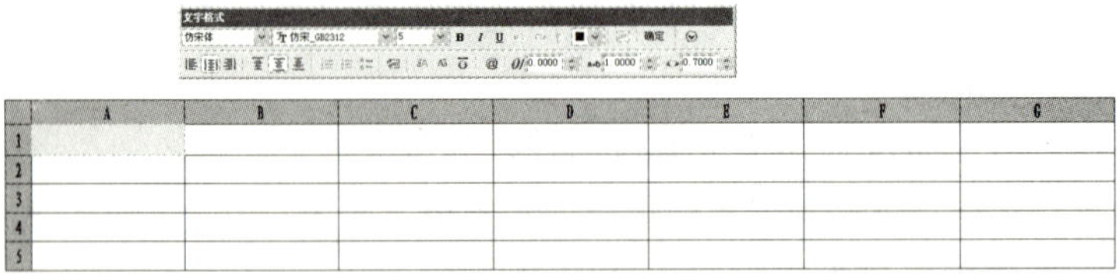

图 5-24 表格文字编辑状态

钢筋表

编号	规格	简图	单根长度/mm	根数	总长/m	重量/kg

图 5-25 绘制的钢筋表

(二)在表格中使用块和公式

1. 在表格中使用块

通过在表格中插入块，可以大大简化绘图，并可以实现制图标准化。在图 5-25 中以填写规格和简图为例，具体操作步骤如下：

1)创建图块

利用第四章介绍的定义图块的方法，将绘制好的对象创建成块，如图 5-26 中的钢筋种类符号和简图。

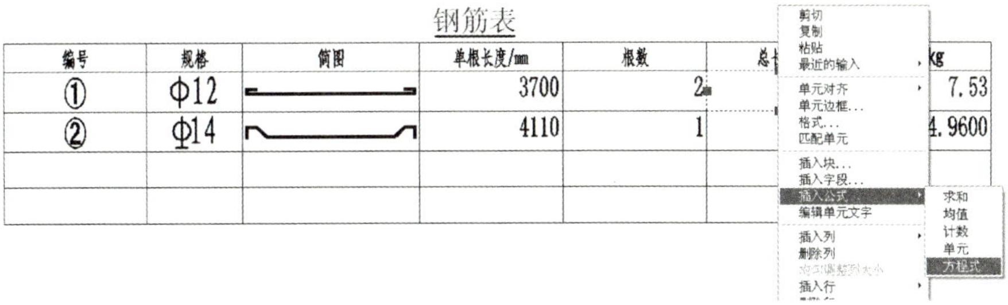

图 5-26　执行方程式操作

2)插入图块

单击选中表格单元 C2，单击右键，从弹出的快捷菜单中选择“插入块”命令。如图 5-27 所示，出现“在表格单元中插入块”对话框，选择要插入的块名并调整“特性”选项组中“单元对齐”为正中，点击 确定 按钮后，块就被插入到单元格中。如图 5-26 所示。

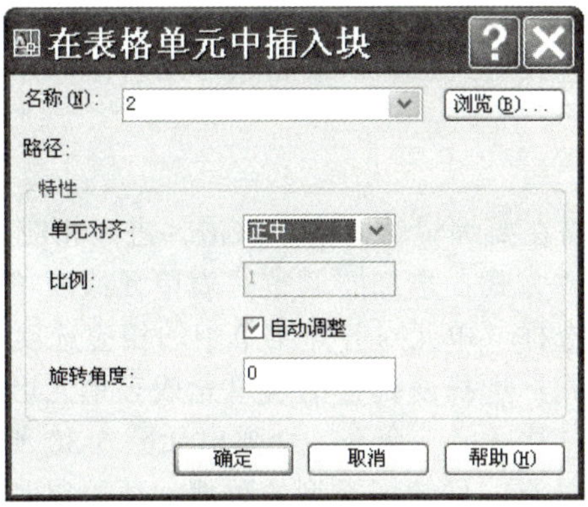

图 5-27　“在表格单元中插入块”对话框

2. 在表格中使用公式

通过在表格中插入公式，可以对表格单元执行求和、均值、方程式等各种运算。此功能与 Microsoft office Excel 中的功能类似。例如在上表中，填入单根钢筋的长度和根数后，通过公式计算出钢筋的总长。具体步骤如下：

1)插入方程

单击选中表格单元 F2，单击右键，从弹出的快捷菜单中选择“插入公式”→“方程式”命令，如图 5-26 所示。

2)输入方程式

在出现的等号后面输入计算式“=D2*E2/1000”，如图 5-28 所示。输入完毕，单击“文字格式”工具栏中的 确定 按钮，显示计算结果如图 5-29 所示。

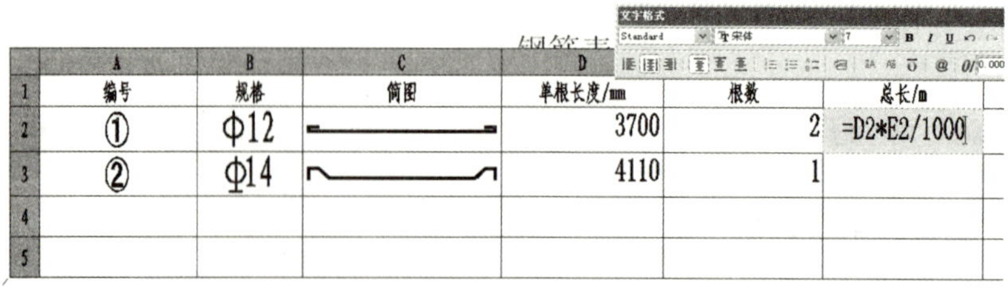

图 5-28　输入计算式

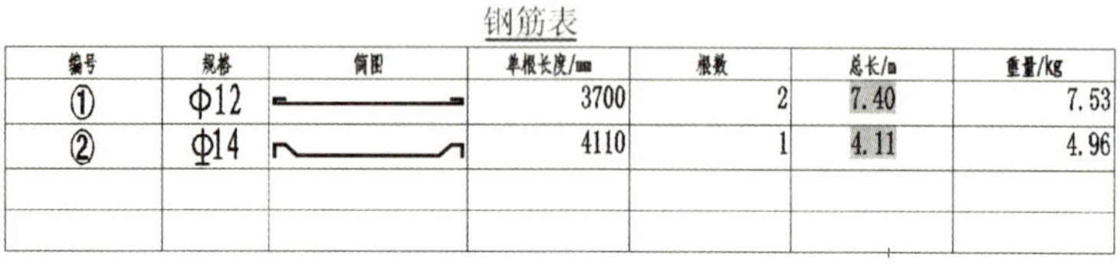

图 5-29　显示计算结果

第七节　编辑表格

创建表格后，用户不但可以向表格中添加文字、块、字段和公式，还可以对表格进行灵活地编辑，如修改内容或格式、插入或删除行或列，合并表单元等编辑操作。

一、编辑表格内容

- 编辑表格内容：只需在要编辑的内容上双击，进入相应的编辑状态进行编辑。
- 调整表格内容的对齐方式：选择要调整的表单元或表单元区域，然后单击鼠标右键，从弹出的快捷菜单中选择“单元对齐”菜单中的相应选项。
- 改变表格内容的格式：选择要调整的表单元或表单元区域，然后单击鼠标右键，从弹出的快捷菜单中选择“格式...”命令，会弹出如图 5-30 所示的对话框界面，选择合适的数据类型即可。对于具有同样数据类型的数值，还可以利用“匹配单元”命令将特性复制到图形中的其他表格单元中。

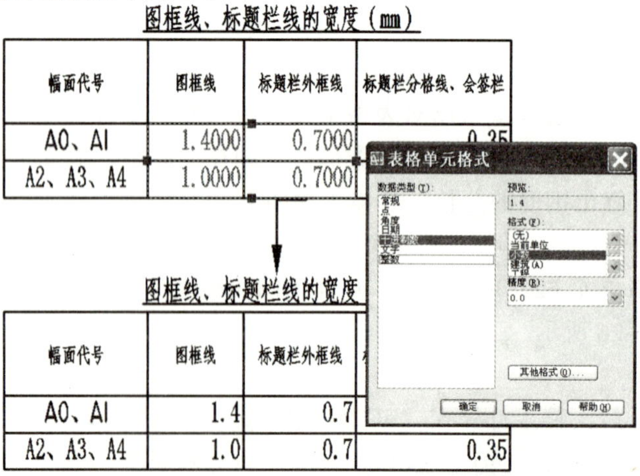

图 5-30　改变表内容格式的方法

• 要删除表单元中的内容，可首先选中表单元，然后按“Delete”键。

二、编辑表和表单元

(一)选择表和表单元

• 选择整个表：直接点击表线或利用窗口选择整个表格。表格被选中后，表格框线将显示为断续线，并显示了一组夹点，如图 5-31(a)所示。

• 选择表单元：直接在该表单元中单击，此时将在所选表单元四周显示夹点，如图 5-31(b)所示。

图框线、标题栏线的宽度（mm）

幅面代号	图框线	标题栏外框线	标题栏分格线、会签栏
A0、A1	1.4	0.7	0.35
A2、A3、A4	1.0	0.7	0.35

(a)选择整个表

图框线、标题栏线的宽度（mm）

幅面代号	图框线	标题栏外框线	标题栏分格线、会签栏
A0、A1	1.4	0.7	0.35
A2、A3、A4	1.0	0.7	0.35

(b)选择表单元

图 5-31　选择表和表单元

• 选择表单元区域：首先在表单元区域的某角点所在的表单元中单击，然后向表单元区域的对角点所在的表单元中拖动，如图 5-32(a)、(b)所示。

图框线、标题栏线的宽度（mm）

幅面代号	图框线	标题栏外框线	标题栏分格线、会签栏
A0、A1	1.4	0.7	0.35
A2、A3、A4	1.0	0.7	0.35

(a)拖动鼠标并拉出窗口

图框线、标题栏线的宽度（mm）

幅面代号	图框线	标题栏外框线	标题栏分格线、会签栏
A0、A1	1.4	0.7	0.35
A2、A3、A4	1.0	0.7	0.35

(b)选择表单元区域

图 5-32　选择表单元区域

• 要取消表和表单元选择状态，可按“Esc”键。

(二)调整表格的行高和列宽

在选中表格、表单元或表单元区域后，通过拖动不同夹点可移动表格的位置，或者调整表格的行高与列宽。

要想使表格所有的行或列都具有相同的行高与列宽，可在选中表格后点击鼠标右键，然后从弹出的快捷菜单中选择“均匀调整列大小”或“均匀调整行大小”，如图 5-33 所示。

(三)插入、删除行和列

在表中插入行或列时，可首先选中表单元，然后单击鼠标右键，从弹出的快捷菜单中选择“插入行”→“上方”或“下方”，如图 5-34(a)所示为在选定单元格上方插入行的效果；或者“插入列”→“右”或“左”，如图 5-34(b)所示为在选定单元格右侧插入列的效果。

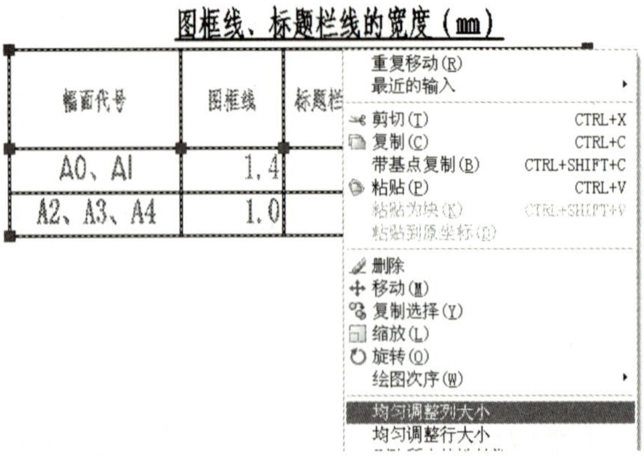

图 5-33　均匀调整行高和列宽

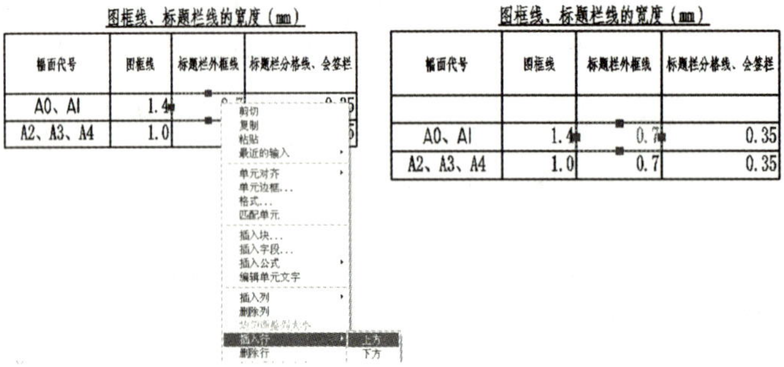

(a)在选定单元格上方插入行的效果

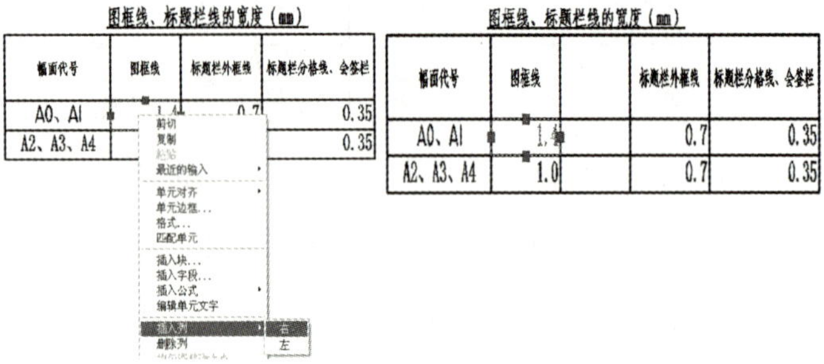

(b)在选定单元格右侧插入列的效果

图 5-34　插入行与列

在表中删除行或列时，首先选中要删除的行或列所在的表单元或区域，然后单击鼠标右键，从弹出的快捷菜单中选择“删除行”或“删除列”即可。

(四)表格单元的合并和取消合并

要想合并表单元，可首先选中这些表单元，然后单击鼠标右键，从弹出的快捷菜单中选择“合并单元”→“全部”、“按行”或“按列”，如图 5-35 所示。

合并表单元后，如果想取消合并，可首先单击选择合并的表单元，然后单击鼠标右键，从弹出的快捷菜单中选择“取消合并单元”即可。

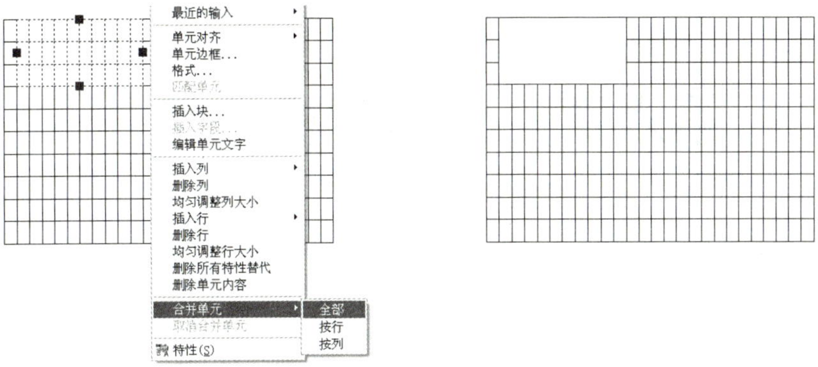

(a)合并单元　　(b)全部合并

图 5-35 将选定单元格全部合并

(五)调整表格边框

要调整表格边框，可首先选中要调整边框的表单元区域，然后单击鼠标右键，从弹出的快捷菜单中选择“单元边框”，并在打开的“单元边框特性”对话框中进行相应的设置。如图 5-36 所示。

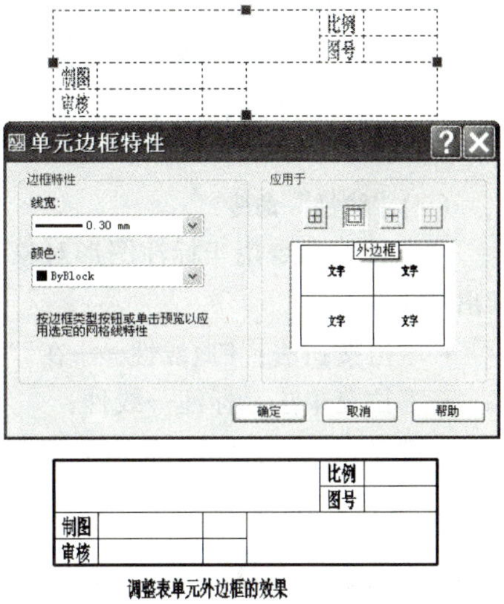

图 5-36 调整表单元的边框宽度

三、利用“特性”选项板编辑表内容、表格和表单元

单击 命令，可以打开如图 5-37 所示的“特性”选项板。其中，如果选中了表格，则看到图 5-37(a)所示的选项板内容；如果选中了表单元，显示的是图 5-37(b)所示的选项板内容。通过输入新数据或从下拉列表中选择来编辑、修改表格信息。

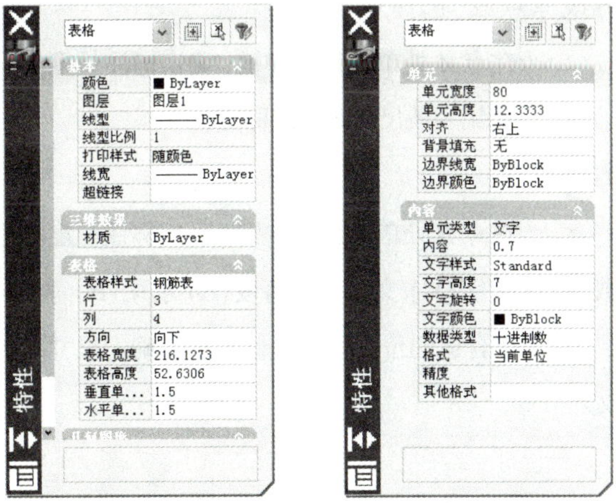

(a)选中表格　　(b)选中表单元

图 5-37 “特性”选项板

第六章　为图形标注尺寸

尺寸是工程图样的重要组成部分，AutoCAD 为我们提供了方便、快捷的尺寸标注及设置工具，本章将介绍如何利用这些工具及相关命令为已绘制的图形标注尺寸。

第一节　利用系统缺省设置直接标注尺寸

AutoCAD 的缺省设置提供了各种标注尺寸命令，利用这些命令可以直接为图形标注尺寸，而不必做任何更改或设置。下面我们介绍这些命令的使用方法。

一、线性长度尺寸标注

(一)“线性”命令

“线性”命令用于标注图形对象上任意两点之间的长度尺寸，可通过下述几种方法调出该命令：

- 单击按钮法：(线性——在“标注”工具栏中)；
- 下拉菜单法：标注→线性；
- 键盘输入法：Dimlinear(简捷命令为 Dli)↓。

1. 操作实例

下面结合图 6-1，说明“线性”命令的操作方法。

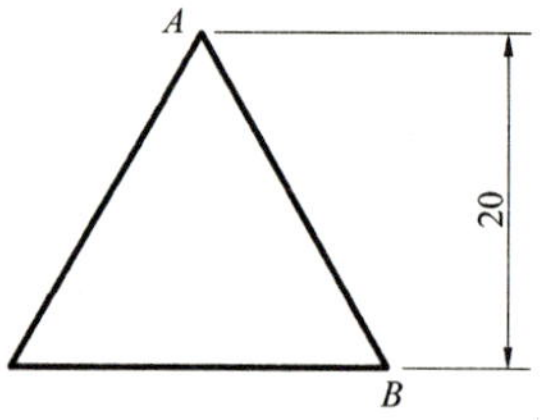

图 6-1　“线性”命令

命令：Dimlinear↓　　//在命令行输入 Dimlinear 命令并回车；

指定第一条尺寸界线原点或<选择对象>：

//在点 *A* 处单击鼠标左键，确定标注长度的第一条尺寸界线的原点；

指定第二条尺寸界线原点：

//在点 *B* 处单击鼠标左键，确定标注长度的第二条尺寸界线的原点；

指定尺寸线位置或[多行文字(M)/文字(T)/角度(A)/水平(H)/垂直(V)/旋转(R)]

//在合适的位置单击鼠标左键，确定尺寸线的位置，如图 6-1 所示。

2. 相关选项的含义

1)多行文字(M)

键入“M”，激活该选项后弹出如图 6-2 所示的“文字格式”对话框，其中的亮显文字为系统自动测算出的尺寸数值。若保留该数值，可为其添加前缀或后缀；若删除该数值，则用新输入的内容替代原尺寸数值。如图 6-3 所示。

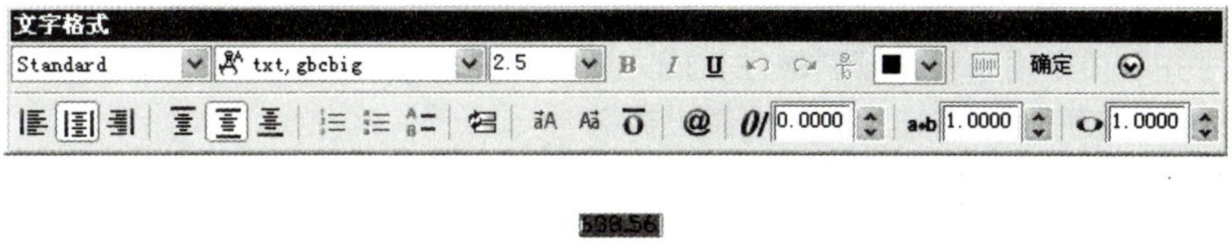

图 6-2　“文字格式”对话框

(a)为尺寸添加前缀　　(b)替代原有尺寸数值

图 6-3　“多行文字”选项

2)文字(T)

键入“T”后，系统继续提示：

输入标注文字<当前值>:

此时用户可在命令行中手动输入所需尺寸文字内容。<　>内的值为系统默认的尺寸数值。

3)角度(A)

该选项用来设置标注文字的旋转角度。键入“A”，命令行出现“指定标注文字的角度”的提示，在此提示下输入文本需要旋转的角度即可。图 6-4 所示为文字旋转 60°的情况。

4)水平(H)

选择该选项后，只能标注两点之间的水平尺寸，如图 6-5 所示。

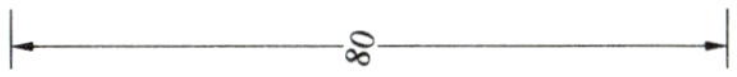

图 6-4　文字旋转 60°

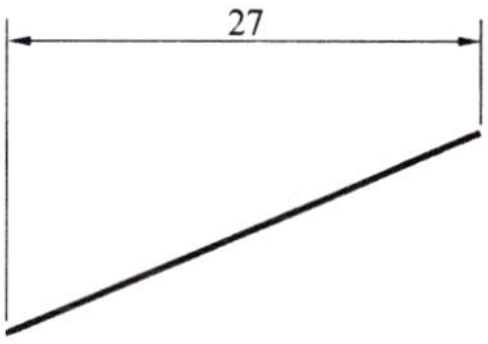

图 6-5　“水平”选项

5)垂直(V)

选择该选项后，只能标注两点之间的垂直尺寸，如图 6-6 所示。

6)旋转(R)

该选项用于标注指定方向上两点之间的直线距离，根据提示输入尺寸线需要旋转的角度即可。此选项较少用。图 6-7 为旋转 45° 的例子。

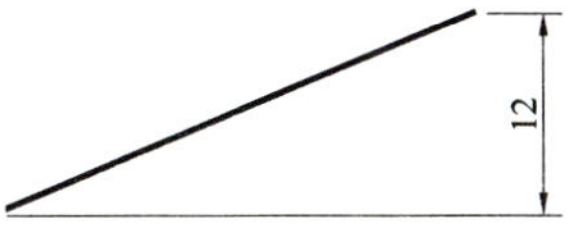

图 6-6　“垂直”选项

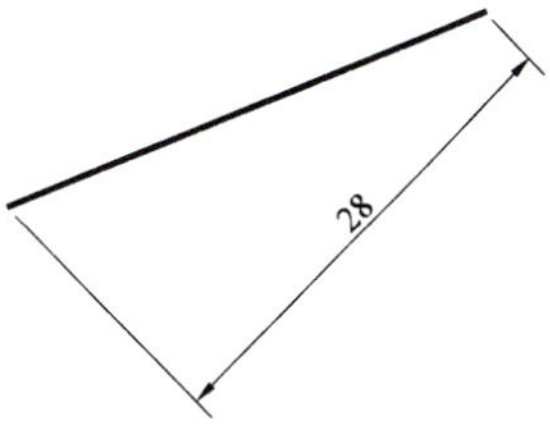

图 6-7　“旋转”选项——旋转 45°

(二)“对齐”命令

“对齐”命令用来标注倾斜线段长度方向的尺寸，此时，尺寸线与标注两点之间的连线平行。一般可通过下述几种方法调出该命令：

- 单击按钮法：(对齐 ——在 “标注”工具栏中)；
- 下拉菜单法：标注→对齐；
- 键盘输入法：Dimaligned(简捷命令为 DAL)↓。

该命令操作步骤及相关选项与“线性”命令相同，不再赘述。图 6-8 为“对齐”命令的标注效果图。

二、径向尺寸标注

(一)“直径”命令

“直径”命令用于标注圆或圆弧的直径尺寸，可通过下述几种方法调出该命令：

- 单击按钮法：(直径——在“标注”工具栏中)；
- 下拉菜单法：标注→直径；
- 键盘输入法：Dimdiameter(简捷命令为 Ddi)↓。

1. 操作实例

下面结合图 6-9，说明“直径”命令的操作方法。

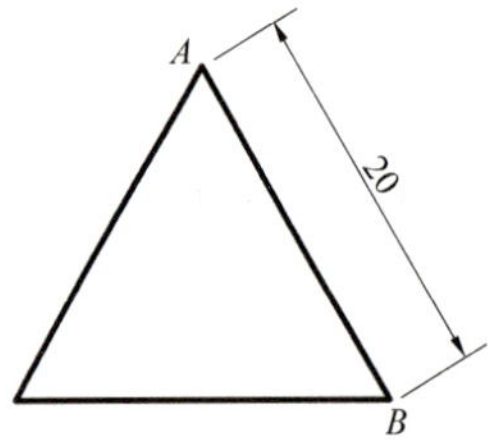

图 6-8　“对齐”命令

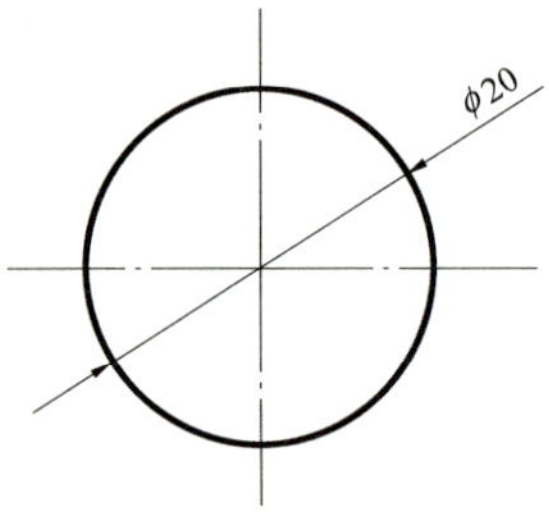

图 6-9　“直径”命令

命令：Dimdiameter↓　　//在命令行输入 Dimdiameter 命令并回车；
选择圆弧或圆：　　//在图 6-9 中的圆形轮廓上单击鼠标左键；
指定尺寸线位置或[多行文字(M)/文字(T)/角度(A)]：
　　//移动光标指定尺寸线的位置。

标注效果如图 6-9 所示。其中，尺寸线的位置因光标拾取的位置不同而有所不同。

2. 相关选项的含义

各选项的含义与“线性”命令中的对应选项一致。

(二)“半径”命令

“半径”命令用于标注圆或圆弧的半径尺寸，可通过下述几种方法调出该命令：

- 单击按钮法：(半径——在“标注”工具栏中)；
- 下拉菜单法：标注→半径；
- 键盘输入法：Dimradius (简捷命令为 Dra)↓。

1. 操作实例

下面结合图 6-10，说明该命令的操作方法及步骤。

命令：Dimradius ↓　//在命令行输入 Dimradius 命令并回车；

选择圆弧或圆：　//在图 6-10 中的圆弧轮廓上单击鼠标左键；

指定尺寸线位置或[多行文字(M)/文字(T)/角度(A)]：

//移动光标指定尺寸线的位置。

标注效果如图 6-10 所示。

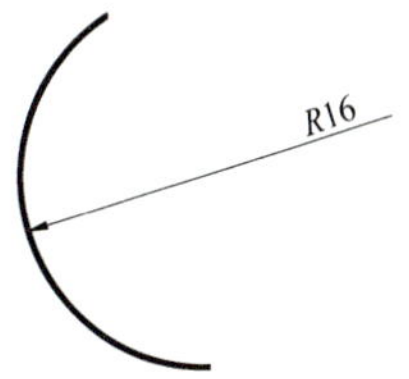

图 6-10　“半径”命令

2. 相关选项的含义

各选项的含义与“线性”命令的对应选项一致。

(三)“折弯”命令

当圆弧的直径过大，在图纸当中无法显示其圆心的实际位置时，宜采用“折弯”命令标注其半径尺寸。该命令一般可通过下述几种方法调出：

- 单击按钮法：(折弯——在“标注”工具栏中)；
- 下拉菜单法：标注→折弯；
- 键盘输入法：Dimjogged(简捷命令为 Djo)↓。

1. 操作实例

下面以图 6-11 为例，说明“折弯”命令的操作方法。

命令：Dimjogged↓　//在命令行输入 Dimjogged 命令并回车；

选择圆弧或圆：　//在图 6-11 中的圆弧处单击鼠标左键；

指定中心位置替代：//在点 *O* 处单击鼠标左键，用该点代替圆弧的圆心点，尺寸线将由此点引出；

指定尺寸线位置或[多行文字(M)/文字(T)/角度(A)]：

//移动光标指定尺寸线的位置或选择相应选项；

指定折弯位置：　//在 *M* 点及 *N* 点处分别单击鼠标左键，以确定尺寸线的折弯角度。

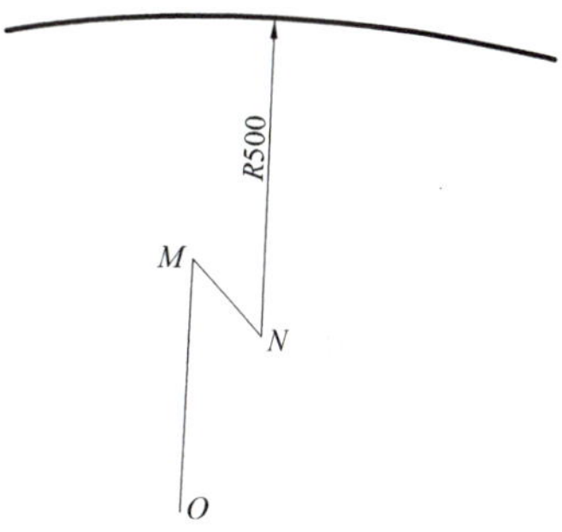

图 6-11　“折弯”命令

2. 相关选项的含义

各选项的含义与“线性”命令的相同选项一致。

三、角度和弧长尺寸标注

(一)“角度”命令

“角度”命令用于标注直线间的角度或者圆弧的包含角度尺寸。该命令一般可通过下述几种方法调出：

- 单击按钮法：(角度——在“标注”工具栏中)；
- 下拉菜单法：标注→角度；
- 键盘输入法：Dimangular(简捷命令为 Dan)↓。

1. 操作实例

下面结合图 6-12，说明“角度”命令的操作方法。

命令：Dimangular↓　　//在命令行输入Dimangular命令并回车；

选择圆弧、圆、直线或<指定顶点>：

　　//光标放在直线 *AB* 上单击鼠标左键，选择标注角度的第一条直线；

选择第二条直线：　　//光标放在直线 *AC* 上单击鼠标左键，选择第二条直线；

指定标注弧线位置或[多行文字(M)/文字(T)/角度(A)]：

　　//移动光标确定尺寸线的位置或者选择相应选项。

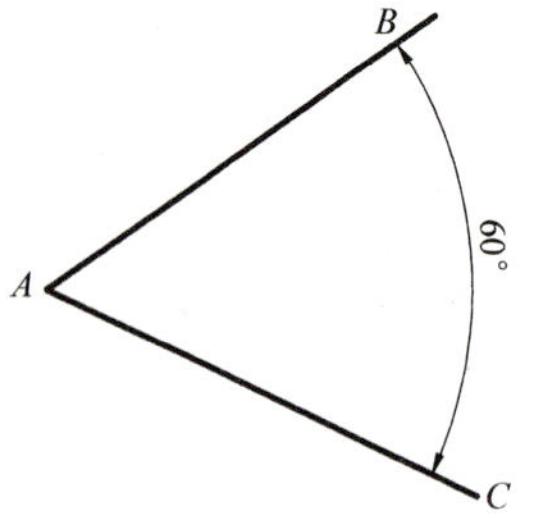

图 6-12　“角度”命令

2. 相关选项的含义

各选项的含义与“线性”命令的对应选项一致。利用“角度”命令可标注圆弧或圆的角度，如图 6-13 所示。

图 6-13　为圆和圆弧标注角度

(二)“弧长”命令

“弧长”命令用于标注圆弧或多段线圆弧段的弧长，可通过下述几种方法调出：

- 单击按钮法：(基线——在“标注”工具栏中)；
- 下拉菜单法：标注→弧长；
- 键盘输入法：Dimarc(简捷命令为 Dar)↓。

1. 操作实例

下面结合图 6-14(a)，说明“弧长”命令的操作方法。

命令：Dimarc ↓　　//在命令行输入 Dimarc 命令并回车；

选择弧线段或多段线弧线段：　　//在 6-14(a)的圆弧上单击鼠标左键；

指定弧长标注位置或[多行文字(M)/文字(T)/角度(A)/部分(P)/引线(L)：

　　//移动光标确定尺寸标注的位置。

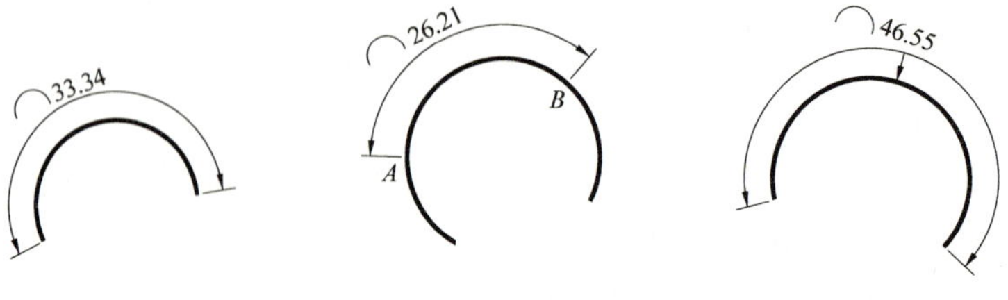

(a)操作步骤　　(b)部分(P)　　(c)引线(L)

图 6-14　“圆弧”命令

2. 相关选项的含义

(1)多行文字(M)、文字(T)、角度(A)：与前面相同。

(2)部分(P)：用于标注所选圆弧或圆弧长的一部分长度尺寸。下面以图 6-14(b)为例说明该选项的使用方法。键入“P”，命令行提示：

指定弧长标注的第一个点：　　　　　　//在图 6-14(b)中的点 *A* 处单击鼠标左键；

指定弧长标注的第二个点：　　　　　　//在图 6-14(b)中的点 *B* 处单击鼠标左键；

此时图中所标尺寸值为 *A*、*B* 两点之间的弧长值。

(3)引线(L)：为弧长标注添加指向圆心的引线。键入“L”，　命令行提示：

指定弧长标注位置或 [多行文字(M)/文字(T)/角度(A)/部分(P)/无引线(N)]：(移动光标以确定尺寸的放置位置)，如图 6-14(c)所示。

注意：只有所标圆弧夹角大于 90°时，此选项才有效。

四、标注复合尺寸

(一)“基线”命令

“基线”命令是用上一个或选定的尺寸标注起点作为共同的尺寸基准，标注多个线性或角度尺寸的命令，如图 6-15(a)所示。因此，在创建基线尺寸标注之前必须先标有至少一个线性或角度尺寸，如图 6-15(b)所示，可通过下述几种方法调出：

• 单击按钮法：(基线——在“标注”工具栏中)；
• 下拉菜单法：标注→基线；
• 键盘输入法：Dimbaseline(简捷命令为 Dba)↓。

1. 操作实例

下面结合图 6-15，说明“基线”命令的操作方法。

命令：Dimbaseline ↓　　　　　　//在命令行输入 Dimbaseline 命令并回车；

选择基准标注：　　　　　　　　//选择已有标注(如图 6-15(a)中的 9.27)

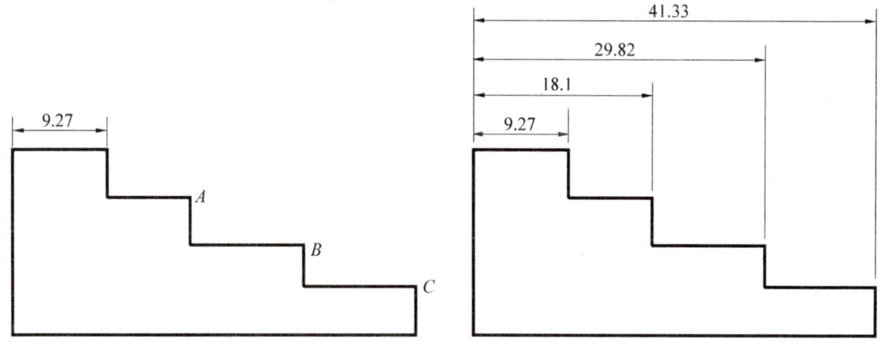

(a)原有尺寸　　　　(b)“基线”标注效果

图 6-15　“基线”命令

指定第二条尺寸界线原点或[放弃(U)/选择(S)] <选择>：

//打开“对象捕捉”功能，在图 6-15(a)的点 *A* 处单击鼠标左键；

指定第二条尺寸界线原点或[放弃(U)/选择(S)] <选择>:

//打开“对象捕捉”功能，在图 6-15(a)的点 *B* 处单击鼠标左键；

指定第二条尺寸界线原点或[放弃(U)/选择(S)] <选择>:

//打开“对象捕捉”功能，在图 6-15(a)的点 *C* 处单击鼠标左键。

指定第二条尺寸界线原点或[放弃(U)/选择(S)]<选择>↓　　//回车

选择基准标注：↓　　//回车，结束命令。

2. 相关选项的含义

(1)放弃(U)：键入“U”，系统将会删除已经标注的最后一个基线尺寸。

(2)选择(S)：键入“S”，用于选择某一个已经标好的尺寸标注作为基线尺寸的基准。

(二)“连续”命令

“连续”标注是首尾相连的多个标注。此时，所有尺寸标注的尺寸线。如图 6-16(b)所示。与“基线”标注类似，在运用“连续”标注之前应该先标有至少一个线性或角度尺寸，如图 6-16(a)所示，可通过下述几种方法调出：

- 单击按钮法：(连续——在“标注”工具栏中)；
- 下拉菜单法：标注→连续；
- 键盘输入法：Dimcontinue(简捷命令为 Dco)↓。

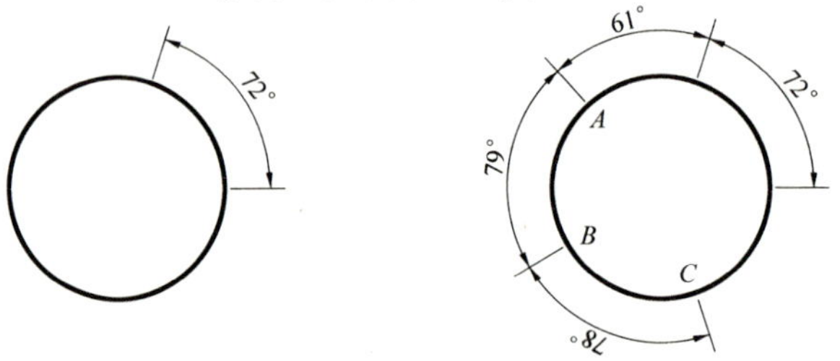

(a)原有尺寸　　(b)“连续”标注效果

图 6-16　“连续”命令

1. 操作实例

下面结合图 6-16，说明“连续”命令的操作方法。在运用“连续”标注之前要先标注第一个角度尺寸，如图 6-16(a)所示。

命令：Dimcontinue ↓　　//在命令行输入 Dimcontinue 命令并回车；

选择基准标注:　　//选择已有标注(见图 6-16(a)中的 72°)

指定第二条尺寸界线原点或 [放弃(U)/选择(S)] <选择>:

//打开“对象捕捉”功能，在图 6-16(b)的点 *A* 处单击鼠标左键；

指定第二条尺寸界线原点或 [放弃(U)/选择(S)] <选择>:

//打开“对象捕捉”功能，在图 6-16(b)的点 *B* 处单击鼠标左键；

指定第二条尺寸界线原点或 [放弃(U)/选择(S)] <选择>:

//打开“对象捕捉”功能，在图 6-16(b)的点 C 处单击鼠标左键。

指定第二条尺寸界线原点或[放弃(U)/选择(S)]<选择>：↓　//回车；

选择连续标注：↓　//回车，结束命令。

2. 相关选项的含义

放弃(U)、选择(S)：该两个选项与前面相同。

(三) “快速标注”命令

“快速标注”命令用于快速标注或修改某一组标注。多用于为某一图形对象标注一系列基线或连续标注，或者为一系列圆或圆弧创建标注，如图 6-17 所示，可通过下述几种方法调出：

- 单击按钮法：(快速——在“标注”工具栏中)；
- 下拉菜单法：标注→连续；
- 键盘输入法：Qdim↓。

1. 操作实例

下面结合图 6-17，说明“快速”命令的操作方法。

命令：Qdim ↓　//在命令行输入 Qdim 命令并回车；

选择要标注的几何体：　//在图 6-17 中的以窗口选择的方式将 6 个圆全部选中；

指定尺寸线位置或 [连续(C)/并列(S)/基线(B)/坐标(O)/半径(R)/直径(D)/基准点(P)/编辑(E)/设置(T)] <当前>:

//移动光标将尺寸标注放在合适的位置上。

标注结果如图 6-17 所示。

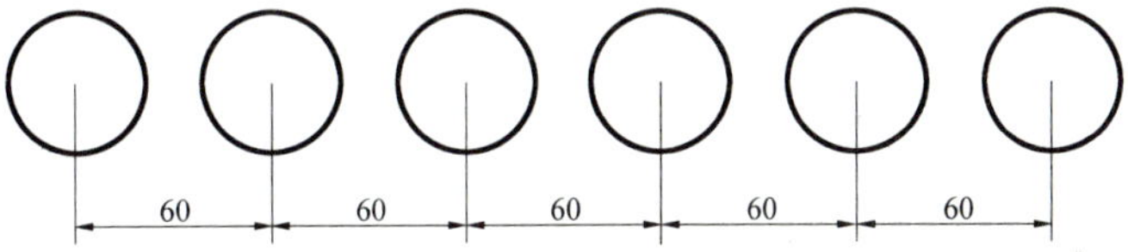

图 6-17　“快速”命令

2. 相关选项的含义

(1)连续(C)：创建一系列连续标注。

(2)并列(S)：创建一系列并列标注。通常用于对称实体的标注，如图 6-18 所示。

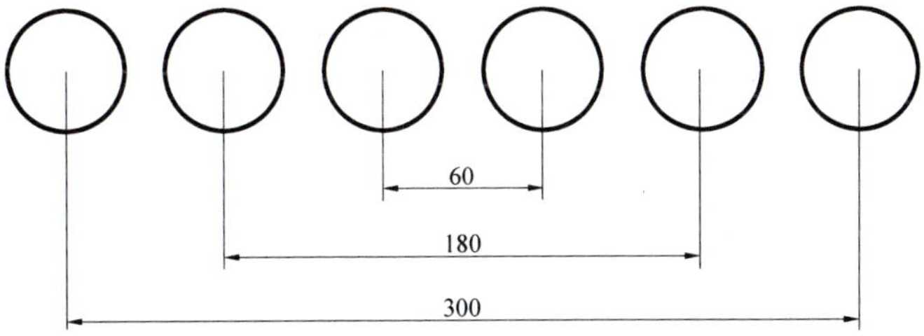

图 6-18　“并列”选项

(3)基线(B)：创建一系列基线标注。

(4)坐标(O)：创建一系列坐标标注。

(5)半径(R)：创建一系列半径标注。

(6)直径(D)：创建一系列直径标注。

(7)基准点(P)：为基线和坐标标注设置新的基准点。

(8)编辑(E)：用于对快速标注的选择集进行修改。

(9)设置(T)：为指定尺寸界线原点设置默认对象捕捉。默认情况下，系统以“端点捕捉”作为尺寸界线的原点捕捉模式。

五、标注引线

在绘制图形时，图中的一些说明或注释，需要用引线标注。引线一般由箭头、一条直线或样条曲线和一条水平线组成，可通过下述几种方法调出：

- 单击按钮法：(快速引线——在 “标注”工具栏中)；
- 下拉菜单法：标注→快速引线；
- 键盘输入法：Qleader(简捷命令为 LE)↓。

1. 操作实例

下面结合图 6-19，说明“快速引线”命令的操作方法。

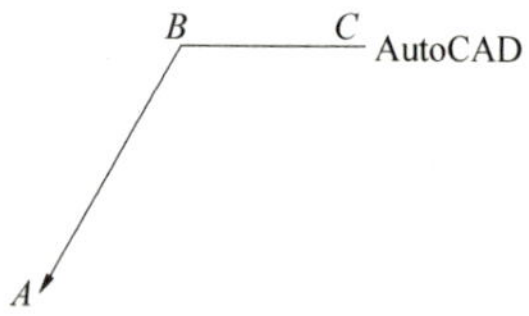

图 6-19 “快速引线”命令

命令：Qleader↓　　　　//在命令行输入命令 Qleader 并回车；

指定第一个引线点或 [设置(S)] <设置>:

　　　　//在点 *A* 处单击鼠标左键；

指定下一点：　　　　//在点 *B* 处单击鼠标左键；

指定下一点：　　　　//在点 *C* 处单击鼠标左键；

指定文字宽度<0>：↓　　　　//直接回车，若将文字宽度设置为 0，则文字宽度不受限制；

输入注释文字的第一行：AutoCAD↓　　　　//在命令行输入“AutoCAD”并回车；

输入注释文字的下一行：AutoCAD↓　　　　//该例中只注释一行文字，故直接回车。

2. 相关选项的含义

设置(S)：在“指定第一个引线点或 [设置(S)] <设置>：”的提示下键入“S”或直接回车，便弹出如图 6-20 所示的对话框。此对话框有“注释”、“引线和箭头”、 “附着”三个选项卡，通过设置，可对引线标注的样式进行设置。

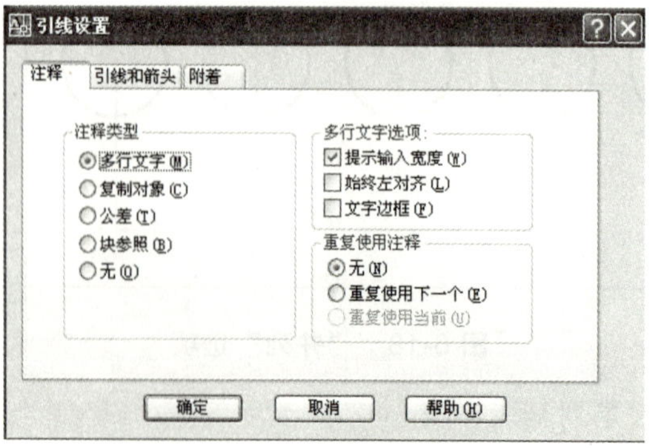

图 6-20 “引线设置”对话框

第二节　创建符合建筑图尺寸标注要求的标注样式

如上所述，利用系统缺省设置可以直接标注尺寸，方便快捷。然而所标注的尺寸在很多方面并不符合我国不同行业国家标准的相关规定。为此，AutoCAD 软件提供了一个重要的工具——“标注样式管理器”，利用该工具可以创建符合不同需求的尺寸标注样式。下面介绍如何创建符合建筑图尺寸标注要求的标注样式。

一、“标注样式管理器”简介

创建和管理尺寸标注样式可通过“标注样式管理器”对话框来实现，通过下述几种方法调出该对话框：

- 单击按钮法：(标注样式管理器——同时存在于“样式”和“标注”工具栏中)；
- 下拉菜单法：标注→标注样式…；或：格式→标注样式…；
- 键盘输入法：Dimstyie(简捷命令为 D 或 Dst)↓。

激活命令后，调出“标注样式管理器”对话框，如图 6-21 所示。

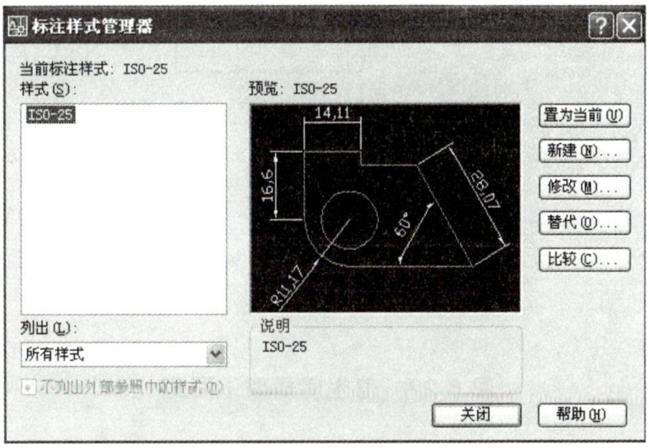

图 6-21　“标注样式管理器”对话框

用户可利用此对话框创建符合需要的新尺寸标注样式，也可对已有的尺寸标注样式进行编辑、修改或替代等。无论是新建还是修改尺寸标注样式，都可以通过以下几个方面对尺寸标注进行控制：

(1)尺寸线、尺寸界线、箭头和圆心标记的格式和位置。

(2)标注文字的外观、位置和对齐方式。

(3)放置文字与尺寸线的管理规则以及特征比例。

(4)主单位、换算单位和角度标注单位的格式和精度。

(5)公差值的格式和精度。

二、创建符合建筑图尺寸标注要求的标注样式

通过第四章的学习，我们已经绘制出图 4-14 所示“卫生间局部平面图”的图形部分，如图 4-21(b)所示；通过第五章的学习，可以标注出图中的文字。下面通过为“卫生间局部平面图”标注尺寸，学习创建符合建筑图尺寸标注要求的标注样式以及为建筑图标注尺寸的方法。为方便查阅，我们将图 4-14 以图 6-22 重新命名并绘制，该图为建筑平面图，属于建筑图。在标注尺寸时，首先必须创建符合建筑图尺寸标注要求的标注样式，其步骤如下。

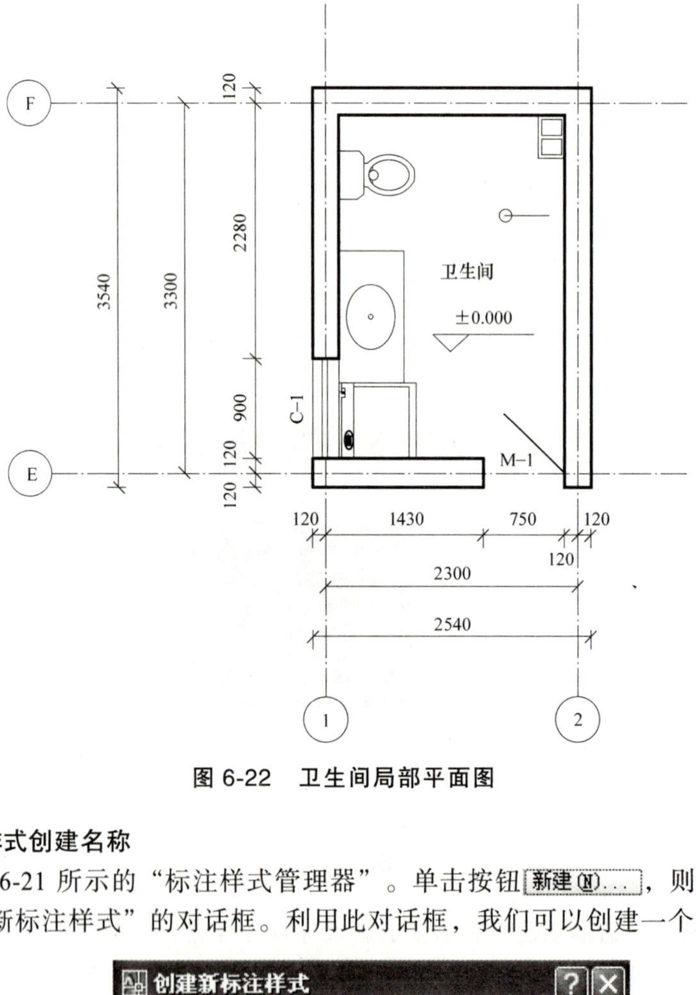

图 6-22　卫生间局部平面图

(一)为新样式创建名称

打开如图 6-21 所示的“标注样式管理器”。单击按钮[新建(N)...]，则弹出如图 6-23 所示的“创建新标注样式”的对话框。利用此对话框，我们可以创建一个新标注样式。

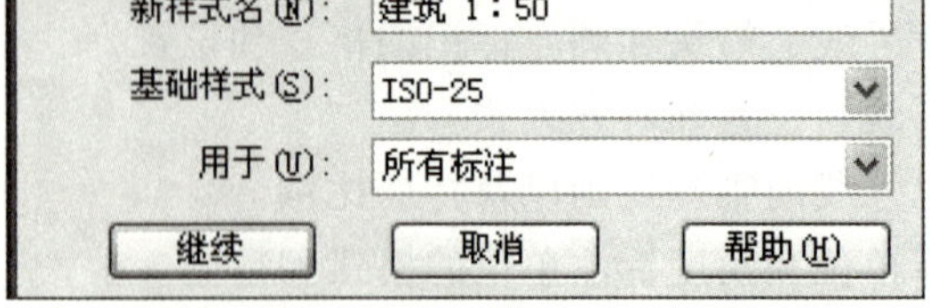

图 6-23　“创建新标注样式”对话框

1. “新样式名”

该选项为新的尺寸标注样式创建名称，如“建筑 1∶50”。

2. “基础样式”下拉列表

该选项为新建样式选择一个基础样式。在此，选择“ISO–25”。“ISO–25”是系统缺省设置的标注样式，是一种符合 ISO 标准的通用尺寸标注样式。

3. “用于”下拉列表

在“用于”下拉列表选择“所有标注”。

(二)为新样式设置外观形式

单击图 6-23 对话框的 继续 按钮，则弹出如图 6-24 所示的“新建标注样式”对话框。对话框中有“直线”、“符号和箭头”、“文字”、“调整”、“主单位”、“换算单位”、“公差”等 7 个选项卡，用于控制新建标注样式的外观特征。下面介绍创建符合建筑图要求的标注样式的具体设置方法。

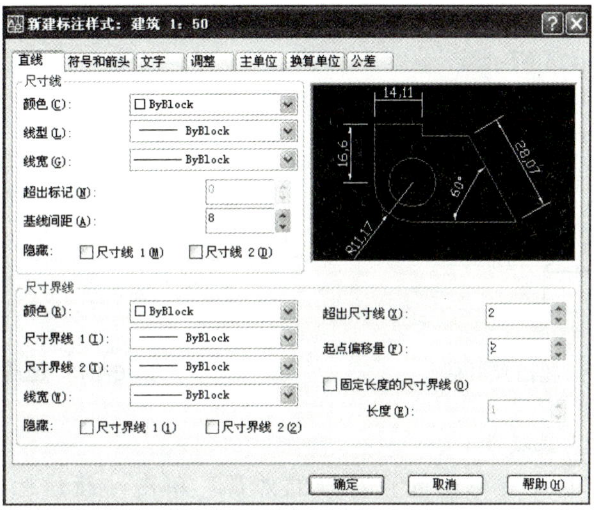

图 6-24　“新建标注样式”对话框

1. “直线”选项卡

该选项卡用于控制尺寸线和尺寸界线的特征。单击 直线 按钮，则会弹出“直线”选项卡界面，如图 6-24 所示。为了使标注样式符合建筑图的相关要求，需进行如下设置：

(1)“尺寸线”选项组：可控制尺寸线的颜色、线型、线宽、基线间距等内容。其中需要调整的有：

▪ 基线间距：所谓基线间距，是指在采用基线标注时相邻平行尺寸线之间的距离，如图 6-25 所示。基线间距应大于尺寸标注数字的高度，一般为 5~10 mm，在此选择 8 mm。

(2)“尺寸界线”选项组。在该选项组中需修改以下几个方面：

▪ 超出尺寸线：用来控制尺寸界线超出尺寸线的长度，如图 6-26 所示。我国国家标准中规定，尺寸界线宜超出尺寸线 2~3 mm，在此选择 2 mm。

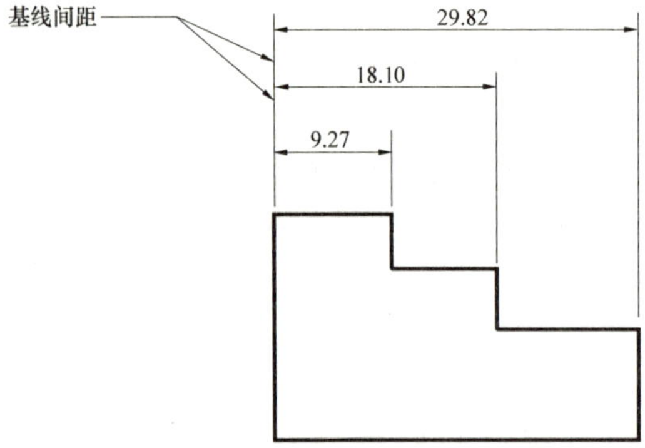

图 6-25　基线间距

▪ 起点偏移量：用于控制尺寸界线的起点与被标注对象之间的距离，如图 6-27 所示。国家标准中规定起点偏移量一般大于等于 2 mm，在此设置为 2 mm。

设置结果如图 6-24 所示。

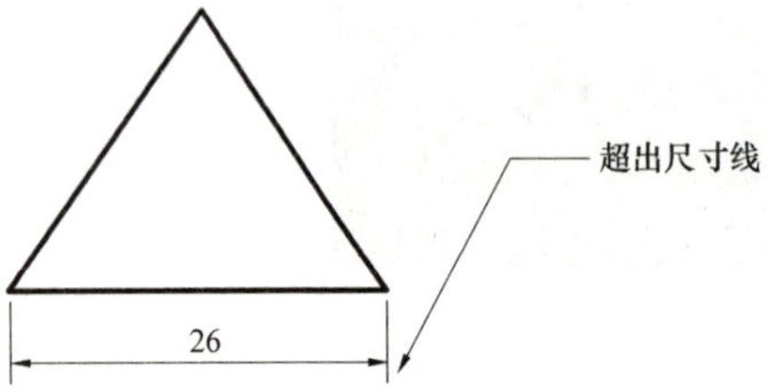

图 6-26　超出尺寸线

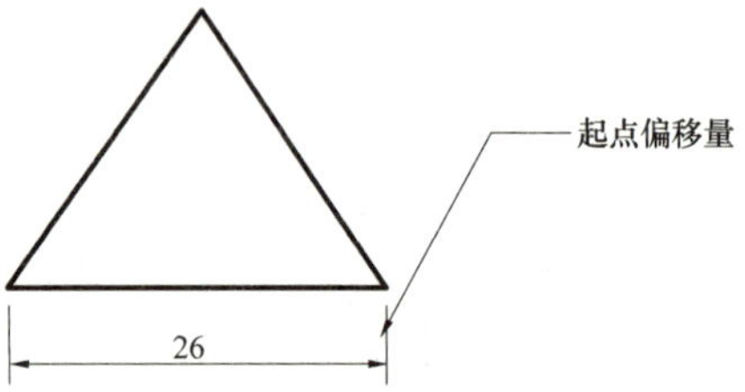

图 6-27　起点偏移量

2. “符号和箭头”选项卡

该选项用于控制尺寸标注起止符号的外观。单击“新建标注样式”对话框的**符号和箭头**按钮，则会弹出如图 6-28 所示的界面。

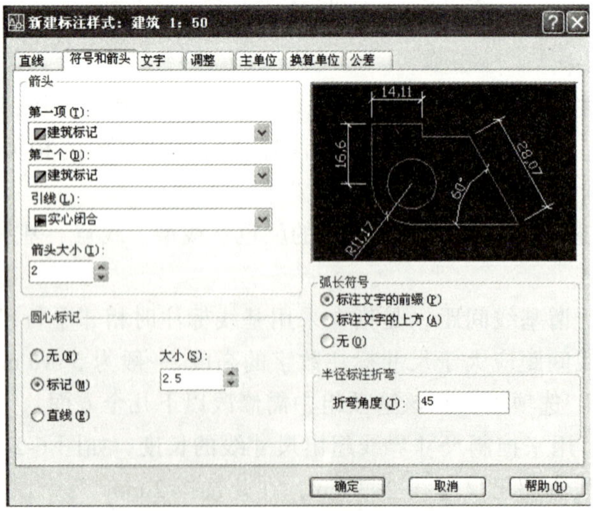

图 6-28　“符号和箭头”选项卡

(1)“箭头”选项组：用于控制尺寸标注起止符号的形状。

▪“第一项”：在我国国家标准中规定，建筑图的起止符号为与尺寸界限顺时针方向成 45°的中粗斜短线。因此，在该下拉列表中选择 建筑标记 。

▪“第二项”：选择同“第一项”，为系统默认选择。

▪“箭头大小”：控制该尺寸起止符号的大小，一般设置为 2。

(2)“圆心标记”选项组：控制圆心标记的类型和大小。

(3)“弧长符号”选项组：控制是否显示弧长符号及其显示位置。

对于(2)、(3)两个选项组采用其缺省设置即可。

(4)“半径标注折弯”选项组：控制当利用“折弯”命令标注尺寸时，尺寸线的折弯角度一般将角度设置为 45°。

按上述步骤设置，结果如图 6-28 所示。

3.“文字”选项卡

单击 文字 按钮，则会弹出如图 6-29 所示的“文字”选项卡界面。

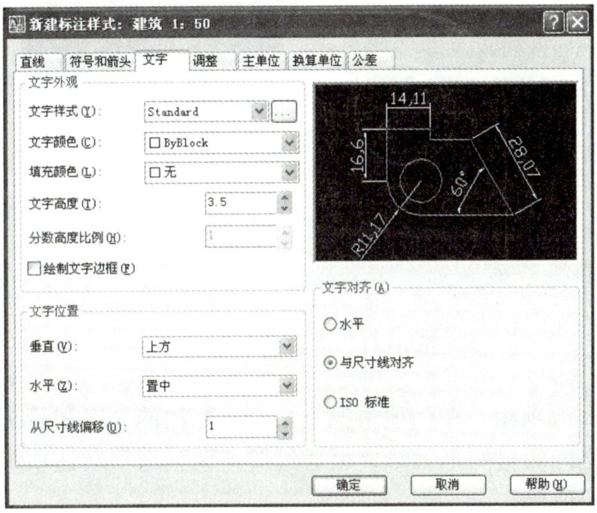

图 6-29　“文字”选项卡

(1)“文字外观”选项组：用于控制尺寸标注文字的样式、颜色、高度、比例等外观特征。

▪“文字样式”：在下拉列表中选择一个适合于尺寸标注的文字样式。如果事先没有创建，则可以点击 ... 按钮来创建新的文字样式。关于创建方法，本书第五章已做介绍，在此不再赘述。我们选择默认的文字样式：“Standard”。

▪“文字高度”：根据国家标准规定，将文字高度设置为 3.5。

(2)“文字位置”选项组：用于控制尺寸标注文字相对于尺寸线及尺寸界线的位置。

▪“垂直”：控制标注文字在垂直方向上相对于尺寸线的位置。

▪“水平”：控制标注文字在水平方向上相对于尺寸界线的位置。

以上两项均采用系统缺省设置。

▪ “从尺寸线偏移”：控制尺寸标注文字与尺寸线之间的距离，如图 6-30 所示。其缺省值 0.625 过小，一般应设为 1.5 左右，我们设置为 1。

图 6-29 所示为按上述步骤设置后的结果。

(3) “文字对齐”选项组：用于控制尺寸标注文字的方向。一般情况下采用其缺省设置。

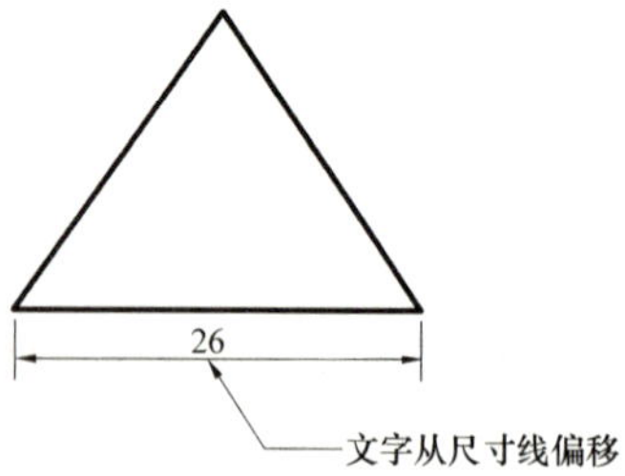

图 6-30　从尺寸线偏移

4. “调整”选项卡

单击 **调整** 按钮，则会弹出如图 6-31 所示的“调整”选项卡界面，可调整各尺寸要素之间的相对位置。

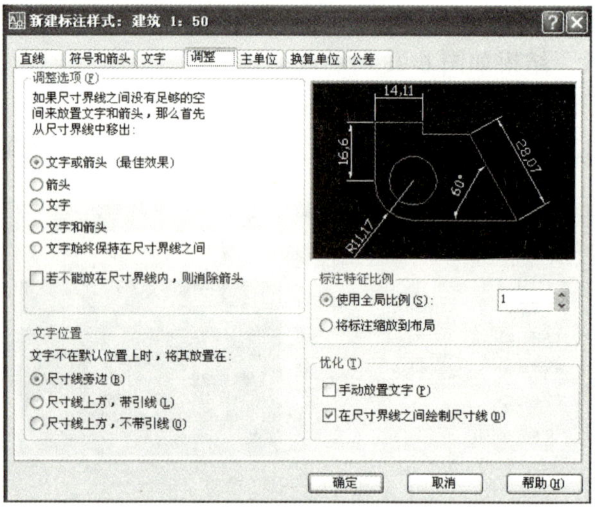

图 6-31　“调整”选项卡

(1) “调整选项”选项组：在一般情况下，尺寸标注的文字和箭头都在两条尺寸界线之间。当尺寸界线之间的空间不足时，可通过对“调整选项”选项组的设置，适当调整尺寸的文字和箭头的位置。

如果选择“文字”选项，则当距离不足时，将文字移到尺寸界线之外；如果选择“文字和箭头”选项，则当距离不足时，系统会将文字与箭头都移动到尺寸界线之外。如图 6-32 所示。

(a)选择“文字”选项　　(b)选择“文字和箭头”选项

图 6-32　“调整选项”选项组

一般情况下，采用系统的缺省设置，即选择“文字或箭头(最佳效果)”。

(2) “文字位置”选项组：在默认情况下尺寸标注的数值(文字)位置在两条尺寸界线之间。当标注文字无法放置在默认位置时，要适当调整其位置。可通过调整该选项组的有关选项来控制。

该选项组包括“尺寸线旁边”、“尺寸线上方，带引线(L)”、“尺寸线上方，不带引线(O)”三个选项。如图 6-33 所示。

(a)尺寸线旁边　(b)尺寸线上方，带引线　(c)尺寸线上方，不带引线

图 6-33　“文字位置”选项组

一般情况下，选择系统缺省设置，即“尺寸线旁边”。

(3)“标注特征比例”选项组：用于控制尺寸标注外观大小，如图 6-34 所示。

(a)全局比例为 1　(b)全局比例为 2

图 6-34　设置不同全比例的标注效果

- “使用全局比例(S)”单选框：调整在模型空间的标注特征比例。
- “将标注缩放到布局”单选框：可根据当前模型空间的视口与布局空间的大小来确定比例因子。

一般情况下，选择系统缺省设置，即“全局比例为 1”。

(4)“优化”选项组：用于控制尺寸标注的其他微调选项，选项的含义如下：

- “标注时手动放置文字”：标注时文字的位置并不固定，此时可以手动控制文字的合适位置。
- “在尺寸界线之间绘制尺寸线”：勾选该复选框，则表明任何情况下尺寸线总在尺寸界线之间。

对于该选项组我们采用系统的缺省设置。

5.“主单位”选项卡

单击 **主单位** 按钮，则弹出如图 6-35 所示的“主单位”选项卡界面。该选项卡用于控制尺寸标注的单位、单位精度以及前后缀等变量。

(1)“线性标注”选项组：可以控制尺寸标注样式中与主单位有关的各种变量，其中创建符合建筑图尺寸标注要求的尺寸标注样式时应调整以下几个变量：

- “单位格式”：在对应的下拉列表中可以设置标注单位格式，我们选择缺省值为小数。
- “精度”：设置标注数值的小数位数。我们选择“0”，即尺寸标注数值精确到个位数。

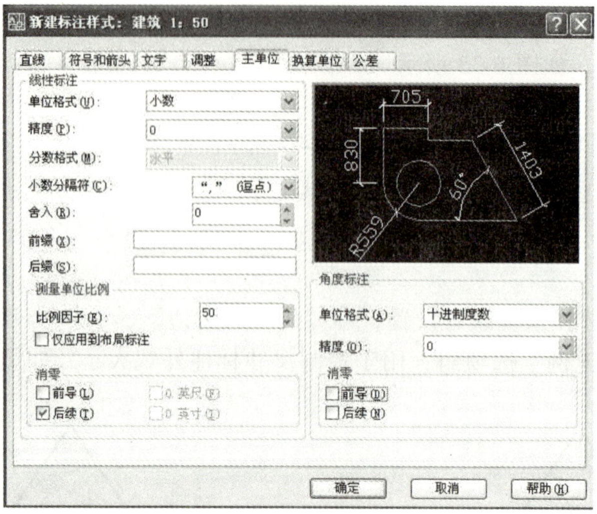

图 6-35　“主单位”选项卡

▪“测量单位比例”中的“比例因子”选项：用于控制线性标注测量值的比例因子。系统将按照此处输入的数值来调整尺寸标注数值。如果将比例因子设为 10，测量值设为 5，系统将标注为 50(由 5×10 而得)。该值不影响角度标注数值。

在图 6-22 所示的卫生间局部平面图中采用的比例为 1∶50，即图形已经被缩小至 0.02(1/50)倍，此时应将比例因子设置为 50，则所标注尺寸为实际尺寸。

▪“消零”：选择“前导”，可以消除小数点前面的零，例如，“0.8”会变为“.8”。选择“后续”，可以消除小数点后面的零，如“3.50”会变为“3.5”。在此我们选用默认设置即可。

(2)“角度标注”选项组：可以通过该选项区的设置来控制标注角度尺寸的单位、精度以及前导消零和后导消零。我们采用其缺省值即可。其中相关选项的含义如下：

▪“单位格式”下拉列表框：用于控制角度单位样式。

▪“精度”下拉列表框：用于控制角度标注的小数位数。

▪“消零”选项：用于控制是否输出前导零和后导零。

在此选项卡中我们采用系统缺省设置。

图 6-35 所示为按上述步骤设置后的结果。

6.“换算单位”选项卡

该选项卡用于控制在图形当中是否同时显示同一尺寸的公制和英制尺寸。一般情况下采用其默认设置。

7.“公差”选项卡

此选项卡用于控制尺寸公差的相关内容，在建筑行业的各种图纸中并不需要标注尺寸公差，故采用缺省设置即可。

至此，对“新建标注样式”对话框中各选项卡的设置均已完成。单击 确定 按钮，返回“标注样式管理器”对话框，如图 6-36 所示，选择新创建的样式“建筑 1∶50”，并单击 置为当前(U) 按钮，则该样式就被设置为当前样式开始生效。

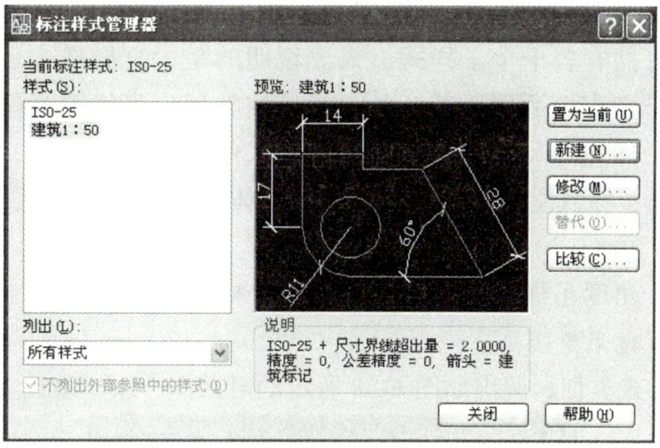

图 6-36　“标注样式管理器”对话框

采用以上方法所创建的尺寸标注样式“建筑 1：50”，符合我国国家标准及建筑图行业标准的各项规定，但只适合标注以“1：50”比例绘制的建筑图尺寸。如果需要对其他比例的建筑图标注尺寸，则必须创建相应的尺寸标注样式。例如，欲创建标注样式“建筑 1：100”，可选择“建筑 1：50”做基础样式，参照上述方法，仅需将“主单位”选项卡中的“测量单位比例因子”值改为 100，其余各项设置均与“建筑 1：50”相同。同样，还可设置“建筑 1：200”，“建筑 1：500”等。

(三)绘制图形

绘制图 6-22 所示的卫生间局部平面图。在此，建议按 1：1 的比例绘制图，亦即按图形实际大小绘制。之后再利用 (Scale)命令根据需要将图形缩小 2%(即 1/50)。

(四)为图形标注尺寸

将新创建的标注样式“建筑 1：50”设为当前样式，分别选择适当的尺寸标注命令进行尺寸标注即可。

三、创建尺寸标注子样式

(一)子样式与全局样式的概念

前面所创建的符合建筑图尺寸标注要求的标注样式，基本能够满足建筑图线性尺寸标注的要求，但是在标注角度、直径、半径等尺寸时，却不符合要求，如图 6-37 所示。可通过在所创建全局样式(如刚刚创建的样式“建筑 1：50”)的基础上，再创建若干个子样式来满足尺寸标注的需要。

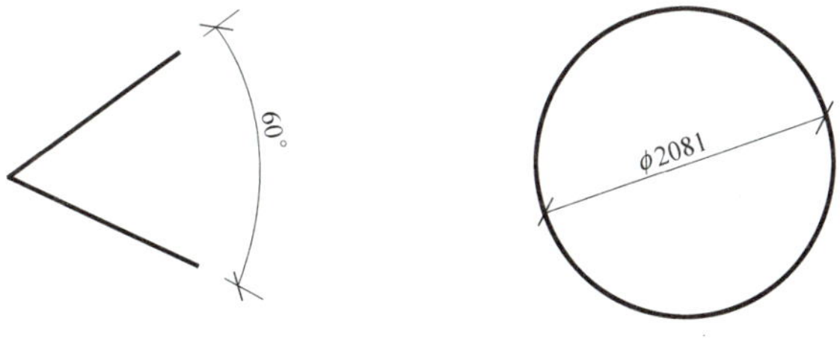

图 6-37　标注角度、直径

如果在一个尺寸标注样式的基础上创建了若干子样式，则将基础样式称做全局样式。一个全局样式可拥有若干个子样式。需要说明的是，全局样式是一个适用于全局的尺寸标注样式，而子样式仅适用于某一种尺寸标注类型。当使用全局样式进行尺寸标注时，如果选择了某子样式的尺寸类型，则按子样式的设置进行标注，也就是说尺寸标注依据“全局样式服从子样式”的原则。下面结合具体实例说明子样式的创建及应用方法。

(二)创建子样式

下面以创建一个角度子样式为例，学习创建子样式的方法。

1. 为子样式设置适用范围

与创建新标注样式类似，调出如图 6-38 所示的对话框，以“建筑 1∶50”做基础样式。

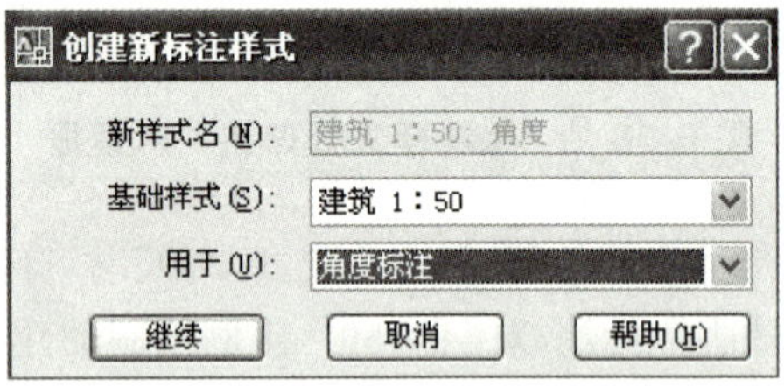

图 6-38　“创建新标注样式”对话框

(1)“新样式名”：无需命名，设置完成后系统会默认生成。

(2)“基础样式”下拉列表：因为该子样式从属于全局样式“建筑 1∶50”，故在该下拉列表中一定要选择样式“建筑 1∶50”，而不可选择系统缺省样式“ISO–25”或其他样式。

(3)“用于”下拉列表：选择“角度标注”。

2．调整子样式相关选项

单击 继续 按钮，进入“新建标注样式”对话框，在此对话框中做如下设置。

1)“符号和箭头”选项卡

修改“箭头”选项组中的箭头形式，由原来的“建筑标记”改为“实心闭合”；“箭头大小”设置为 3.5，结果如图 6-39 所示。

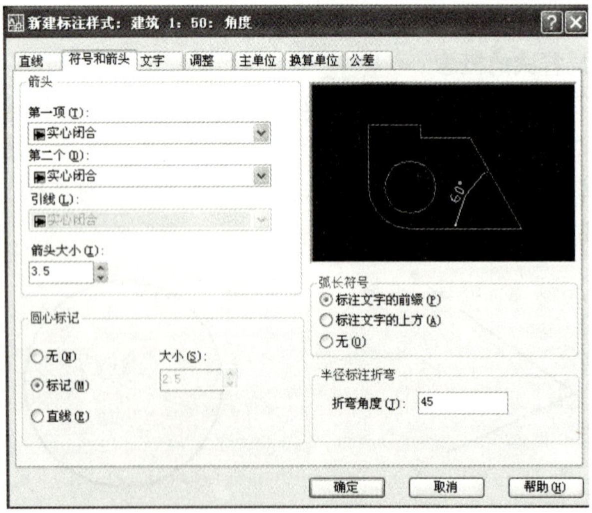

图 6-39　“符号和箭头”选项卡

2)“文字”选项卡

在我国国家标准中规定，角度数字一律水平注写，故修改“文字对齐”选项组中的对齐方式，选择“水平”，如图 6-40 所示。

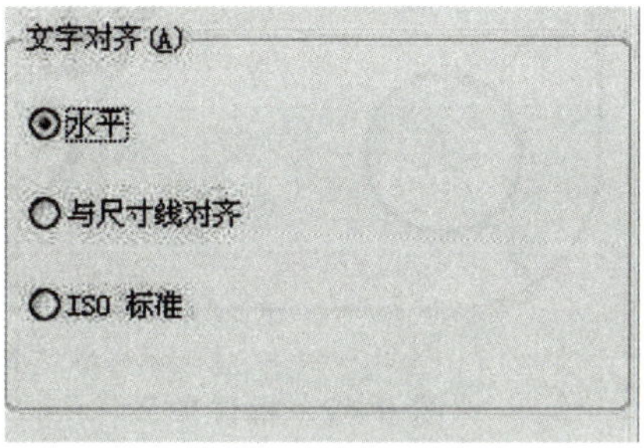

图 6-40　“文字对齐”选项卡

其余选项采用“建筑 1∶50”全局样式的设置。单击 确定 按钮，弹出如图 6-41 所示“标注样式管理器”对话框。可以看到“样式” 预览框中，在“建筑 1∶50”下方，出现了一个“角度”子样式。

采用类似的方法，可以创建半径、直径等子样式。该两种子样式设置相同，仅需做如下两处修改：①“符号和箭头”标签中，将箭头形式改为“实心闭合”，“箭头大小”设置为 3.5；②“调整”标签中，“调整选项”选择“文字和箭头”。

选择该携带子样式的“建筑 1∶50”全局样式，并单击 置为当前(U) 按钮，则该样式为当前样式，可进行尺寸标注。

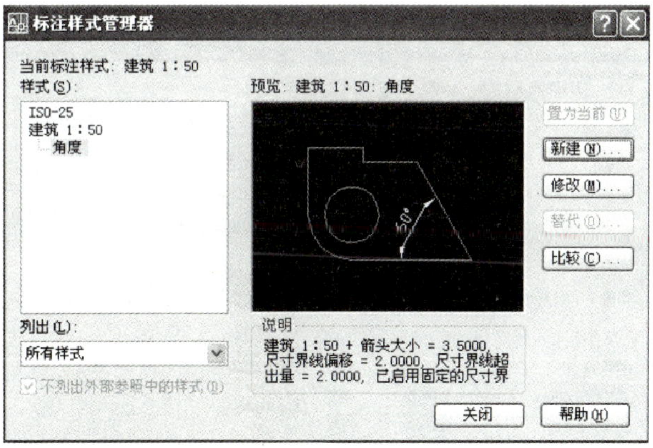

图 6-41　“标注样式管理器”对话框

当采用这样的全局样式标注尺寸且遇到与子样式条件相同的尺寸标注类型时，子样式会自动生效，如图 6-42 所示。在该实例中，标注线性尺寸时，系统会自动选用“建筑 1∶50”的全局样式，可以看到，此时尺寸标注起止符号为短斜线。在标注角度尺寸时，系统又将自动选用其“角度”子样式，起止符号和文字方向的变化与线性标注有所不同。在标注直径及半径尺寸时，同样按其子样式的设置进行标注，标注效果如图 6-42 所示。

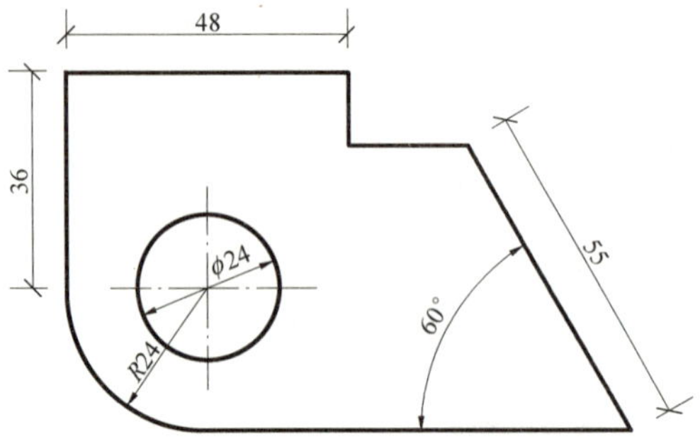

图 6-42　标注效果

四、修改与替代尺寸标注样式

如上所述，有了合适的尺寸标注样式，标注尺寸就变得十分容易。但是，已创建的尺寸标注样式可能也会存在一些问题。此时，需要对尺寸标注样式进行更改，主要采用修改与替代两种方法。

(一)修改尺寸标注样式

在修改尺寸标注样式时首先调出“标注样式管理器”对话框，之后选择需要修改的样式，单击 修改(M)... 按钮，弹出如图 6-43 所示的“修改标注样式”对话框。该对话框中的内容与“新建标注样式”对话框完全相同。对相关选项按需要进行修改后，单击“确定”按钮，即可完成对尺寸标注样式的修改。

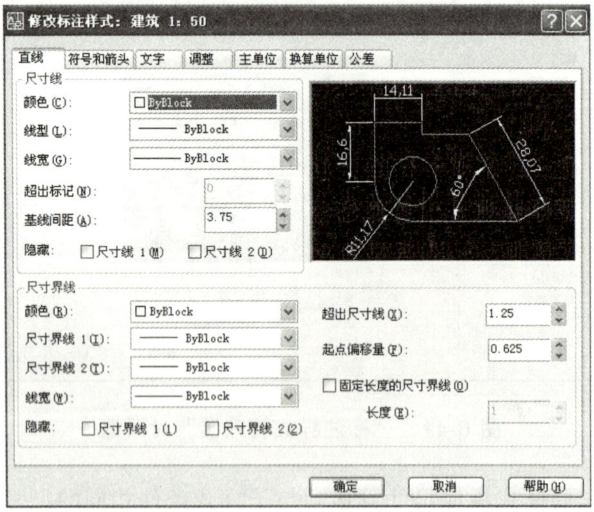

图 6-43　“修改注样式”对话框

值得注意的是：如果某一个尺寸标注样式被修改，则使用该样式标注的所有尺寸都会继承修改之后的尺寸标注样式特征，包括在修改样式之前标注的所有尺寸。

(二)替代尺寸标注样式

与修改尺寸标注样式类似，在替代尺寸标注样式时仍然需调出“标注样式管理器”。选择需要替代的样式，单击 替代(O)... 按钮，弹出如图 6-44 所示的“替代标注样式”对话框。该对话框的内容也与 “新建标注样式”对话框相同。对相关选项进行修改后，单击“确定”按钮，即可完成尺寸标注样式的替代。

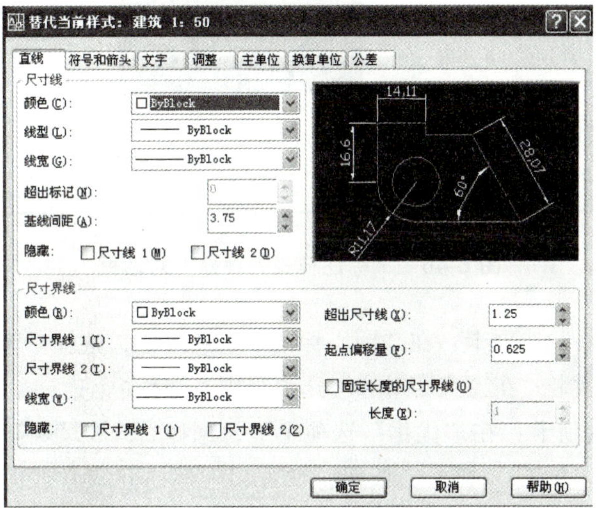

图 6-44　“替代标注样式”对话框

值得注意的是：替代样式是原有样式的临时替代样式，在创建替代该样式之前所标注的尺寸对象仍然继承被替代之前的样式。只有创建替代样式之后用该样式标注的对象才会被改变过来。另外，某一个标注样式的替代样式也可以随时删除掉。此时该样式恢复为原来的样式。因此，样式替代可以用于标注某些特殊尺寸。

下面通过图 6-45 讲解替代样式的使用方法。在一般情况下，标注半径的样式如图 6-45(a)所示，但是，有时需将其标注成如图6-45(b)的样式。这样的特殊标注可通过创建替代标注样式来实现。首先，打开如图6-46 所示的“注样式管理器”对话框，图6-45(a)为采用“ISO-25”标注的半径尺寸，在“样式”窗口中选择该样式“ISO-25”，并点击右侧的 替代(O)... 按钮，便弹出如图6-47 所示的“替代当前样式”对话框，在此对话框中需调整以下几项：

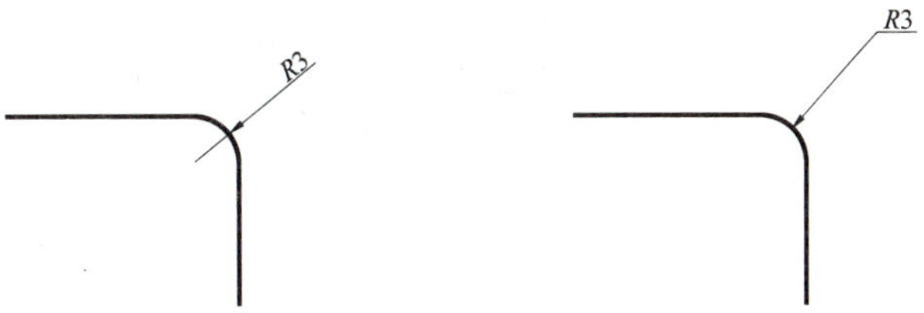

(a)用“ISO-25”标注　　　(b)用替代样式标注

图 6-45　替代标注样式

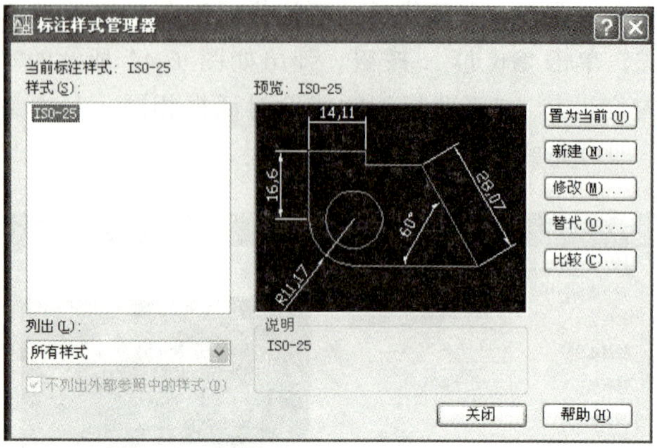

图 6-46　“标注样式管理器”对话框

(1)“符号和箭头”选项卡：在“圆心标记”选项组中，选择⊙无(N)。

(2)“文字”选项卡：在“文字对齐”选项组中，选择⊙水平。

(3)“调整” 选项卡：在“优化”选项组中，选择□在尺寸界线之间绘制尺寸线(D)，将这些选项调整好之后，单击 确定 按钮，便弹出“标注样式管理器”对话框，此时在“ISO-25”下方出现了一个替代样式，如图 6-47 所示。将该替代样式选定，单击 置为当前(U) 按钮，则该替代样式就被置为当前样式，开始起效。此时可以为图 6-45(b)中的圆标注尺寸了。

当不再需要替代样式的时候，便可将其删除。操作方法是：在“标注样式管理器”对话框的“样式”列表中选择“替代样式”，并单击鼠标右键，便弹出一个快捷菜单，如图 6-47 所示，单击“删除”，则替代样式被删除，该“ISO-25”样式重新恢复为被替代之前的状态。

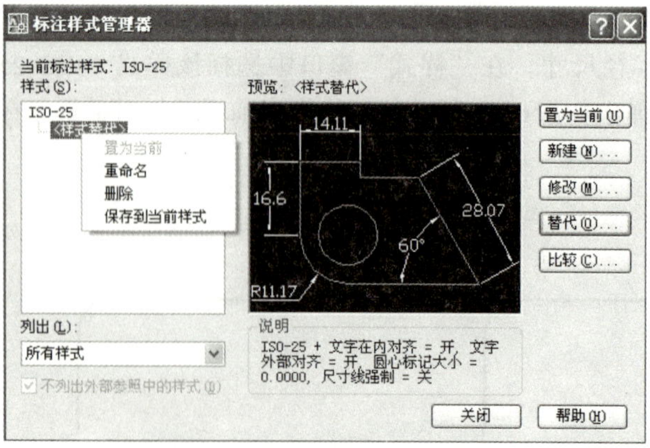

图 6-47　替代样式的删除

第三节　创建符合水工图尺寸标注要求的标注样式

一、概述

利用“标注样式管理器”可以创建符合建筑图尺寸标注要求的标注样式，同样也可创建符合各个行业工程图要求的标注样式。本节介绍如何创建符合水工图尺寸标注要求的标注样式。

(一)基本步骤

创建符合水工图尺寸标注要求的标注样式的基本步骤与第二节中创建符合建筑图尺寸标注要求的标注样式相同。可归纳为以下几个步骤：

(1)激活如图 6-21 所示的“标注样式管理器”对话框。

(2)单击 新建(N)... 按钮，弹出如图 6-23 所示的“创建新标注样式”对话框。设置其相关内容，为新的水工图尺寸标注样式创建名称并设定其适用范围。

(3)单击其 继续 按钮，弹出如图 6-24 所示的“新建标注样式”对话框，调整和设置“直线”、“符号和箭头”、“文字”、“调整”、“主单位”、“换算单位”、“公差”等 7 个选项卡的相关参数。

(4)单击图 6-24“新建标注样式”对话框中的 确定 按钮，重新弹出如图 6-23 所示的“创建新标注样式”对话框，选择所创建的新样式并单击 置为当前(U) 按钮，将该标注样式置为当前状态，即可标注水工图的尺寸了。

值得一提的是，上述步骤适用于各种不同尺寸标注样式的创建，是创建尺寸标注样式的通用步骤。

(二)标注样式的修改和替代

对于已经创建并在用的尺寸标注样式，同样可以进行修改或替代。具体方法与第二节中所述方法相同。在学习过程中，要特别注意修改尺寸标注样式和替代尺寸标注样式的区别。虽然两者的操作过程比较相似，但所起到的作用却有不同。

尺寸标注样式被修改后，用该样式标注的所有尺寸对象都被改成修改以后的样式，其中包括在修改样式之前用该样式标注的尺寸。

替代样式是起到临时替代作用的标注样式。替代样式在被创建之后才能够生效，而且不能控制之前标注的尺寸。替代样式可以被删除，被删除后该样式即恢复至被替代之前的设置。

(三)全局样式与子样式

采用上述步骤创建的符合水工图尺寸标注要求的标注样式，仍不能够满足标注所有类型尺寸的要求，如角度尺寸等。因此，需创建各种子样式。创建子样式的方法与第二章相关内容相同，在此不再赘述。

二、操作实例

通过第四章的学习，我们已经绘制出图 4-41 所示“双曲拱断面简图”的图形部分，如图 4-45 所示。下面通过为“双曲拱断面简图”标注尺寸，学习创建符合水工图尺寸标注要求的标注样式的具体操作方法。为方便查阅，我们将图 4-41 以图 6-48 重新命名。

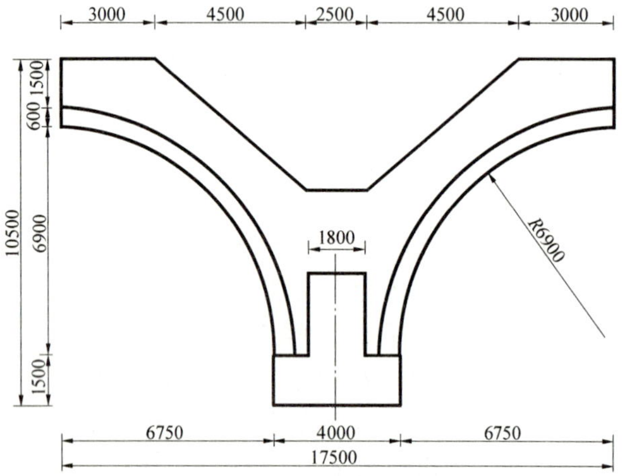

图 6-48　双曲拱断面简图

(一)绘制图形

采用 1∶1 的比例绘制该“双曲拱断面简图”， 然后用 Scale 命令将图形缩小为 1∶50。

(二)创建新的尺寸标注样式

在为水工图标注尺寸之前，应首先创建符合水工图尺寸标注要求的标注样式，在此创建一个新的样式“水利标注 1∶50”。创建的基本步骤与建筑图尺寸标注样式相类似，但是水工图的尺寸标注样式在很多方面明显有别于建筑图尺寸标注样式。因此，对“新建标注样式”对话框中的相关选项做如下设置。

1.“直线”选项卡

“尺寸界线”选项组需做如下设置：

• 超出尺寸线：用来控制尺寸界线超出尺寸线的长度。在水工制图标准中规定，尺寸界线宜超出尺寸线 2~3 mm，在此选择 2 mm。

• 起点偏移量：用于控制尺寸界线的起点与被标注对象之间的距离。在水工制图标准中规定，起点偏移量一般大于 2 mm，在此设置为 2。

设置后的效果如图 6-49 所示。

2.“符号和箭头”选项卡

(1)“箭头”选项组：用于控制尺寸标注起止符号的形状。

• “第一项”：在水工制图标准中规定，水工图中的起止符号为实心闭合箭头。因此，在该下拉列表中选择 实心闭合 。

• “第二项”：选择同“第一项”。

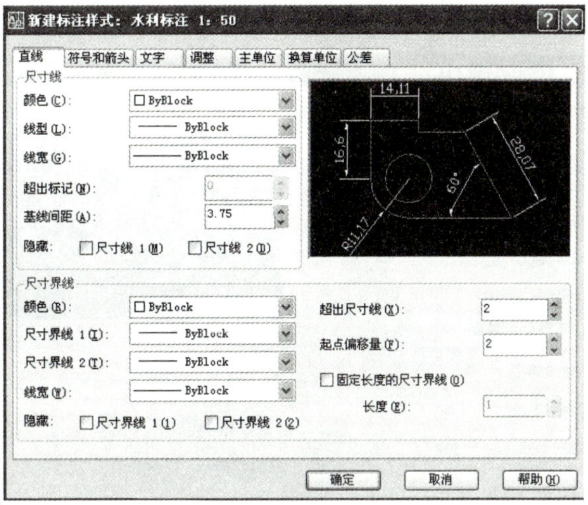

图 6-49　设置后的“直线”选项卡

• “箭头大小”：控制该尺寸起止符号的大小，一般设置为 3.5。

(2)“半径标注折弯”选项组：控制当利用“折弯”命令标注尺寸时尺寸线的折弯角度，将角度设置为 45°。

设置后的效果如图 6-50 所示。

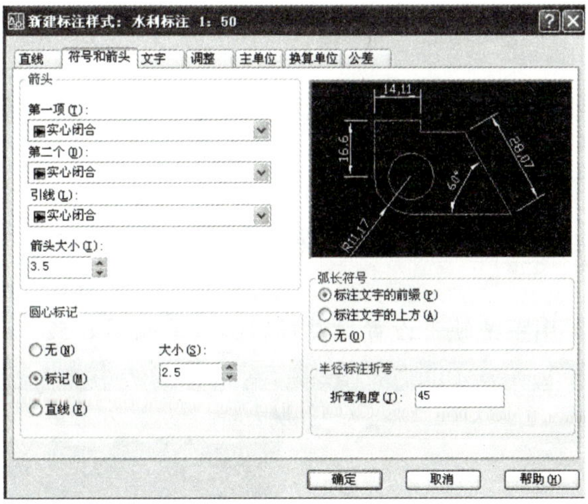

图 6-50　设置后的“符号和箭头”选项卡

3.“文字”选项卡

(1)“文字外观”选项组：用于控制尺寸标注文字的样式、颜色、高度、比例等外观特征。

• “文字样式”：在标注尺寸之前，应该创建适合于标注尺寸的文字样式并选择，我们选择其缺省设置。

• “文字高度”：根据水工图制图标准，将文字高度设置为 3.5。

(2)“文字位置”选项组：用于控制尺寸标注文字相对于尺寸线及尺寸界线的位置。

• “从尺寸线偏移”：控制尺寸标注文字与尺寸线之间的距离。其缺省值 0.625 有些偏小，一般应设为 1.5 左右，我们设置为 1。

设置后的效果如图 6-51 所示。

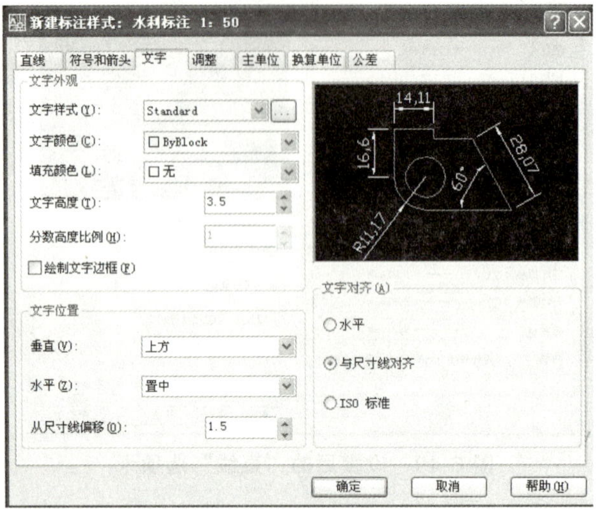

图 6-51　设置后的“文字”选项卡

4.“调整”选项卡

选择“使用全局比例(S)”时可调整模型空间的标注比例。我们设置为 1，即该选项采用系统缺省设置。

5.“主单位”选项卡

“线性标注”选项组：可以控制尺寸标注中的与单位有关的以下各种变量。

“测量单位比例”选项区：

“比例因子”：由于在图 6-48 所示的“双曲拱断面简图”中采用的绘图比例为 1：50，即图形已被缩小 2%(1/50)，此时应将比例因子设置为 50，以确保所标尺寸为实际尺寸。

其余各项设置均采用系统缺省设置。设置后的效果如图 6-52 所示。

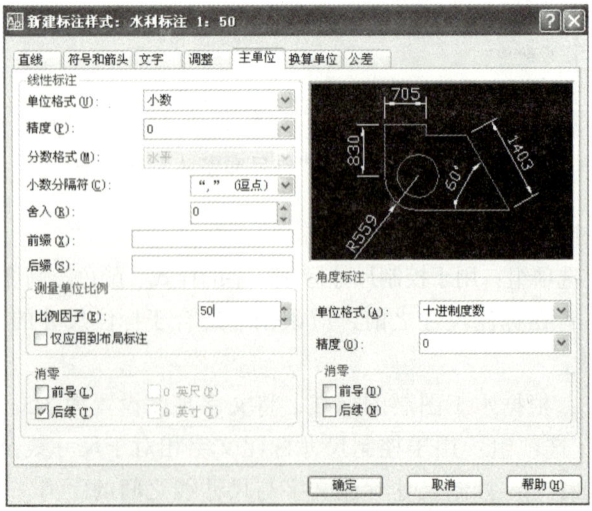

图 6-52　设置后的“主单位”选项卡

创建好符合水工图尺寸标注要求的标注样式之后，还要创建各种子样式。在使用时将其置为当前标注样式。

(三)标注尺寸

将新创建的标注样式设为当前样式，选择适当的尺寸标注命令进行尺寸标注即可。值得注意的是，对所创建的尺寸标注样式同样可以进行修改和替代。

第四节　编辑尺寸标注

编辑尺寸标注就是对已经标注的尺寸对象组成元素进行必要的修改，AutoCAD 提供了多种尺寸标注修改与编辑的方法。下面简单列举几种。

一、利用命令编辑尺寸标注

(一)编辑标注

“编辑标注”命令用于对尺寸的文字内容、文字角度以及尺寸界线等元素进行修改。可通过下述几种方法调出：

- 单击按钮法：(编辑标注——在“标注”工具栏中)；
- 键盘输入法：Dimedit(简捷命令为 Ded)↓。

1. 操作实例

下面对已经创建的如图 6-53 所示的标注进行编辑。

(a) 原有标注　　(b) “旋转”选项

图 6-53　编辑标注

命令：Dimedit ↓　　//在命令行输入 Dimedit 命令并回车；

输入标注编辑类型 [默认(H)/新建 (N)/旋转(R)/倾斜(O)] <默认>：R↓

　　//在命令行输入 R 并回车；

指定标注文字的角度：15↓　　//在命令行输入输入 15 并回车

选择对象：　　//在图 6-53(a)中的尺寸位置单击鼠标左键并回车。

在此提示下可以多选尺寸对象，编辑效果如图 6-53(b)所示。值得注意的是，此命令可以一次编辑多个尺寸标注。

2. 相关选项的含义

1)默认(H)

该选项用于将编辑过的尺寸对象恢复到默认位置和方向。

2)新建(N)

此选项用于更新尺寸标注的文本。键入“N”后会弹出如图 6-54 所示的“文字格式”对话框，在此对话框中可以对标注文本进行修改。值得注意的是：在该对话框中高亮显示背景中的“0”为默认显示，代表现有尺寸文字，相当于图 6-2 所示“文字格式”对话框中的显示文字；保留与删除“0”的作用，亦同该显示文字。

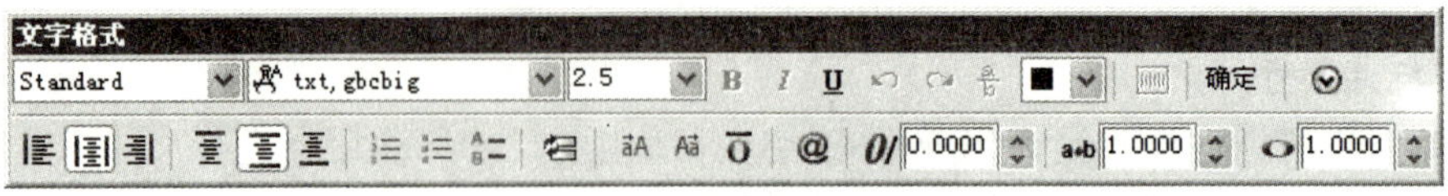

图 6-54 “文字格式”对话框

3)旋转(R)

此选项用于旋转所选择的尺寸文本。操作方法与前面所述相同，不再赘述。

4)倾斜(O)

此选项用于倾斜线性尺寸标注，将尺寸界线倾斜某一个角度。操作方法与前面所述相同，不再赘述。

(二)编辑标注文字

编辑标注文字命令主要用于调整文字的位置和倾斜角度等，可通过下述几种方法调出：

- 单击按钮法：(编辑标注文字——在“标注”工具栏中)；
- 下拉菜单法：标注→对齐文字(下一级菜单中的个选项)；
- 键盘输入法：Dimtedit↓。

1. 操作实例

下面结合图 6-55，介绍编辑标注文字命令的操作方法。

命令：Dimtedit ↓ //在命令行输入 Dimtedit 命令并回车；

选择标注： //在图 6-55(a)中的尺寸标注处单击鼠标左键；

指定标注文字的新位置或 [左(L)/右(R)/中心(C)/默认(H)/角度(A)]：

//将光标移动至如图 6-55(b)所示的位置单击鼠标左键。

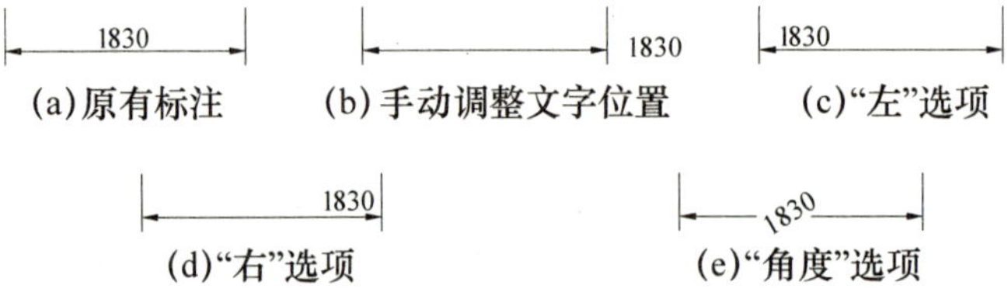

图 6-55 “编辑标注文字”命令

2. 相关选项的含义

(1)左(L)：用于将标注文字放在尺寸线的左端，如图 6-55(c)所示。

(2)右(P)：用于将标注文字放在尺寸线的右端，如图 6-55(d)所示。

(3)中心(C)：用于将标注文字放在尺寸线的中心位置上。

(4)默认(H)：用于将编辑过的尺寸标注恢复到默认状态。

(5)角度(A)：用于倾斜尺寸文字。图 6-55(e)为将文字旋转 45° 的效果。

(三)更新标注

更新标注命令用于将所选尺寸对象的标注样式更改为当前标注样式，可通过下述几种方法调出：

- 单击按钮法：(标注更新——在“标注”工具栏中)；
- 下拉菜单法：标注→更新。

在更新尺寸标注对象的样式之前，应当首先将所需的标注样式置为当前，执行命令后再选择需要更新的尺寸标注对象(可以选择多个)，回车结束命令，即可将所选尺寸标注样式更新为当前尺寸标注样式。

二、利用特性窗口编辑尺寸标注

如前所述，“特性”窗口是一个应用范围非常广泛的编辑工具，利用此工具同样可以编辑或修改尺寸标注。在选择某个已存在的尺寸标注对象后，再激活“特性”命令(可在标准工具栏中单击按钮)，便可在“特性”对话框中对尺寸标注进行各种更改。

三、为已标注对象更改尺寸标注样式

在标注尺寸时，应当首先把所需要的尺寸标注样式置为当前。初学者常常会忽略这一点，导致用错尺寸标注样式，此时，不需要将已标注尺寸删除再重新标注，只需更改尺寸标注对象的标注样式即可。

下面结合图 6-56，讲解更改尺寸标注样式的方法。

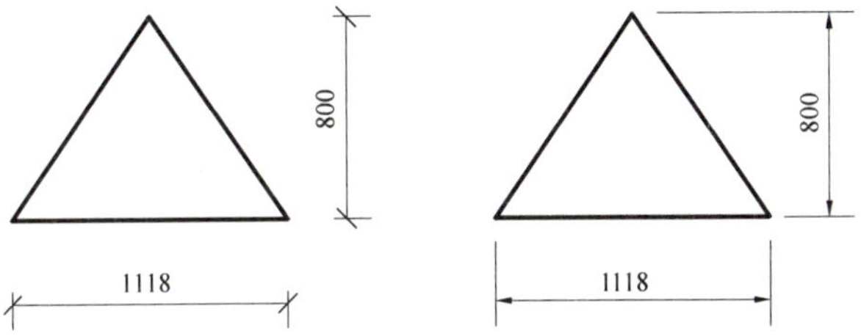

(a)原有标注　　(b)更改标注样式后

图 6-56　更改标注样式

图 6-56(a)所示为一个水工图样，其尺寸标注却使用了建筑图尺寸标注样式。更改步骤为：单击图 6-56(a)中的尺寸“1118”和“800”，使该两个标注处于被选定的状态。然后打开“样式”或“标注”工具栏中的“标注样式控制”下拉列表，选择“水工”，见图 6-57，并按 Esc 键结束，则尺寸标注对象的样式就被更改过来，更改后的标注效果如图 6-56(b)所示。

图 6-57　“标注样式控制”下拉列表

另外，利用“标准”工具栏中的“特性匹配”命令()也可以为尺寸标注更改标注样式。

第七章　建立符合工程图标准的样板图

第一节　建立样板图

绘制一幅新图形时，除了需要绘制图形，还要求设置图纸大小、绘制图框线和标题栏等；而且对于图形本身，需要设置图层以绘制图形的不同部分，设置不同的线型和线宽表达不同的含义，设置不同的图线颜色以区分图形的不同部分等。所有这些都是绘制一幅完整图形不可或缺的工作。为了方便绘图，提高绘图效率，往往将这些绘制图形的基本作图和通用设置制作成一幅基础图形，进行标准设置，这种基础图形称为样板图，如图 7-1 所示。

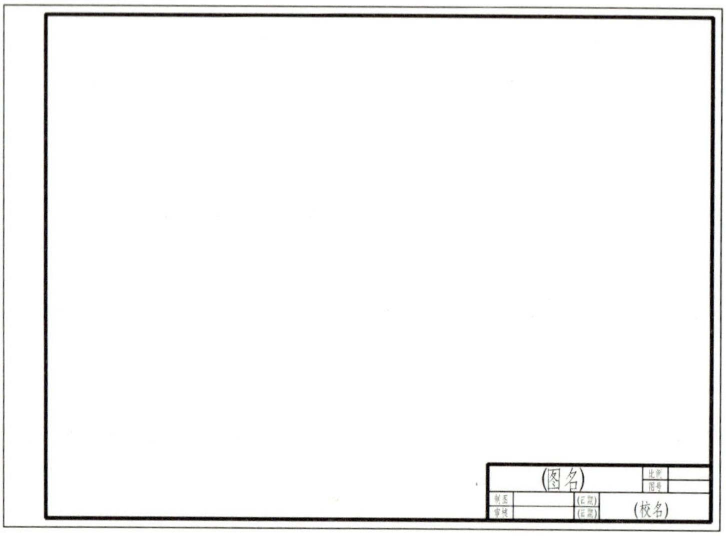

图 7-1　样板图示例

在目录 C：\Documents and Settings\用户名\Local Settings\Application Data\Autodesk\AutoCAD 2007\R17.0\chs\Template 中(“用户名”为安装软件的计算机的用户名)，为用户提供了各种样板，但是由于提供的样板与我国国家标准相差比较大，需要我们自己创建样板文件，样板图文件的扩展名为.dwt。

使用 AutoCAD 绘制样板图时，必须遵守如下准则：严格遵守国家标准的有关规定；使用标准的绘图单位和精度；设置适当图形界限，以便合理利用图纸；按标准的图纸尺寸打印图形等。

关于工程制图的相关标准详见与本书配套使用的《计算机辅助设计上机实验指导》附录 I。下面以创建 A3 样板图为例进行说明。

一、设置图形界限

国家标准对图纸的幅面大小作了严格规定，每一种图纸幅面都对应唯一的尺寸。在绘制图形时，设计者应根据图形的大小和复杂程度合理选择图纸幅面。如设置 A3 图纸的图形边界，A3 图纸的幅面为 420 mm × 297 mm。

(一)操作方法

- 下拉菜单法：格式→图形界限；
- 键盘输入法：Limits↓。

(二)操作步骤

(1)执行图形界限命令，命令行提示如下：

重新设置模型空间界限：

指定左下角点或[开(ON)/关(OFF)]<0.0000,0.0000>：↓　　//使用默认值，直接回车；

指定右上角点<420.0000,297.0000>：↓　　//使用默认值，直接回车。

(2)选择“视图→缩放→全部”命令，使设定的绘图界限全部显示在绘图区域内。

(3)打开“栅格”按钮，绘图界限范围内显示栅格点。

二、设置绘图单位和精度

(一)操作方法

设置图形单位和精确度可通过“图形单位”对话框来实现，可通过下述几种方法调出该对话框：

- 下拉菜单法：格式→单位…；
- 键盘输入法：Units(简捷命令为 Un)↓。

(二)操作步骤

在如图 7-2 所示的对话框中，“长度”选项区的“类型”下拉列表框中选择“小数”选项，设置“精度”为 0.0000；在“角度”选项区的“类型”下拉列表框中选择“十进制度数”选项，设置“精度”为 0；系统默认逆时针方向为正，设置完毕后单击“确定”按钮。

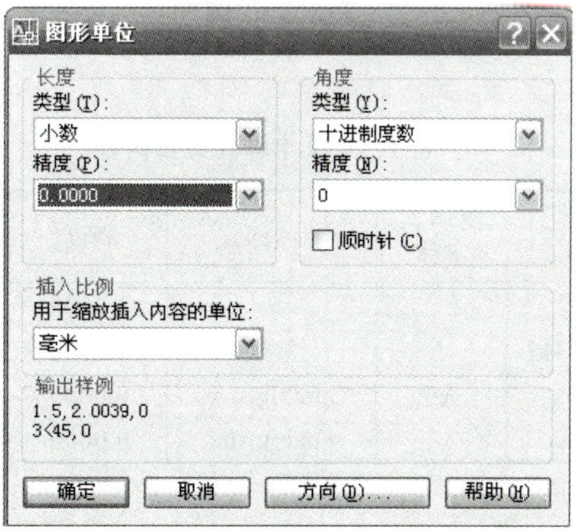

图 7-2　“图形单位”对话框

三、设置图层

图层是组织图形的有效手段。通过合理创建和使用图层，不仅节省了存储空间，而且便于图形管理和输出。

具体图层设置可参照本书图 4-2(为方便查阅对其进行重新编号为图 7-3)，表中 0 层为默认图层；Defpoints 层为对图形进行尺寸标注后自动产生的图层。

(一)操作方法

- 单击按钮法：(图层特性管理器——在“图层”工具栏中)；
- 下拉菜单法：格式→图层…；
- 键盘输入法：Layer(简捷命令为 La)↓。

(二)操作步骤

在“图层特性管理器”对话框中，按照图 7-3 所示要求创建各图层。

图 7-3　设置绘图文件的图层

四、设置文字样式

AutoCAD 缺省为用户提供了一个名为“Standard”的文字样式，其字体文件为 txt.shx，但此样式不符合我国国家标准。因此，要根据我国的标准设置几种常用的样式，如表 7-1 所示。

表 7-1　文字样式设置内容

样式名	字体名	使用大字体	字体样式	高度	效果	
					宽度比例	倾斜角度
Standard	txt.shx	〔 〕	/	0.0000	1.0000	0
仿宋体	仿宋_GB2312	/	常规	0.0000	0.7000	0
书写斜体	gbeitc.shx	√	gbcbig.shx	0.0000	1.0000	0
书写直体	gbenor.shx	√	gbcbig.shx	0.0000	1.0000	0

注：1. 表中 Standard 为默认样式名；

2. 使用大字体复选框，只在字体扩展名为“.shx”时有效。〔 〕表示未选中，√表示选中，斜线表示无效；

3. 高度设为 0，在输入文字时，可根据需要指定文字高度。

在工程图绘制中，对不同用途的文字，依据国家和行业标准，建议选用如下形式：

少量注释：仿宋_GB2312 或 gbenor.shx /gbcbig.shx，高度 10 或 7 号字；

大量注释：gbenor.shx /gbcbig.shx，高度 10 或 7 号字；

图形名称：仿宋_GB2312，高度 7 号字；

尺寸标注：默认设置 Standard，高度 2.5 或 3.5 号字；

标题栏：仿宋_GB2312，高度 5 或 3.5 号字。

(一)操作方法

- 单击按钮法：A(文字样式——在“样式”工具栏中)；
- 下拉菜单法：格式→文字样式…；
- 键盘输入法：Style(简捷命令为 St)↓。

(二)操作说明

在如图 7-4 所示的“文字样式”对话框中，单击[新建(N)...]按钮，按表 7-2 的要求创建所需文字样式。

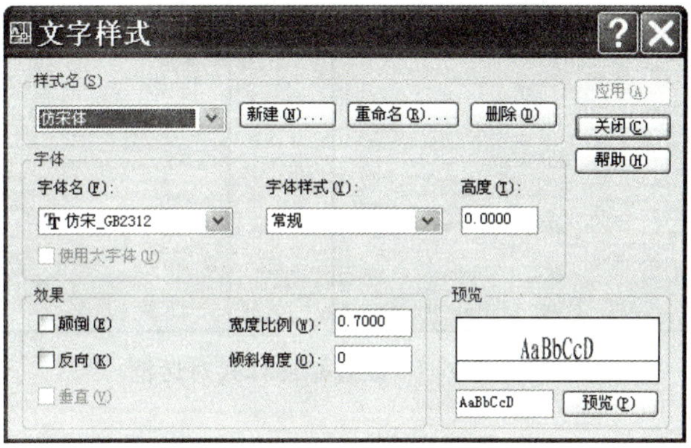

图 7-4　“文字样式”对话框

表 7-2　标注样式设置内容

样式名	直线			符号和箭头			文字	
	尺寸线	尺寸界限		箭头			文字外观	文字位置
	基线间距	超出尺寸线	起点偏移量	第一项	第二个	箭头大小	文字高度	从尺寸线偏移
Standard	3.75	1.25	0.625	实心闭合	实心闭合	2.5	2.5	0.625
建筑标注	8	2	2	建筑标记	建筑标记	2	3.5	1
水工标注	8	2	2	实心闭合	实心闭合	3.5	3.5	1

注：　表中未列出参数，需根据实际情况进行调整，具体内容请参见第六章。

五、设置尺寸标注样式

尺寸标注主要用来标注图形中的尺寸，对于不同类型的图形，尺寸标注的要求也不尽相同。AutoCAD 提供了一个缺省的符合 ISO 标准的标注样式：ISO-25，然而所标注的尺寸在很多方面并不符合我国不同行业标准的相关规定，需在 ISO 标准的基础上定制符合我国国标的尺寸样式。

(一)操作方法

- 单击按钮法：(标注样式管理器——同时存在于“样式”和“标注”工具栏中)；
- 下拉菜单法：标注→标注样式…；或：格式→标注样式…；
- 键盘输入法：Dimstyle(简捷命令为 D 或 Dst)↓。

(二)操作步骤

(1)在“标注样式管理器”对话框中单击“新建”按钮，打开“新建标注样式”对话框，如图 7-5 所示。

(2)以 ISO-25 为基础标注样式，按照表 7-2 所列出的内容进行设置。

(3)设置完毕后单击[确定]按钮，关闭对话框。

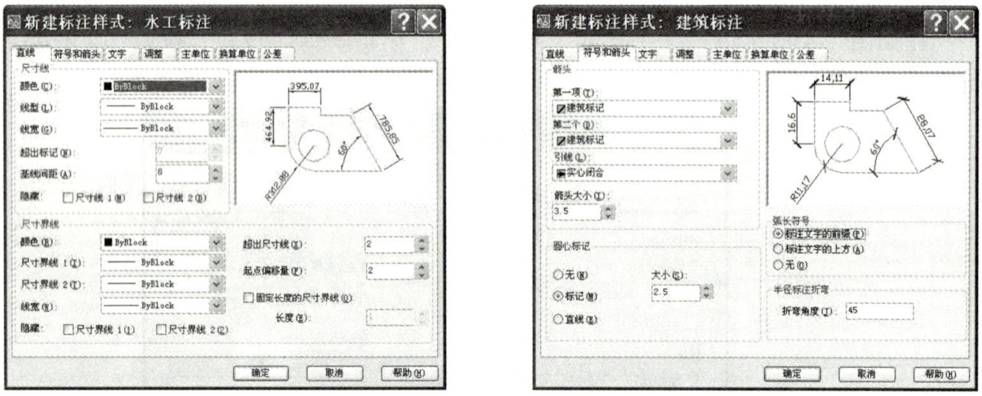

图 7-5　设置标注样式对话框

六、绘制图框线

在使用 AutoCAD 绘图时，若不打开“栅格”，绘图界限就不能直观地显示出来，应绘制出图幅线，同时为了表明绘图范围还应绘制图框线。各种图幅相关尺寸详见表 7-3，表中各参数的含义请参见与本书配套的《计算机辅助设计实验指导》附录 I。

表 7-3　图纸幅面尺寸

<table>
<tr><th>幅面代号</th><th>A0</th><th>A1</th><th>A2</th><th>A3</th><th>A4</th></tr>
<tr><td>B×L</td><td>841×1189</td><td>594×841</td><td>420×594</td><td>297×420</td><td>210×297</td></tr>
<tr><td>e</td><td colspan="2">20</td><td colspan="3">10</td></tr>
<tr><td>c</td><td colspan="3">10</td><td colspan="2">5</td></tr>
<tr><td>a</td><td colspan="5">25</td></tr>
</table>

具体绘制方法此处不再做详细介绍。

七、绘制标题栏

标题栏位于图框的右下角，绘制标题栏时可以采用 “绘图”与“修改”的相关命令实现，也可以采用 AutoCAD 2007 中的绘制表格命令来实现。

本书采用《工程制图》教材中常见的标题栏格式。如图 7-6 所示，其中数值尺寸单位为 mm；标题栏内的字体采用仿宋体，图名用 7 号字，校名用 7 号字，其余用 5 号字；数字用 3.5 号字书写。利用表格命令绘制标题栏的具体步骤请参阅与本书配套的《计算机辅助设计上机实验指导》实验六。

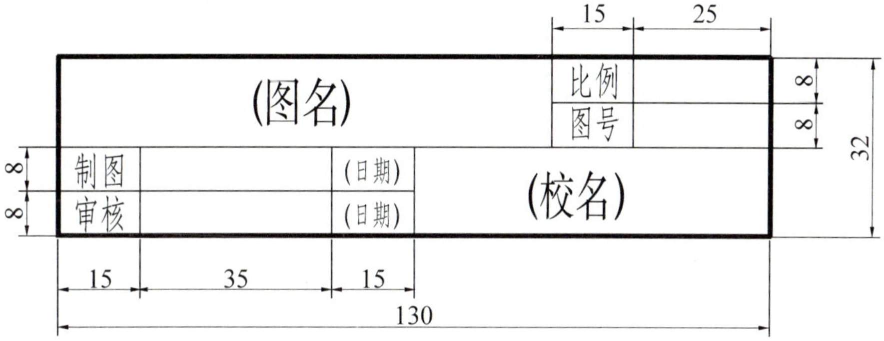

图 7-6　标题栏格式

绘制并填写完成标题栏全部内容，得到如图 7-1 所示样板图。

八、保存样板图

通过前面的操作，样板图及其环境已经设置完毕，可以将其保存成样板图文件。

(一)操作方法

- 下拉菜单法：文件→另存为…；
- 键盘输入法：saveas↓。

(二)操作步骤

(1)采用上面的方法，打开如图 7-7 所示的“图形另存为”对话框；

(2)在“文件类型”下拉列表框中选择“AutoCAD 图形样板(*.dwt)”选项；

(3)从“保存于”下拉列表框选择文件夹，如 D：\工程设计\样板图；

(4)在“文件名”文字框中输入文件名称 A3；

(5)单击“保存”按钮，将打开“样板说明”对话框；

(6)在“说明”选项区域中输入对样板图形的描述和说明，如图 7-8 所示，单击“确定”即可建立 A3 样板图。

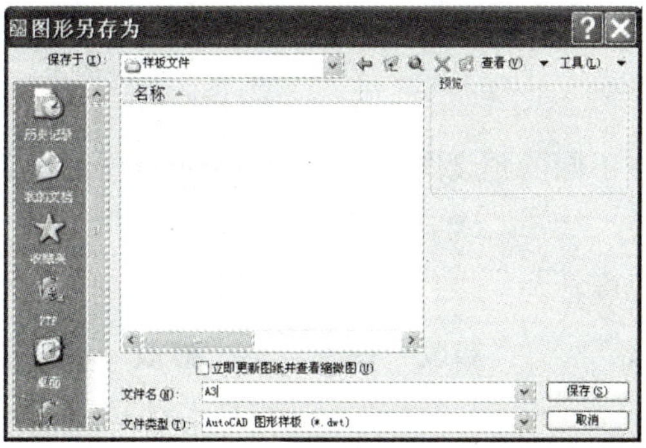

图 7-7　“图形另存为”对话框

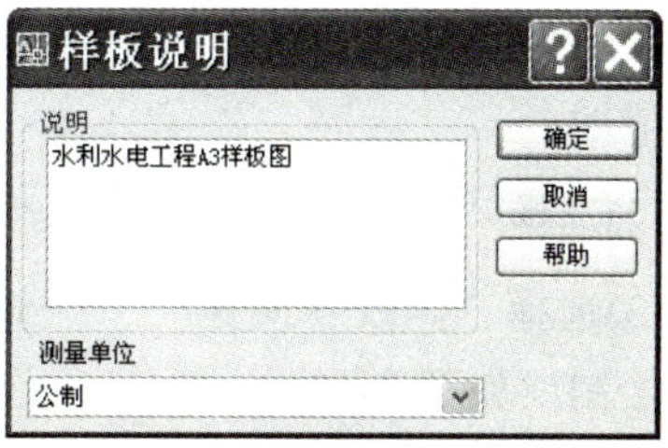

图 7-8　样板说明

此时就创建好了符合工程图标准的 A3 幅面样板图了。

第二节　使用样板图

一、利用 A3 样板图绘制工程图形

(一)操作方法

- 下拉菜单法：文件→新建；
- 键盘输入法：new↓。

(二)操作步骤

(1)选择新建命令，打开“选择样板”对话框；

(2)在文件列表中选择前面创建的样板文件 A3，如 D：\工程设计\样板图\A3.dwt；

(3)单击“打开”按钮，创建一个新的图形文档，此时绘图窗口中将显示图框和标题栏，并包括了样板图中的所有设置。

(三)举例说明

下面以单孔箱涵结构设计图(见图 7-9)为例进行说明，其绘图比例为 1∶20。

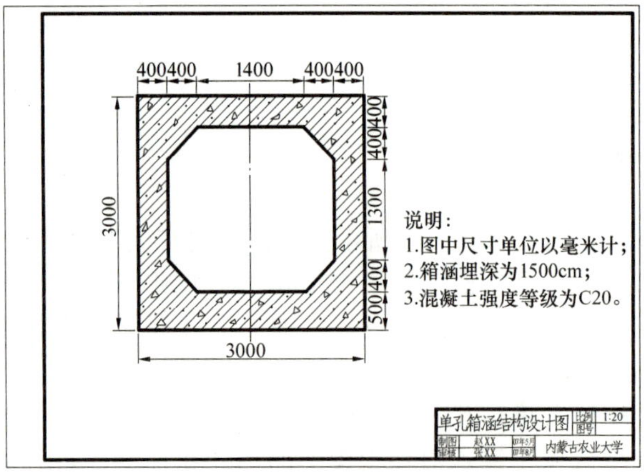

图 7-9　单孔箱涵结构设计图

步骤 1：绘制与编辑图形。

(1)在绘制图形时，不同的对象应绘制在不同的预设图层上，以便于控制图形中各部分的显示；

(2)选择“绘图→直线”命令绘制箱涵轮廓；

(3)选择“修改→偏移”、“修改→修剪”、“修改→倒角”、“修改→镜像”等命令绘制出如图 7-10(a)、(b)所示图形；

(4)选择“修改→缩放”命令将图形缩小 20 倍。

步骤 2：标注图形尺寸。

(1)将“尺寸标注层”置为当前层；

(2)将“水利标注 1∶20”设置为当前尺寸标注样式(该样式中，测量单位比例因子值为 20)。

(3)进行线性尺寸标注，最终效果如图 7-11 所示。

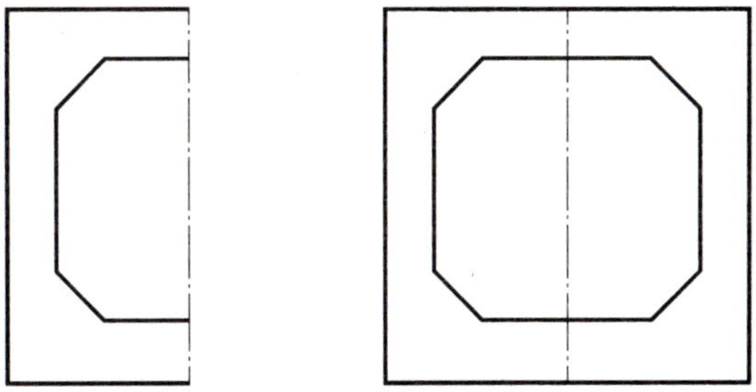

(a)倒角操作　　(b)对称操作

图 7-10　修改操作

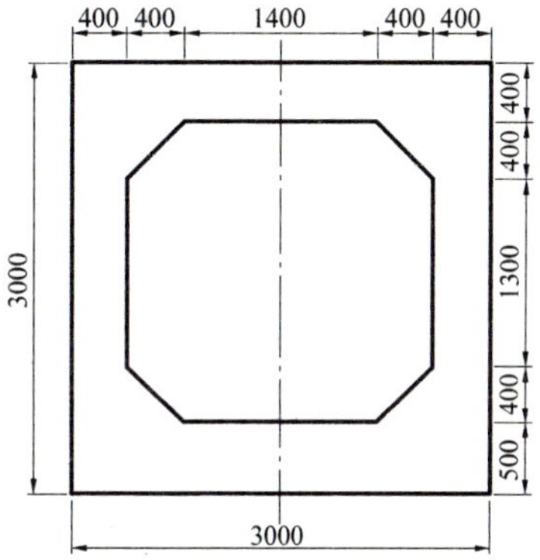

图 7-11　最终标注

步骤 3：图案填充，该箱涵的材料为钢筋混凝土。

(1)将“图案填充层”置为当前层；

(2)选择“绘图→图案填充”命令：从“图案”选项卡中选择“AR-CONC”、比例为 0.1(见图 7-12)以及“ANSI31”、比例为 2，效果如图 7-13 所示。

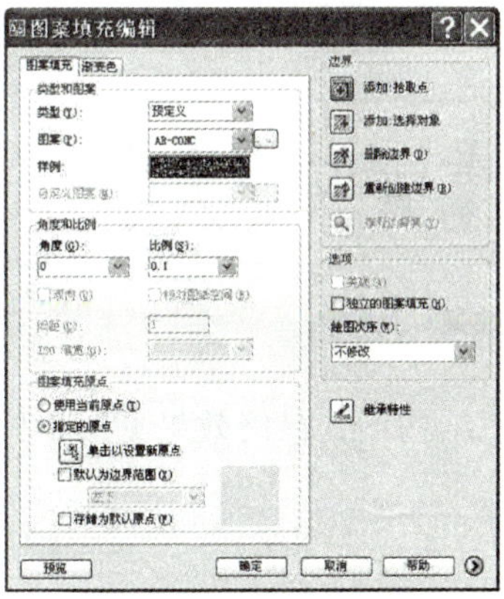

图 7-12　混凝土图案填充

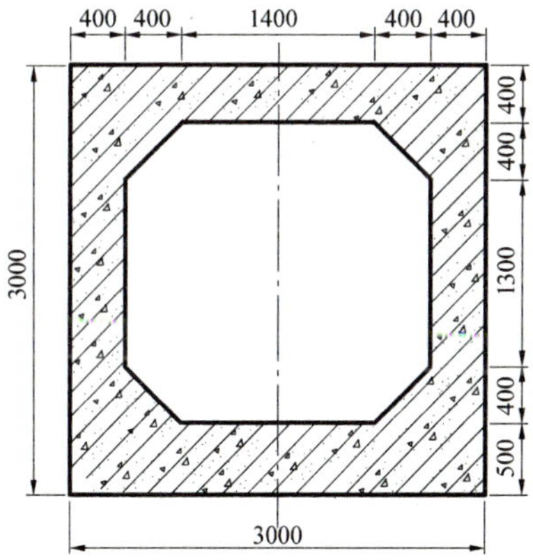

图 7-13　图案效果

步骤 4：添加注释文字。

(1)将“文字注释层”置为当前层；

(2)选择“绘图→文字→多行文字”命令，在“样式”下拉列表框中选择“仿宋体”选项，字高为 7，并在文字输入窗口中输入需要创建的多行文字；

(3)单击“确定”按钮，输入的文字将显示在绘制的矩形窗口中，其效果如图 7-14 所示。

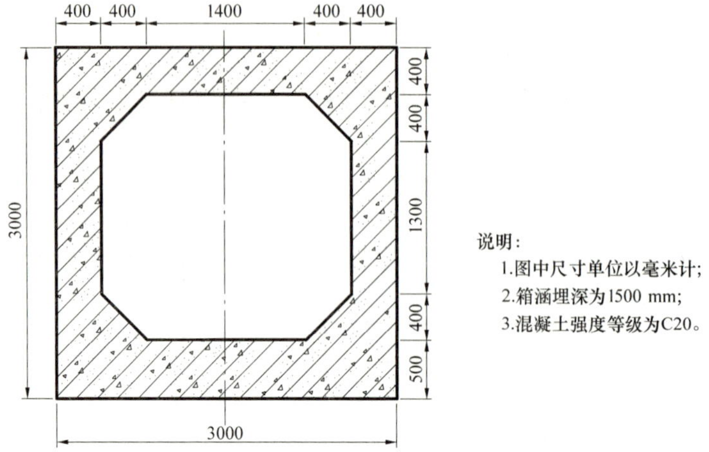

图 7-14　文字效果

步骤 5：创建标题栏内容。

在前面创建的样板图中的标题栏为空标题栏，必须根据实际情况填写标题栏内容。

(1)双击要输入文字的单元，在出现的文字编辑器中采用相应字体和字高输入文字。如在第 1 行第 1 列单元格中，用“仿宋体”样式、字高为 7、对齐方式为“正中”，输入“单孔箱涵结构设计图”文字；

(2)文字内容书写完毕后，单击 确定 按钮即可完成标题栏内容的填写，如图 7-15 所示为标题栏的最终效果。

<table>
<tr><td colspan="3" rowspan="2">单孔箱涵结构设计图</td><td>比例</td><td>1:20</td></tr>
<tr><td>图号</td><td></td></tr>
<tr><td>制图</td><td>赵XX</td><td>07年5月</td><td colspan="2" rowspan="2">内蒙古农业大学</td></tr>
<tr><td>审核</td><td>张XX</td><td>07年8月</td></tr>
</table>

图 7-15　标题栏的最终效果

到此，在 A3 样板图中绘制了一个完整的水利工程结构图，最终效果见图 7-9。

二、利用 A3 样板图创建其他幅面的样板图

由表 7-3 可知，A3 样板图与其他幅面样板图最大的不同就是幅面和图框边距的不同，而图层设置、字体设置、标注设置、线型设置、标题栏设置等基本相同。因此，可以利用已有的 A3 样板图快速建立其他幅面的样板图。

第八章　工程图形的完整绘制

第一节　常用的绘图及修改命令

一、常用的绘图命令

(一)多线

多线是一种由多条平行线组成的线型，可根据需要对组成多线的每一条图线设置。

1. 绘制多线

可通过下述两种方法调用多线命令：

• 下拉菜单法：绘图→多线；

• 键盘输入法：Mline(简捷命令为 Ml)↓。

当激活多线命令后，命令行提示：

命令：_mline

当前设置：对正=上，比例=20.00，样式=STANDARD

指定起点或[对正(J)/比例(S)/样式(ST)]:

各选项的含义：

▪ 对正(J)：设置基准对正位置，包括以下三种：

上(T)：以多线的上方线为基准线绘制多线；

无(Z)：以多线的零线为基准线绘制多线；

下(B)：以多线的下方线为基准线绘制多线。

注意：当按顺时针方向绘制多线时，上方线指处于最外侧的线，下方线指处于最内侧的线；当按逆时针方向绘制多线时，上方线指处于最内侧的线，下方线指处于最外侧的线。

▪ 比例(S)：指将多线宽度放大的比例，多线的总宽度为多线样式设置中定义的宽度与比例的乘积。

▪ 样式(ST)：输入采用的多线样式名，缺省为 STANDARD。

2. 多线样式设置

在绘制多线之前一般需要设置多线的样式，设置多线样式的方法有：

• 下拉菜单法：格式→多线样式；

• 键盘输入法：MLSTYLE↓。

输入多线样式命令后，弹出如图 8-1 所示的“多线样式”对话框，该对话框可以新建、修改、重命名、删除、保存和加载多线样式。

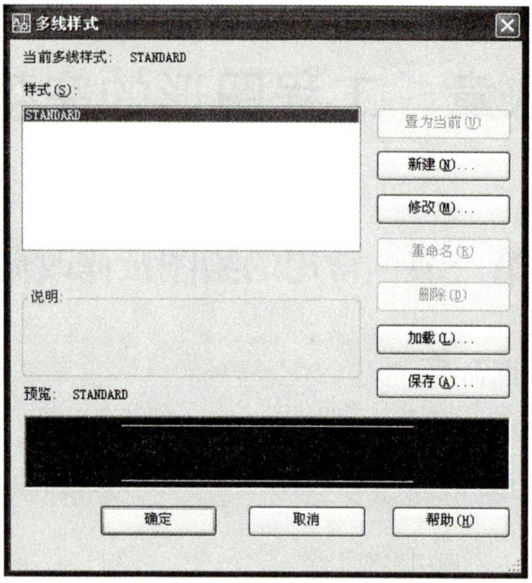

图 8-1 “多线样式”对话框

“多线样式”对话框中各项的含义如下：

- 置为当前：从列表中选择一个样式名使其成为当前样式。
- 新建：创建新的多线样式。
- 修改：修改选定的多线样式，但不能修改默认的 STANDARD 多线样式。
- 重命名：重命名当前选定的多线样式，但不能重命名 STANDARD 多线样式。
- 删除：从“样式”列表中删除当前选定的多线样式。
- 加载：可以从指定的 MLN 文件加载多线样式。
- 保存：将多线样式保存或复制到多线库 (MLN) 文件，默认文件名为 acad.mln。

3. 编辑多线

多线的编辑是采用专门的编辑工具来完成的，在“多线编辑工具”对话框中提供了可以控制多线之间相交时的连接方式，增加或删除多线的顶点，控制多线的打断或结合的编辑工具，调用该对话框的方法如下：

- 下拉菜单法：修改→对象→多线；
- 键盘输入法：MLSTYLE↓。

“多线编辑工具”对话框如图 8-2 所示。该对话框中提供了 12 种编辑工具，可分别用于处理十字交叉的多线(第 1 列)、T 形相交的多线(第 2 列)、处理角点结合和顶点(第 3 列)、处理多线的剪切或接合(第 4 列)。用鼠标左键点选某一工具后会在对话框的左下角出现该编辑工具的名称。下面分别介绍各工具的功能：

- 十字闭合：在两条多线之间创建闭合的十字交叉。
- 十字打开：在两条多线之间创建开放的十字交叉，即打断第一条多线的所有元素以及第二条多线的外部元素。
- 十字合并：在两条多线之间创建合并的十字交叉，操作结果与多线的选择次序无关。

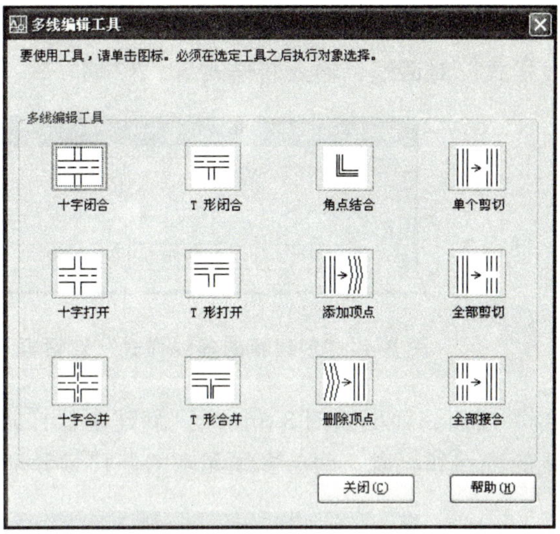

图 8-2 “多线编辑工具”对话框

▪T 形闭合：在两条多线之间创建闭合的 T 形交叉，即修剪第一条多线或将它延伸到与第二条多线的交点处。

▪T 形打开：在两条多线之间创建开放的 T 形交叉，即修剪第一条多线或将它延伸到与第二条多线的交点处。

▪T 形合并：在两条多线之间创建合并的 T 形交叉，即修剪第一条多线或将它延伸到与第二条多线的交点处。

▪角点结合：在两条多线之间创建角点结合，即修剪第一条多线或将它延伸到与第二条多线的交点处。

▪添加顶点：选择某条多线后，自动在拾取点添加一个顶点。

▪删除顶点：选择某条多线后，自动在拾取点删除一个顶点。

▪单个剪切：在多线上对应位置拾取第一个点和第二个点后，自动将点中的单个线剪切。

▪全部剪切：在多线上对应位置拾取第一个点和第二个点后，自动将多线全部剪切。

▪全部接合：在多线上对应位置拾取第一个点和第二个点后，自动将多线结合。拾取点间必须包含断开的部分，否则无法结合。

利用多线命令绘制如图 8-3 所示墙体平面图的步骤如下：

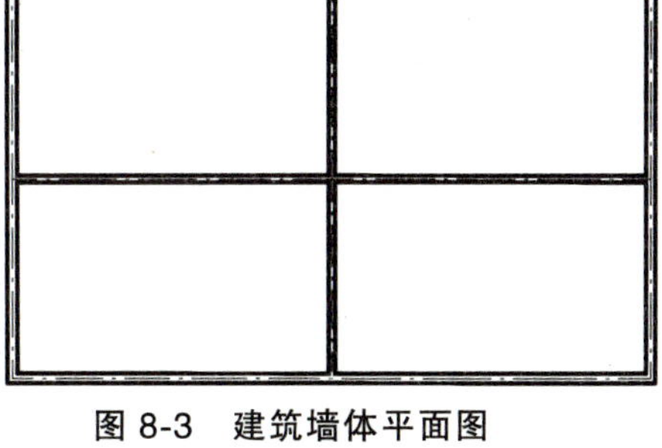

图 8-3　建筑墙体平面图

(1)激活如图 8-1 所示“多线样式”窗口，并选择“新建”选项后显示如图 8-4 所示的“创建新的多线样式”对话框，输入新样式名“37 墙”；

图 8-4 “创建新的多线样式”对话框

(2)单击“继续”按钮，弹出如图 8-5 所示“新建多线样式”对话框。在该对话框中可以设置多线样式的特性和元素，两条多线元素的偏移量分别设置为 120 和–250。

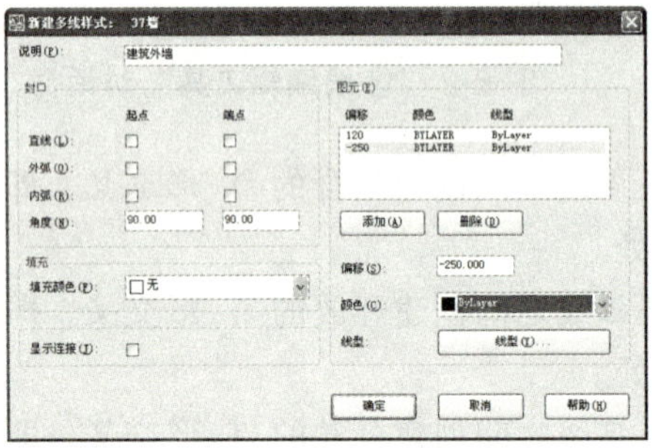

图 8-5 “新建多线样式”对话框

(3)单击“确定”按钮后弹出如图 8-6 所示“多线样式”对话框，在默认样式 STANDARD 基础上增加了一个新样式“37 墙”。

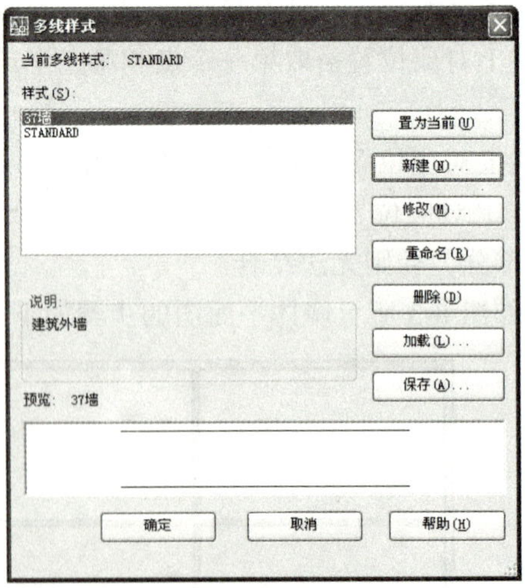

图 8-6 “多线样式”对话框

(4)按照上述步骤建立多线样式“24 墙”，其两条多线元素的偏移量分别设置为 120

和–120。

(5)将中心层置为当前层，绘制如图 8-7 所示墙体轴线。

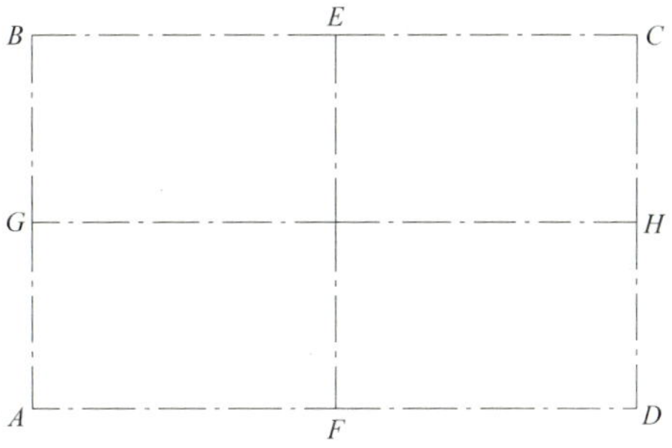

图 8-7　墙体轴线的绘制

(6)将粗实线层置为当前层。

(7)将多线样式“37 墙”置为当前样式，并将对齐方式设置为“无(Z)”，比例设置为 1。选择绘图→多线命令，依次捕捉图 8-7 所示的点 *A*、*B*、*C* 和 *D* 绘制如图 8-8 所示建筑平面的外墙。

(8)将多线样式“24 墙”置为当前样式，并将对齐方式设置为“无(Z)”，比例设置为 1。选择绘图→多线命令，分别捕捉点 *E* 和点 *F* 以及点 *G* 和点 *H* 绘制如图 8-8 所示建筑平面的内墙。

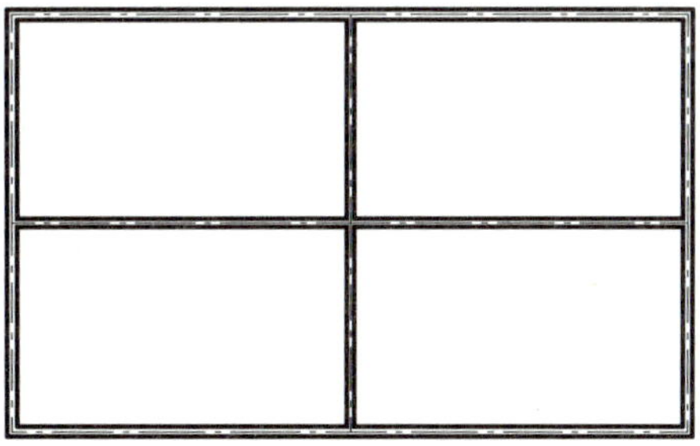

图 8-8　外墙和内墙线的绘制

(9)利用如图 8-2 所示的多线编辑工具对内墙与外墙的交点进行“T 形合并”，内墙线的交点进行“十字合并”，最终得如图 8-3 所示建筑墙体平面图。

(二)样条曲线

样条曲线为形状不规则的曲线，可以通过指定点来创建样条曲线，也可以封闭样条曲线使起点和端点重合。

1. 绘制样条曲线

可通过以下几种方式调用绘制样条曲线的命令：

• 单击按钮法：(样条曲线——在“绘图”工具栏中)；

• 下拉菜单法：绘图→样条曲线；

• 键盘输入法：Spline(简捷命令为 SPL)↓。

激活样条曲线命令后，命令行提示如下：

指定第一个点或[对象(O)]：用指定的点创建样条曲线或将多段线编辑命令中使用样条曲线选项拟合的多段线转换为样条曲线。

指定下一点或[闭合(C)/拟合公差(F)]<起点切向>：

各选项的含义如下：

- 闭合(C)：将最后一点定义为与第一点一致，并使它在连接处相切，这样可以闭合样条曲线。
- 拟合公差(F)：该选项用于设定样条曲线拟合公差的数值。该数值的含义是指实际样条曲线与输入的控制点之间允许的最大偏移距离，公差越小样条曲线与拟合点越接近。
- 起点切向：当绘制完样条曲线按 Enter 后，命令行提示指定起点的切线方向，当指定了起点切向后，命令行提示指定终点的切线方向。

如果在指定起点和终点切向的提示下按 Enter 键，则 AutoCAD 将计算默认切向；否则，需要输入一个点或者使用“切点”和“垂足”对象捕捉模式使样条曲线与已有的对象相切或垂直。绘制如图 8-9 所示的类似正弦曲线形状的样条曲线的过程如下：

命令： _spline
指定第一个点或 [对象(O)]： //在绘图区域内任选一点作为点 *A*；
指定下一点： @20,60 //输入点 *B* 相对于点 *A* 的坐标；
指定下一点或[闭合(C)/拟合公差(F)] <起点切向>：@20,–60
//输入点 *C* 相对于点 *B* 的坐标；
指定下一点或[闭合(C)/拟合公差(F)] <起点切向>：@20,60
//输入点 *D* 相对于点 *C* 的坐标；
指定下一点或[闭合(C)/拟合公差(F)] <起点切向>：@20,–60
//输入点 *E* 相对于点 *D* 的坐标；
指定下一点或[闭合(C)/拟合公差(F)] <起点切向>：@20,60
//输入点 *F* 相对于点 *E* 的坐标；
指定下一点或[闭合(C)/拟合公差(F)] <起点切向>：@20,–60
//输入 *G* 点相对于点 *F* 的坐标；
指定下一点或[闭合(C)/拟合公差(F)] <起点切向>：↓
//指定点结束；
指定起点切向：↓ //选择默认切向；
指定端点切向：↓ //选择默认切向。

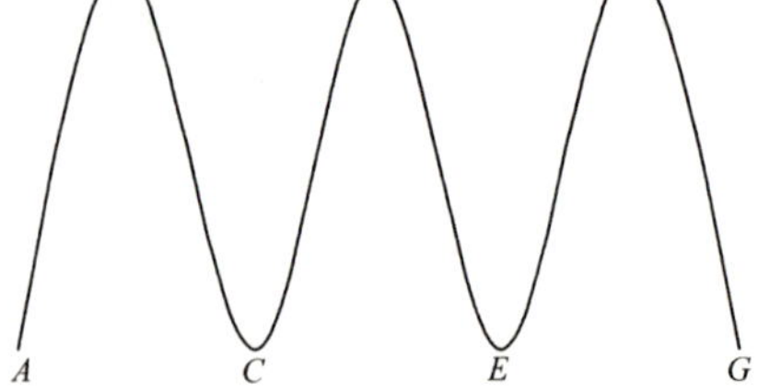

图 8-9 样条曲线

在利用样条曲线绘图时，每一个点都需要输入坐标值，一旦输入错误需重新输入，极不方便。因此，建议先把样条曲线上的所有关键点在文本编辑器里面编辑好，在激活样条曲线命令后，当命令行提示指定第一点时将编辑器里的各坐标值整体拷贝即可。

2. 编辑样条曲线

样条曲线的形状和特征可以通过其相应的编辑命令进行修改，一般采用以下两种方式可以调用样条曲线的编辑命令。

- 下拉菜单法：修改→对象→样条曲线；
- 键盘输入法：Splinedit(简捷命令为 Spe)↓。

命令行提示为：

输入选项 [拟合数据(F)/闭合(C)/移动顶点(M)/精度(R)/反转(E)/放弃(U)]：

各选项的含义：

- 拟合数据(F)：该选项用于编辑样条曲线所通过的控制点。
- 闭合(C)：将开放样条曲线始末点连接成为连续闭合的曲线。
- 移动顶点(M)：该选项可以移动样条曲线所通过的控制点。
- 精度(R)：通过添加、权值控制点及提高样条曲线阶数来修改样条曲线定义。
- 反转(E)：该选项可以使样条曲线的方向相反。
- 放弃(U)：该选项用于取消在编辑样条曲线时的上一步操作。

利用以上移动顶点的命令可以将图 8-10 (a) 中由样条曲线命令绘制的浆砌石符号的控制点 *A* 移动到新位置以改变图形形状。

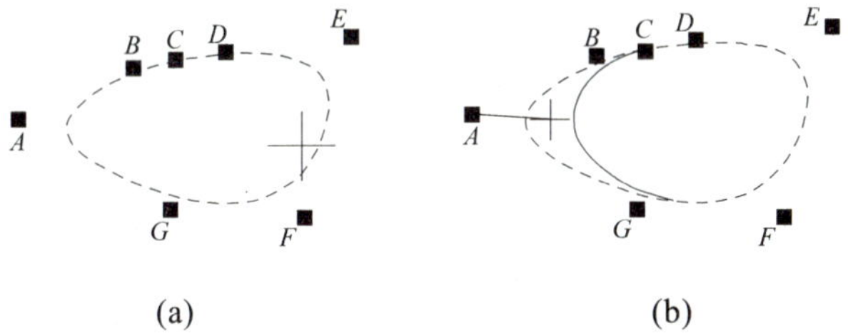

图 8-10　利用移动顶点命令编辑样条曲线

(二)图案填充

在大量的建筑及水利工程图中，需要在剖视图、断面图上绘制填充图案，利用 AutoCAD 可非常方便地进行图案填充。

1. 创建图案填充

创建图案填充的步骤是：首先定义好填充边界，然后设置填充图案、样式、比例等参数。最后通过预览查看填充效果并进行调整，直到获得满意的图案填充。创建图案填充的方式如下：

- 单击按钮法：(图案填充——在“绘图”工具栏中)；
- 下拉菜单法：绘图→图案填充；
- 键盘输入法：BHatch(简捷命令为 H)↓。

调用图案填充的命令后，屏幕上弹出“图案填充和渐变色”对话框，如图 8-11 所示，下面对图案填充选项卡中的主要功能进行描述。

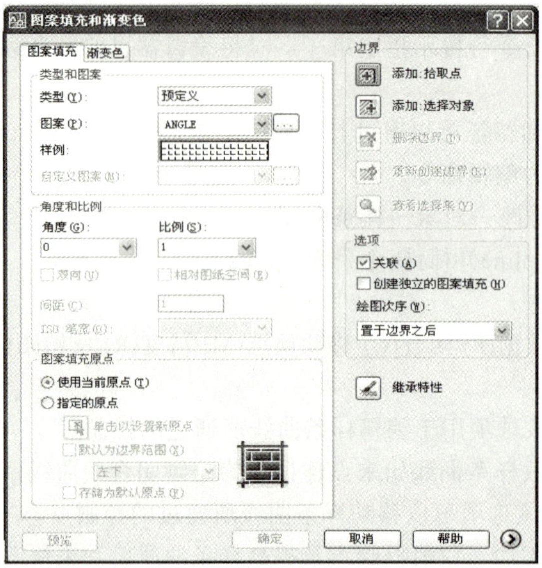

图 8-11　图案填充和渐变色对话框

▪ 类型：图案填充类型，包括“预定义”、“用户定义”和“自定义”三种。预定义图案是指已经在 ACAD.PAT 文件中定义好的图案；用户定义图案是指使用当前线型定义的图案，只有两种形式：平行直线和两组互相平行的直线；自定义图案是指定义在除 ACAD.PAT 文件外的其他文件中的图案。大多数情况下使用预定义图案即可，其包括了常用的几十种图案。

▪ 图案：该下拉列表框显示了当前图案名称。单击下拉箭头，弹出图案名称列表，可以选择一种填充图案，如果单击图案右侧的按钮[...]，则弹出如图 8-12 所示的“填充图案选项板”对话框。

▪ 样例：显示当前的图案样式。单击显示的图案样式，同样会弹出“填充图案选项板”对话框。

▪ 角度：图案自身的旋转角度。比如 ANSI31 图案是 45°方向斜线，有时需要 60°或 30°的，可以输入角度对该图案进行旋转。

▪ 比例：控制图案填充的稀密，比例大于 1 相当于放大图案，图案变得稀疏；比例小于 1 相当于缩小图案，图案变得稠密。

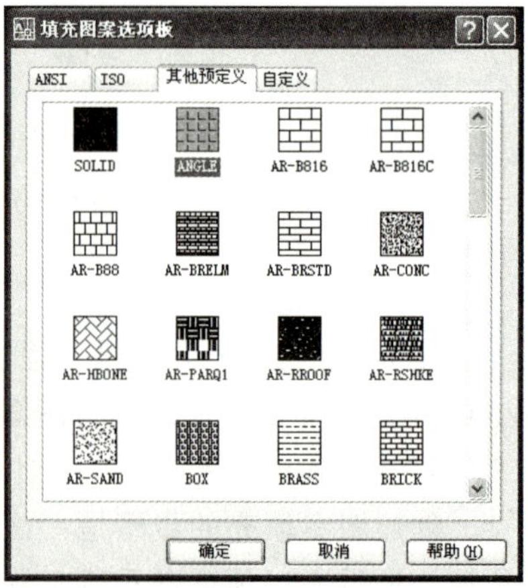

图 8-12　“填充图案选项板”对话框

▪ 边界：填充图案时，应为填充设定边界区域，这个区域要求是封闭的。在定义边界时方法很多，常通过“添加：拾取点”和“添加：选择对象”方法创建边界。

▪ 拾取点：通过单击某一点，系统自动搜索围绕该点的一个最小的封闭区域。

▪ 选择对象：通过选择对象的方式来产生一封闭的填充边界。

▪ 关联：控制填充图案与边界的关联性，即用户在修改填充边界时是否影响已经填充的图案。

▪ 创建独立的图案填充：选择该选项后，再将同一个填充图案同时应用于图形的多个区域时，每个填充区域都是一个独立的对象。可单独修改某一个区域中的图案填充，而不会改变其他区域的图案填充。

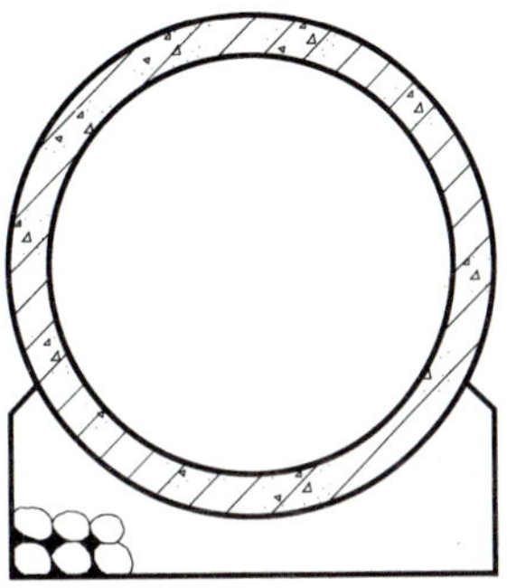

图 8-13　圆管涵洞断面填充

▪ 继承特性：将已经填充好的图案填充对象的特性应用于现在正在进行的图案填充。

利用图案填充命令绘制如图 8-13 所示的圆管涵洞断面材料符号的步骤如下。

1)圆管断面混凝土符号的填充

(1)调用图案填充命令，出现如图 8-11 所示对话框，填充图案的类型设置为“预定义”，图案名称为 AR-CONC，边界如果选择“添加：拾取点”，则在圆管内径与外径之间拾取一点；如果选择“添加：拾取对象”，则相继单击两圆。

(2)单击“预览”按钮，观察图案填充的稀密是否合适，如合适则按 Enter 键接受填充；否则按 Esc 键回到对话框重新设置填充比例，直到满意为止。

(3)重复以上步骤填充图案 ANSI31，注意两个填充图案的比例不一定相等。

2)圆管下垫层浆砌石符号的绘制与填充

(1)利用样条曲线绘制闭合的浆砌石符号，可以采用拷贝方式生成多个砌石。

(2)在命令行输入“Solid”并回车后填充砌石间的空隙，形成浆砌石填充。

2. 编辑图案填充

图案填充后，有时需要修改图案填充区域的边界、填充图案等。一般用户可采用以下方式调用“编辑图案填充”命令对图案填充进行方便、快捷的编辑和修改。

- 下拉菜单法：修改→对象→图案填充；
- 键盘输入法：Hatchedit↓。

执行命令后，命令行出现提示“选择图案填充对象”，选择需进行编辑的填充对象，弹出“图案填充编辑”对话框，该对话框同“图案填充和渐变色”对话框。也可直接选择填充图案，然后单击鼠标右键，选择“编辑图案填充”项，还可以通过“特性”工具对图案填充进行修改。

二、几个常用的修改命令

(一)阵列

在绘图过程中，有一些大小、形状完全相同，并且按照某一规律排列的图形，对此 AutoCAD 提供了阵列命令。可采用以下几种方式调用：

- 单击按钮法：(阵列——在“修改”工具栏中)；
- 下拉菜单法：修改→阵列；
- 键盘输入法：Array(简捷命令为 Ar)↓。

执行阵列命令后，弹出“阵列”对话框，如图 8-14 所示。

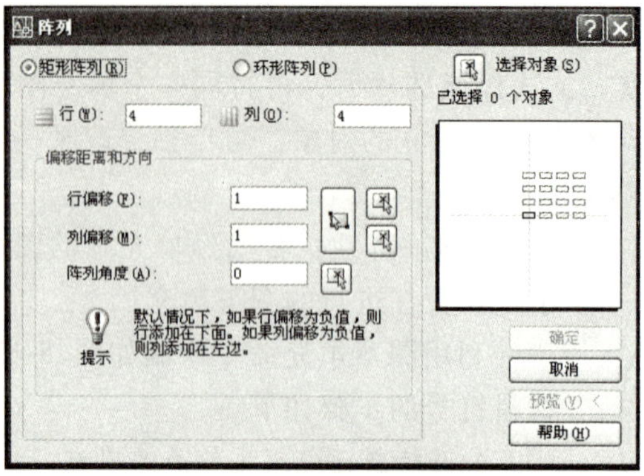

图 8-14　阵列对话框

1. 矩形阵列

矩形阵列是指由选定对象按指定行数和列数的方式阵列创建新对象，图 8-14 对话框中各选项的含义如下：

▪ 行：指定阵列的行数，包括被阵列对象所在行。

▪ 列：指定阵列的列数，包括被阵列对象所在列。

▪ 行偏移：指定行间距，也就是相邻两对象对应点间上下方向的距离。要向下添加行，需指定负值。也可以选取“拾取行偏移”按钮，通过在屏幕上指定两个点的方式确定行间距。

▪ 列偏移：指定列间距，也就是相邻两对象对应点间左右方向的距离。要向左添加列，需指定负值。也可以选取“拾取列偏移”按钮，通过在屏幕上指定两个点的方式确定列间距。

选取“拾取两个偏移”按钮，可以通过在屏幕上指定一个矩形的两个对角点的方式，同时确定行间距和列间距。

▪ 阵列角度：指定阵列的旋转角度，通常采用默认值“0”。

例如，将图 8-15(a)中的窗子进行矩形阵列得到图 8-15(b)的矩形阵列对话框设置如图 8-16 所示。

其中设置矩形阵列为 2 行 6 列；单击“选择对象”按钮，回到图形窗口选择窗子作为阵列对象；输入行偏移值或选择“行偏移”按钮后在图形窗口中指定点 *A* 和点 *B*，以两点间的垂直距离为行偏移值；输入列偏移值或选择“列偏移”按钮后在图形窗口中指定点 *B* 和点 *C*，以两点间的水平距离为列偏移值；也可以选择“拾取两个偏移”按钮回到图形窗口后分别拾取点 *A* 和点 *C*，即同时指定了行偏移量和列偏移量。

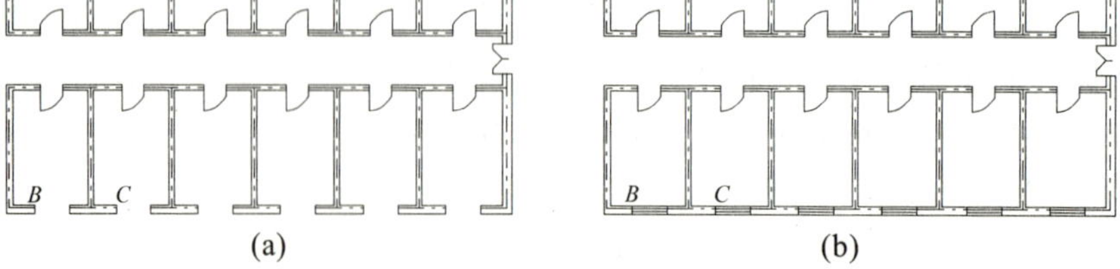

(a)　　(b)

图 8-15　窗子的矩形阵列

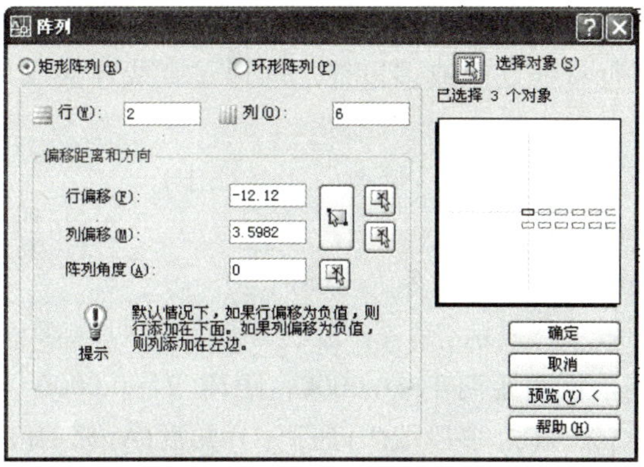

图 8-16　矩形阵列对话框

2. 环形阵列

环形阵列是指以围绕圆心复制选定对象的方式来创建阵列，环形阵列对话框如图 8-17 所示。

对话框中各选项的含义如下：

▪ 圆心：指定环形阵列的中心点，可以输入 *X* 轴和 *Y* 轴的坐标值，或选择“拾取中心点”按钮在屏幕上指定中心点位置。

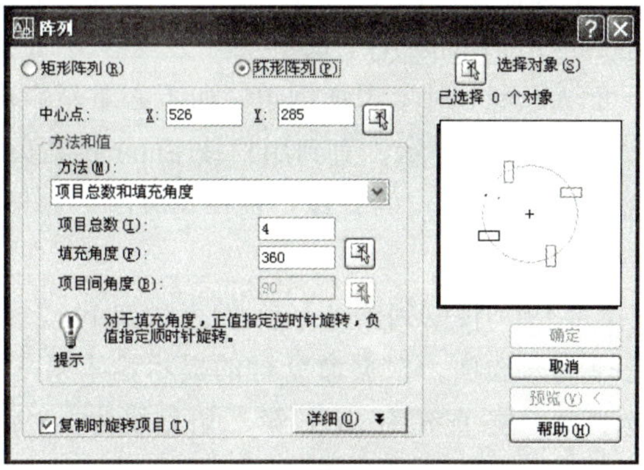

图 8-17　环形阵列对话框

▪ 方法和值：指定环形阵列中定位对象的方法和阵列对象的数目。

▪ 选择对象：指定用于阵列的对象。

利用环形阵列命令在图 8-18(a)的基础上绘制图 8-18(b)所示水龙头手柄的对话框设置，如图 8-17 所示。其中“中心点”应该选择三个同心圆的圆心。

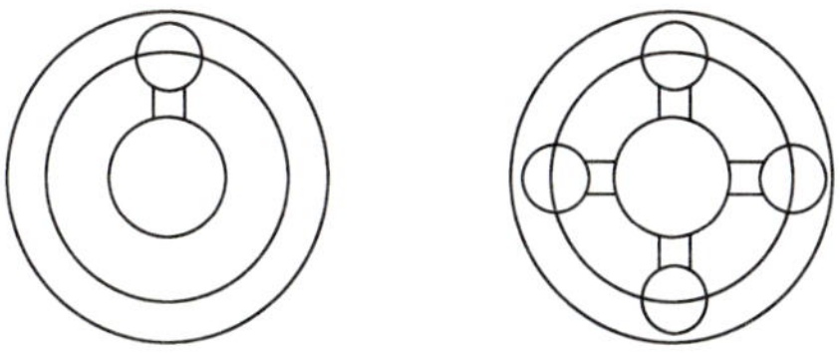

(a)　　　　(b)

图 8-18　水龙头手柄

(二)倒角

倒角是在两条非平行直线之间或多段线之间通过直线连接成角的命令。调用该命令的方式如下：

- 单击按钮法：(倒角——在“修改”工具栏中)；
- 下拉菜单法：修改→倒角；
- 键盘输入法：Chamfer (简捷命令为 Cha)↓。

执行倒角命令后，命令行提示：

(“修剪”模式) 当前倒角距离 1 = 0.0000，距离 2 = 0.0000

选择第一条直线或 [放弃(U)/多段线(P)/距离(D)/角度(A)/修剪(T)/方式(E)/多个(M)]:

选择第二条直线，或按住 Shift 键选择要应用角点的直线。

该命令主要选项的含义如下：

▪ 多段线(P)：对整个二维多段线倒角，AutoCAD 将对多段线每个顶点处的相交直线段倒角，在整个多段线均需要倒角时使用非常方便。

▪ 距离(D)：采用分别指定第一个倒角距离和第二个倒角距离的方式设置倒角。

▪ 角度(A)：采用指定第一条直线的倒角长度和倒角角度的方式设置倒角。

▪ 修剪(T)：控制是否将选定边修剪到倒角线的端点。

▪ 方式(E)：该选项用于选择使用两个距离还是一个距离一个角度来创建倒角，即是使用“距离(D)”选项还是使用“角度(A)”选项。

▪ 多个(M)：该选项可以为多个对象添加倒角，而不必重新启动命令，命令行将重复显示主提示和“选择第二个对象”提示，直到用户按 Enter 键结束命令。

▪ 或按住 Shift 键选择要应用角点的直线：选择对象时，如果按住 Shift 键，即设定当前倒角距离为 0 进行操作。

利用倒角命令实现图 8-19(a)转变到图 8-19(b)的方法如下：

调用倒角命令并选择距离选项，根据命令行的提示输入第一个倒角距离为 10，第二个倒角距离为 20，选择第一条直线为 *AD*，第二条直线为 *AB* 后得到点 *A* 处的倒角；再重新调用倒角命令，倒角距离的设置不变，依次选择直线 *BC* 和 *AB* 后得到点 *B* 处的倒角。

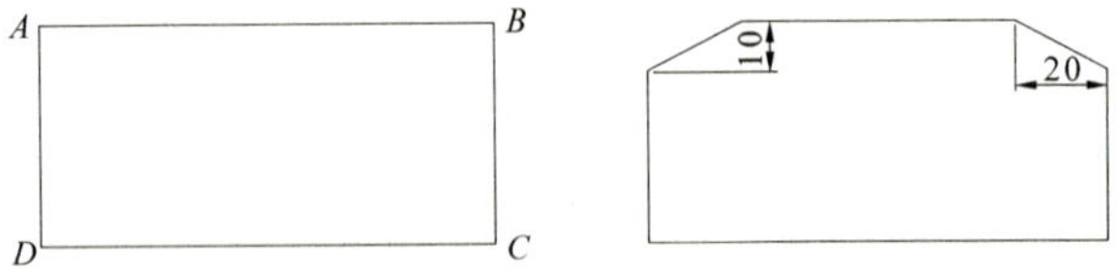

(a) (b)

图 8-19 利用距离倒角

根据距离和角度实现图 8-20(a)转变到图 8-20(b)的方法如下：

调用倒角命令并选择角度选项，根据命令行的提示指定第一条直线的倒角长度为 20，指定第一条直线的倒角角度为 30°，选择第一条直线为 *AB*，第二条直线为 *AD*。

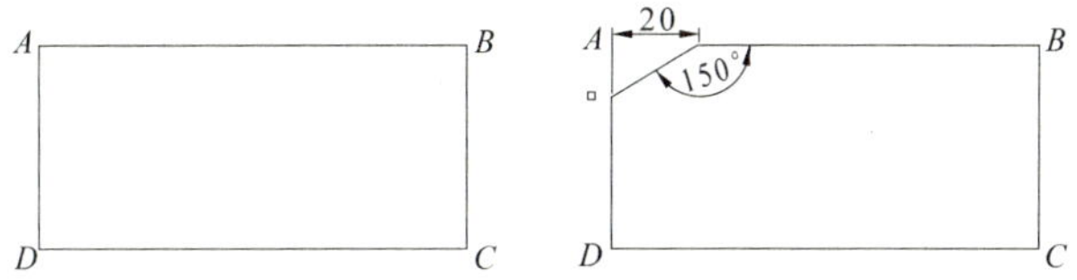

(a) (b)

图 8-20 利用距离和角度倒角

如果同时设定两倒角距离为 0 和修剪模式,还可以方便地利用倒角命令修齐两直线,不论这两条不平行直线是否相交或需要延伸才能相交,如图 8-21 和图 8-22 所示。

(a) (b)

图 8-21 利用倒角命令延伸图形

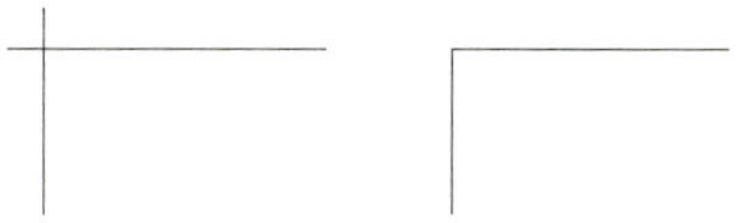

(a) (b)

图 8-22 利用倒角命令修剪图形

(三)旋转

在 AutoCAD 中,可以很容易地实现对当前图形的旋转,旋转对象后默认为删除原图,也可以设定保留原图。调用旋转命令采用以下几种方式:

- 单击按钮法:(旋转——在“修改”工具栏中);
- 下拉菜单法:修改→旋转;
- 键盘输入法:Rotate (简捷命令为 Ro)↓。

执行旋转命令后,命令行提示及含义如下:

- 选择对象: //选择需旋转的图形对象;
- 指定基点: //指定一点作为旋转的基点;
- 指定旋转角度,或[复制(C)/参照(R)]: //指定旋转角度、是否保留原图以及参照角度。

复制(C):选择该项后,可以在不删除被旋转对象的情况下得到旋转后的图形对象。

参照(R):将对象从指定的角度旋转到新的绝对角度。“参照角度”和“新角度”均可以通过输入值或指定两点的方式确定,该选项适用于旋转角度未知的图形。

例如,在图 8-23(a)的基础上利用旋转命令绘制图 8-23(b)所示电灯符号的操作方法如下:调用旋转命令,根据命令行提示选择对象为圆中的两条直线,指定圆心为旋转的基点,并设定旋转角度为 45°,得到如图 8-23(b)所示的图形。

利用旋转命令的参照选项将图 8-24(a)中矩形的 *AB* 边旋转到与 *AC* 直线重合,操作过程如下:

(1)调用旋转命令并根据命令行提示选择矩形为旋转对象。

(2)指定点 *A* 作为旋转基点。

(3)选择参照方式旋转对象。

(4)在指定参照角度的提示下分别捕捉点 *A* 和点 *B*。

(5)在指定新角度的提示下捕捉点 *C*，得到旋转后的图形如图 8-24(b)所示。

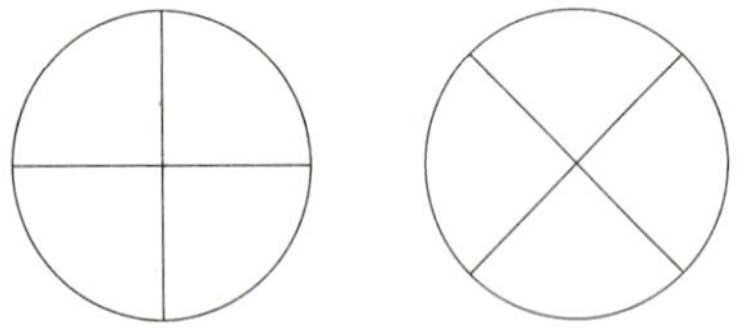

(a)　　(b)

图 8-23　利用旋转命令绘制电灯符号

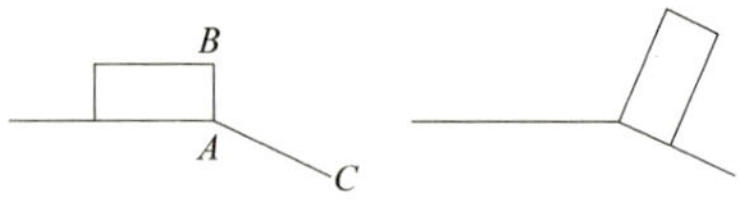

(a)　　(b)

图 8-24　参照旋转

(四)拉伸

拉伸命令可以用来调整对象大小、改变对象形状或改变对象所在位置。执行该命令时，可以使用“交叉窗口”方式或者“交叉多边形”方式选择对象，然后依次指定位移基点和位移矢量，将会移动全部位于选择窗口之内的对象，而拉伸(或压缩)与选择窗口边界相交的对象。

调用拉伸命令采用以下几种方式：

• 单击按钮法：(拉伸——在“修改”工具栏中)；
• 下拉菜单法：修改→拉伸；
• 键盘输入法：Stretch (简捷命令为 S)↓。

执行该命令后，命令行提示及含义如下：

▪ 以交叉窗口或交叉多边形选择要拉伸的对象...
▪ 选择对象：　　//选择需要拉伸的图形对象；
▪ 指定基点或 [位移(D)] <位移>：　　//指定基点或输入位移坐标；
▪ 指定第二个点或<使用第一个点作为位移>：
　　//指定第二点，或按 Enter 键使用以前的坐标作为位移。

利用拉伸命令拉伸如图 8-25 所示水闸底板长度的步骤如下：

(1)调用拉伸命令。

(2)如图 8-25(a)所示以交叉窗口方式选择部分闸底板为拉伸对象。

(3)在“指定基点或<位移>”的命令行提示下捕捉水闸的右下角点 *A*。

(4)在“指定位移的第二点”提示下输入：@2000,0 得到如图 8-25(b)所示拉伸后的底板。

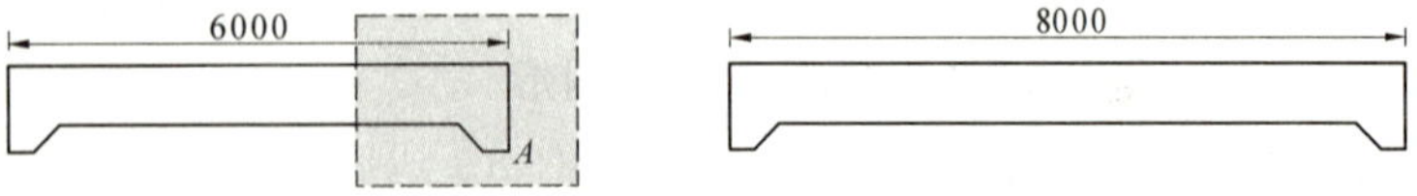

(a)　　(b)

图 8-25　拉伸水闸底板

(五)打断

使用“打断”命令可部分删除对象或把对象断开成两部分。打断的对象可以是直线、圆、圆弧、多段线、椭圆、样条曲线、参照线和射线等。调用打断对象的命令采用以下几种方式：

- 单击按钮法：(打断——在“修改”工具栏中)；
- 下拉菜单法：修改→打断；
- 键盘输入法：Break(简捷命令为 Br)↓。

执行打断命令后，命令行提示及含义如下：

- 选择对象：　//选择需要打断的图形对象；
- 指定第二个打断点或[第一点(F)]：　//选择某个对象后，系统把选择点作为第一断点，并提示选择第二断点；如果需要重新指定第一断点，则可选择“F”选项，系统将分别提示选择第一、第二断点。

利用打断命令将图 8-26(a)中的直线断开成图 8-26(b)的方法如下：调用打断命令，当命令行提示选择对象时，单击直线的任意位置，然后选择“F 选项”，分别捕捉点 A 和点 B 作为第一断点和第二断点，即可得到图 8-26(b)所示被打断后的图形。

(a)　(b)

图 8-26　打断命令的使用

如果希望第二断点和第一断点重合，则可在指定第二断点坐标时输入“ @ ”并回车。此操作可以将对象在选定点处断开成两个对象。

第二节　夹点编辑方法

夹点即图形对象上可以控制对象的位置、大小的关键点。当使用鼠标单击指定对象时，对象的关键点上将出现蓝色小方框，如图 8-27 所示为一些常见图形对象的夹点。在某一夹点上单击，该夹点会变成红色，可以通过操作这些红色夹点，而无需输入任何命令，实现对图形对象的快速拉伸、移动、旋转、缩放和镜像。

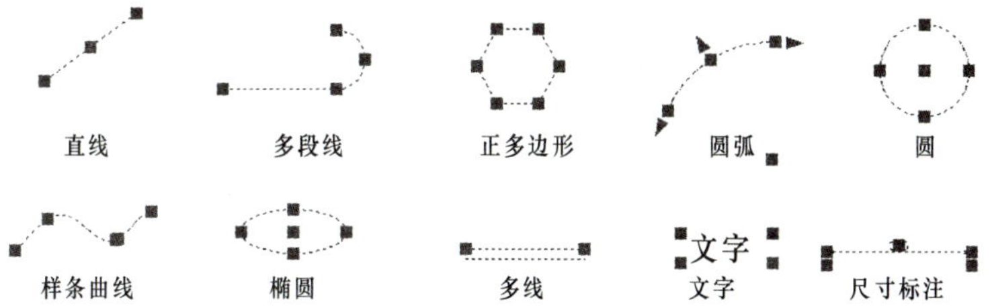

图 8-27　常见对象的夹点位置

一、拉伸对象

选择要拉伸的对象，在图形对象上显示出夹点。单击其中一个夹点作为拉伸的基点，命令行将显示如下提示信息：

指定拉伸点或 [基点(B)/复制(C)/放弃(U)/退出(X)]：

该命令中主要选项的功能如下：

- 指定拉伸点：该选项用于指定拉伸的目标点；
- 基点(B)：该选项用于指定拉伸对象的基点；
- 复制(C)：选择该项可以在拉伸对象的同时保留原图形对象。

使用夹点拉伸如图 8-28(a)所示的等边三角形转变为图 8-28(c)所示的直角三角形的过程如下：

(1)选择图 8-28(a)所示的等边三角形，出现如图 8-28(b)所示的三个夹点；

(2)选择夹点 *A*，红色亮显该夹点，移动鼠标将点 *A* 移动到新位置，得到如图 8-28(c)所示的直角三角形。

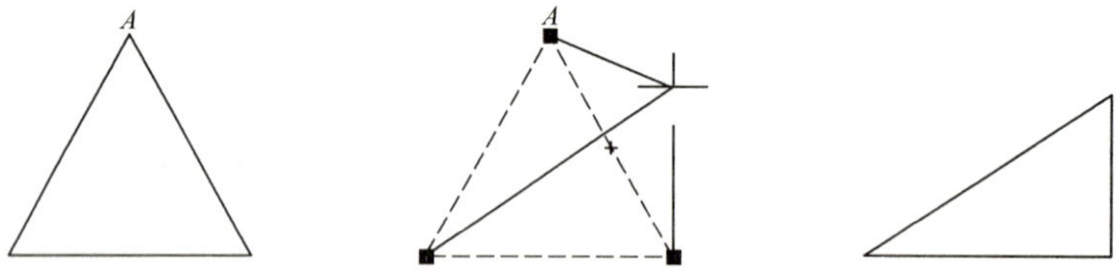

(a)　(b)　(c)

图 8-28　利用夹点拉伸三角形

使用夹点拉伸如图 8-29 所示圆的过程如下：

(1)选择图 8-29(a)所示的圆，出现如图 8-29(b)所示的四个夹点；

(2)选择某一象限点，红色亮显该夹点，移动鼠标到新位置，得到图 8-29(b)所示半径增大的圆。

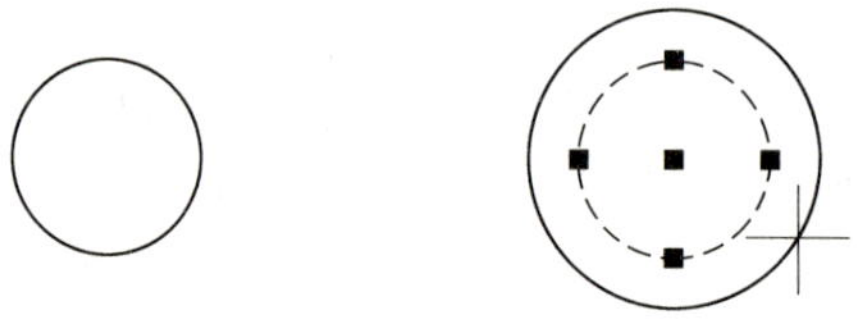

(a)　(b)

图 8-29　利用夹点拉伸圆

在拉伸命令执行过程中，如果选择直线的中点或圆的圆心为夹点，则可以直接移动直线或圆。

二、移动对象

使用夹点可以将对象从当前位置移动到新位置，还可以进行多次复制。具体操作过程中首先选择要移动的对象，在对象中单击其中一个夹点作为移动的基点，在命令行提示下按空格键或 Enter 键，此时命令行将显示如下提示信息：

指定移动点或[基点(B)/复制(C)/放弃(U)/退出(X)]：

该命令中主要选项的功能与拉伸对象相同。

利用夹点命令移动图 8-30(a)中的圆得到图 8-30(b)的方法如下：选择图 8-30(a)中以点 *A* 为圆心的圆，出现圆的 5 个夹点，选择并亮显夹点 *A* 作为基点，捕捉点 *D* 作为第二个点。

利用夹点移动命令的复制选项由图 8-30(a)得到最终系梁平面图的方法如下：选择图 8-30(a)中以点 *A* 为圆心的圆，出现圆的 5 个夹点，选择并亮显夹点 *A* 作为基点，根据命令行提示再选择“复制”选项，并分别指定移动点 *B*、*C*、*D* 得到图 8-30(c)。

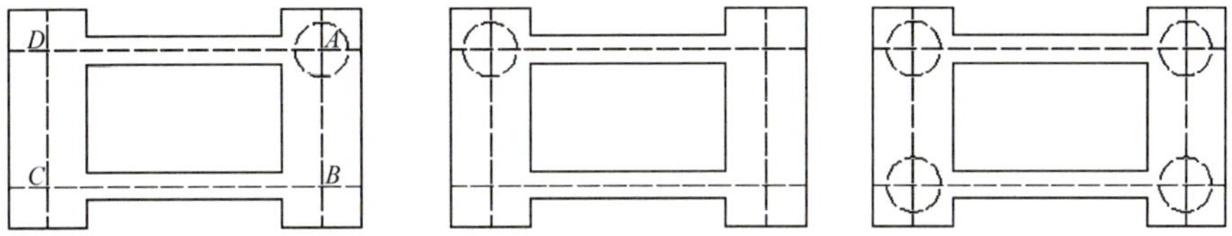

(a)　(b)　(c)

图 8-30　利用夹点绘制系梁平面

三、旋转对象

选择要旋转的对象，在对象中单击其中一个夹点作为旋转的基点，在命令行提示下按空格键或 Enter 键两次，此时命令行将显示如下提示信息：

指定旋转角度或[基点(B)/复制(C)/放弃(U)/参照(R)/退出(X)]:

该命令中参照(R)选项是指可以以参照方式旋转对象，要依次指定参照方向的角度和相对于参照方向的角度，其余选项的功能与拉伸对象相同。

利用夹点旋转图 8-31(a)的直线 *AB* 和直线 *CD* 得到图 8-31(b)的步骤如下：

(1)选择直线 *CD*，选择夹点 *C* 并亮显后按 Enter 键两次，根据命令行的提示输入旋转角度 15°。

(2)选择直线 *AB*，选择夹点 *B* 并亮显后按 Enter 键两次，根据命令行的提示输入旋转角度–15°。

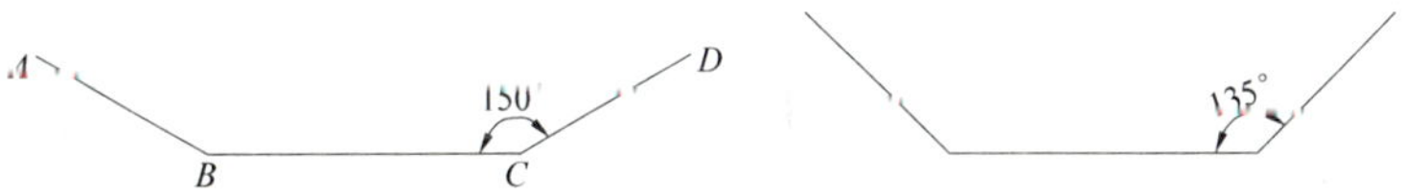

(a)　(b)

图 8-31　利用夹点旋转直线

四、缩放对象

选择要缩放的对象，在对象中单击其中一个夹点作为缩放的基点，在命令行提示下按空格键或 Enter 键三次，此时命令行将显示如下提示信息：

指定比例因子或 [基点(B)/复制(C)/放弃(U)/参照(R)/退出(X)]:

该命令中：“指定比例因子”和“参照(R)”选项与缩放对象命令中选项功能相同，其余选项的功能与拉伸对象相同。

利用夹点缩小图 8-32(a)为图 8-32(b)的方法如下：选择图 8-32(a)中的圆和正六边形，捕捉圆心作为基夹点，在命令行提示下按 Enter 键 3 次后根据命令行提示选择“参照”方式缩放。在指定参照长度的提示下拾取点 *A* 和点 *B*，然后再指定新长度的提示下输入“30”即可。

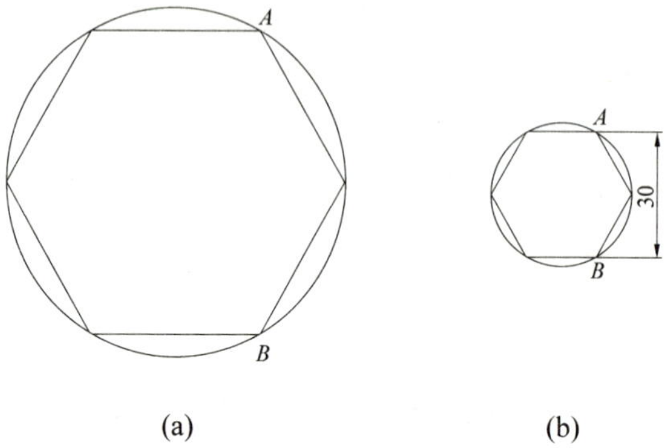

图 8-32　利用夹点缩放对象

五、镜像对象

选择要镜像的对象，在对象中单击其中一个夹点作为镜像的基点，在命令行提示下按空格键或 Enter 键 4 次，此时命令行将显示如下提示信息：

指定第二点或 [基点(B)/复制(C)/放弃(U)/退出(X)]：

被选中的夹点与指定的第二点构成了对象的镜像线，该命令中其余选项的功能与拉伸对象相同。

利用夹点命令的镜像功能将图 8-33(a)镜像得到图 8-33(b)所示渡槽槽身断面的方法如下：利用窗口方式选择图 8-33(a)中的所有图形对象，出现图形的夹点后选择点 *A* 并亮显后按 Enter 键 4 次，根据命令行提示选择“复制”并指定镜像线的第二点 *B* 后得到图 8-33(b)。

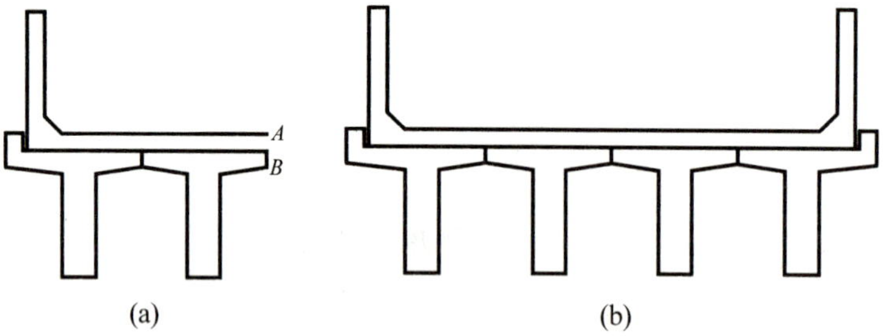

图 8-33　利用夹点镜像绘制渡槽槽身断面

第三节　完整绘制建筑工程图

一张完整的工程图样，除包括图形外，还应包括尺寸标注、文字说明等内容。在第四章中我们已经学习了如何绘制建筑工程图，完成了初步绘制；本章将完成除图形外的其他内容，实现完整绘制建筑工程图。

一、利用多线命令重新绘制建筑平面图

在第四章中，我们利用矩形命令及偏移命令绘制了卫生间局部平面图；但对于如图 8-34 所示的平面图，采用这种方法就显得不很方便，我们可以利用多线绘制命令，具体绘制步骤见图 8-35。

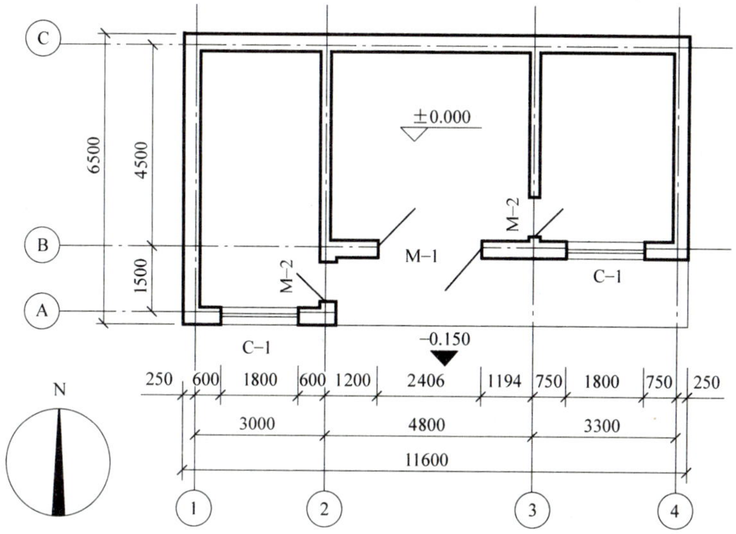

图 8-34　平面图

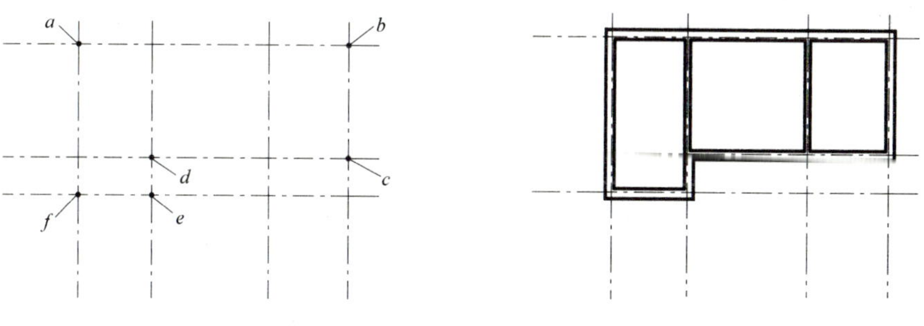

(a)绘制定位轴线网架　　(b)利用多线命令绘制墙线并编辑接头

图 8-35　平面图的绘制步骤

步骤 1:将中心线层设为当前层,利用直线命令和偏移命令绘制出各轴线,如图 8-35(a)所示；

步骤 2：将粗实线层设为当前层，首先利用所设“37 墙”，采取“无”(即“Z”)对齐方式，将比例设为 1，分别按顺时针方向，依次捕捉点 *a* 至点 *f* 绘制出闭合的外墙线；再利用所设“24 墙”绘制出各道内墙线；然后利用多线编辑命令(Mledit)，采用“T

形合并”工具，对接头处进行编辑，如图 8-35(b)所示；

步骤 3：利用分解(Explodc)命令，将各条多线分解，再参照图 4-14 的绘制步骤，完成全部图形绘制；

步骤 4：利用缩放(Scale)命令，将图形按 1/100(即 0.01)的比例因子进行缩放；最后为图形加注文字、标注尺寸、插入所需图块，完成平面图的绘制，得到如图 8-34 所示的图形。

对于如图 8-34 所示的平面图，在学习本书第九章后，可利用多段线绘制命令(Pline)，分别按顺时针方向，依次捕捉点 a 至点 f，绘制出闭合多段线。该闭合多段线为一整体，利用偏移命令偏移该多段线，生成墙体轮廓线，经适当的编辑、修改即可完成平面图绘制。

二、绘制建筑立面图

建筑立面图主要表现建筑物在各立面方向的外貌和外装修等，有较多的门、窗、阳台等构配件，而多数的窗户、阳台是按一定规律布置的，类似这样的图形，均可通过阵列(Array)命令方便地绘出。如图 8-36 所示，为某宿舍楼的立面图，其中门宽度为 1800，高度为 2700；窗台板、雨篷板厚均为 120。可参照图 8-37 所示步骤进行绘制。

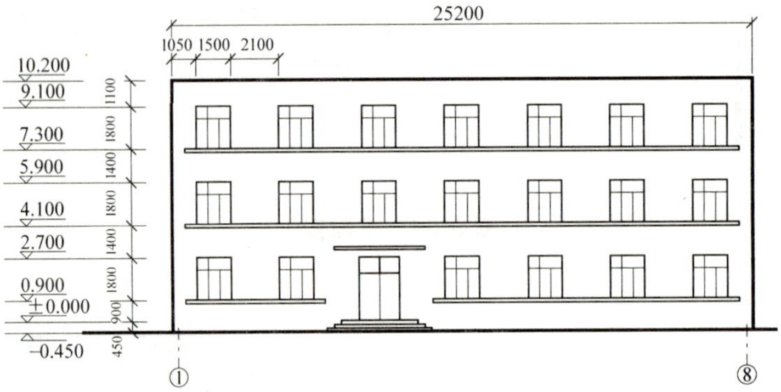

图 8-36　立面图

步骤 1：将粗实线层设为当前层，绘制 10650×25200 的矩形，即为建筑物外轮廓线；再将中实线层设为当前层，按尺寸绘制左上角处的窗洞及整体窗台；然后在细实线层上绘制出窗户细节，如图 8-37(a)所示。

步骤 2：分别利用 Block 命令，将图 8-37(a)中的窗户和窗台创建为图块。

步骤 3：利用阵列命令按 3 行 7 列(行偏移值为–3200，列偏移值为 3600)生成全部窗户，再按 3 行 1 列(行偏移值为–3200，列偏移值任意)生成全部窗台，如图 8-37(b)所示。

步骤 4：将一层西侧第三个窗户删除，修整一层窗台，绘制台阶、门及雨篷；再绘制一条特粗线(1.4b)作为地平线，完成全部图形绘制。

步骤 5：利用缩放(Scale)命令，将图形按 1/100(即 0.01)的比例因子进行缩放；最后为图形标注尺寸、插入所需图块，完成立面图的绘制，得到如图 8-36 所示的图形。

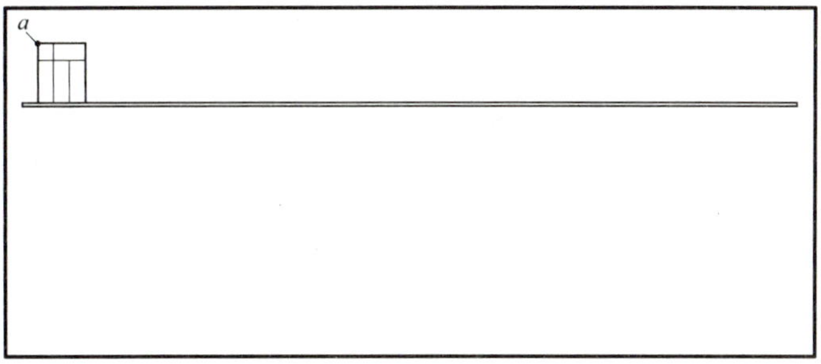

(a)绘制外轮廓线及重点图形

(b)利用阵列命令生成全部窗户及窗台

图 8-37 立面图绘制步骤

三、绘制建筑剖面图

建筑剖面图主要表现建筑物内部垂直方向的高度、楼层分层、各部位间的联系等，如楼梯的形式及简要的结构等。如图 8-38 所示，为某楼梯剖面图的一部分，其中梯板厚度为 100，可参照图 8-39 所示步骤进行绘制。

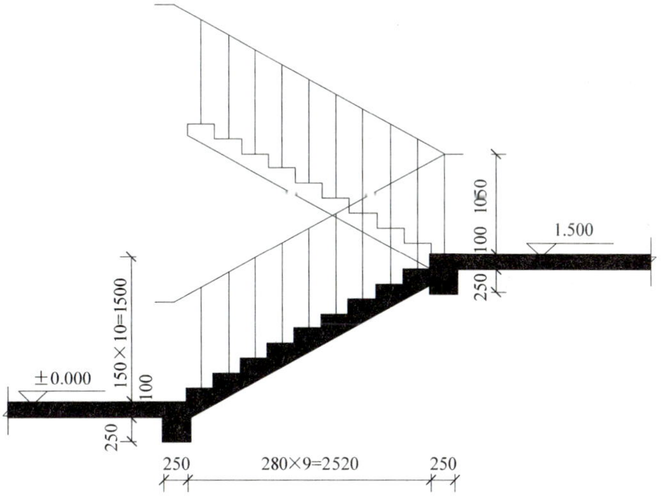

图 8-38 部分楼梯剖面图

步骤 1：将细实线层设为当前层，绘制楼梯的“基本图形”，如图 8-39(a)所示；

步骤 2：利用复制命令将“基本图形”以点 *a* 为基点，复制到点 *b*，共复制出 10 级；过 *a*、*c* 两点绘制一条直线，并将该直线以点 *c* 为基点复制一条至点 *d*，再分别过点 *d* 和点 *e*

绘制一段短线作为扶手转弯，如图 8-39(b)所示(注意：应将该图形水平镜像出一份待用)；

步骤 3：分别过点 *a* 和点 *c* 绘制一段水平直线，并向下偏移 100，生成楼板；再将直线 *ac* 向下偏移 100，生成梯板，如图 8-39(c)所示；

步骤 4：修整图 8-39(c)所示图形，并绘制梯口梁轮廓及楼板两侧折断线；然后将组成楼梯轮廓的各线转换至粗实线层，再对其进行填充，即可完成第一梯段的绘制，如图 8-39(d)所示；

步骤 5：将步骤 2 中镜像出的图形，删除最上一级台阶及栏杆轮廓线，得到第二梯段的基本形状，如图 8-39(e)所示；

步骤 6：参照步骤 3 生成梯板，修整完成第二梯段的绘制，如图 8-39(f)所示；

步骤 7：将图 8-39(f)所示的第二梯段以点 *f* 为基点，复制到图 8-39(d)所示第一梯段的点 *d* 处；

步骤 8：利用缩放(Scale)命令，将图形按 1/50(即 0.02)的比例因子进行缩放；最后为图形标注尺寸、插入所需图块，完成剖面图的绘制，得到如图 8-38 所示的图形。

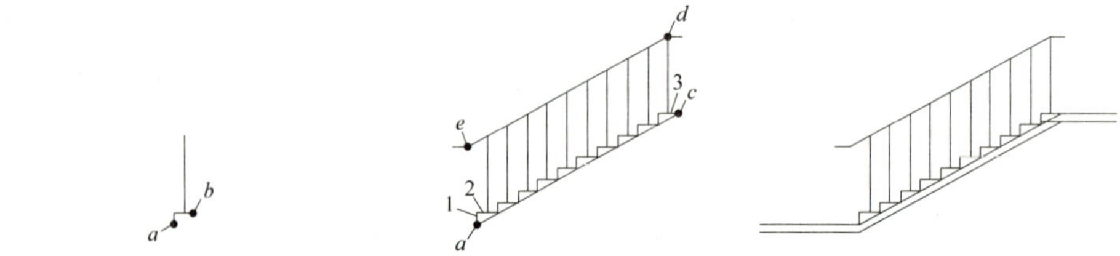

(a)绘制基本图形　　(b)生成楼梯基本形状　　(c)生成第一梯段板及梯板

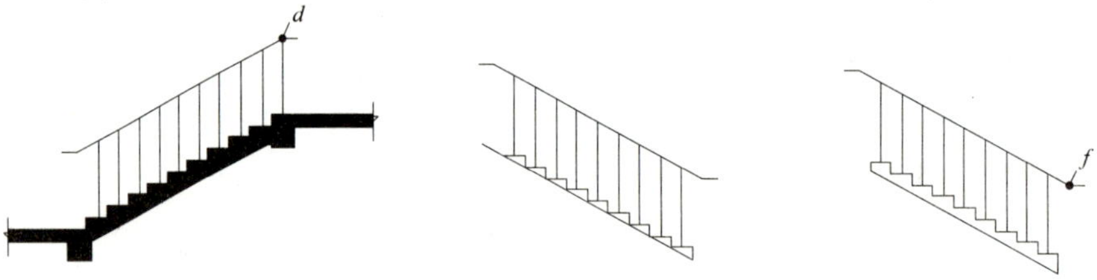

(d)修整完成第一梯段　　(e)生成第二梯段基本形状　　(f)修整完成第二梯段

图 8-39　楼梯剖面图绘制步骤

四、绘制建筑详图

为便于施工，对于建筑平、立、剖面图中未表达清楚的细部，可采用较大比例单独绘制，称为建筑详图。如图 8-40 所示为某屋面详图，可参照图 8-41 所示步骤进行绘制。

步骤 1：合理使用图层，绘制“基本图形”，如图 8-41(a)所示；

步骤 2：利用缩放(Scale)命令，将图形按 1/20(即 0.05)的比例因子进行缩放；在标注 1 的封闭范围内填充 AR-SAND，比例为 0.02;在标注 2 的封闭范围内填充 ANSI37,比例为 0.8;在标注 3 的封闭范围内分别填充 AR-CONC 和 ANSI31，比例分别为 0.04 和 1.2，如图 8-41(b)所示；

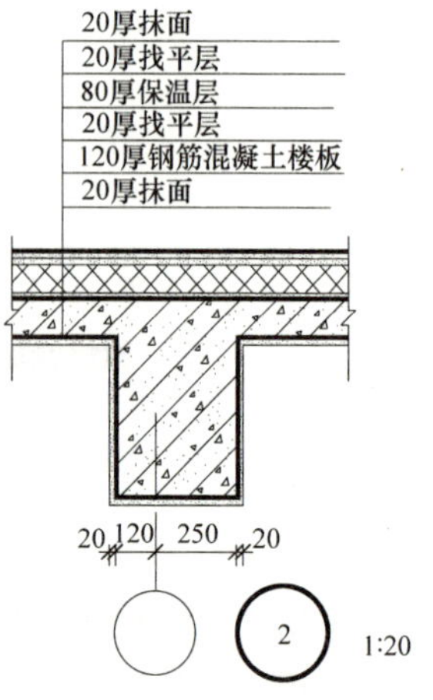

图 8-40　屋面节点详图

步骤 3：在左下方标注 1 的适当范围内绘制引出线，并用单行文本(字高为 3.5)标注第一层材料名称，如图 8-41(c)所示；

步骤 4：将第一层材料名称及水平引出线，阵列出 6 行 1 列，行间距为 5，并调整竖直引出线；最后为图形标注尺寸、插入所需图块，完成详图的绘制，得到如图 8-40 所示的图形。

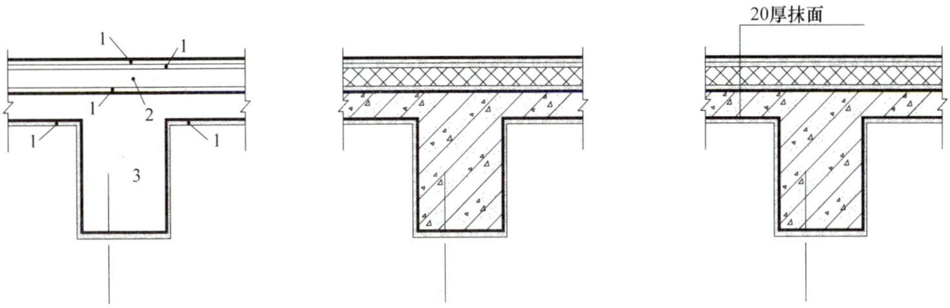

(a)绘制基本图形　(b)填充材料图例　(c)标注第一层材料

图 8-41　屋面节点详图绘制步骤

第四节　绘制室内给水排水工程图

室内给水排水工程图用于表示房屋内部给水排水管网的布置、用水设备以及附属配件的设置。主要包括给水排水平面图和给水排水系统图等。

一般在室内给水排水工程图中，无论管道粗细都只在位于管道中心轴线处绘制线宽为 b 的单线图例来表示管道。在同一张图纸中，习惯上用粗实线表示给水管道，用粗虚线表示排水管道，各种附件均以细实线绘制。

一、绘制室内给水排水平面图

室内给水排水平面图表示室内卫生器具及水池、阀门、管道及附件等相对于建筑物的平面布置情况，是室内给水排水工程的最基本图样。该图样作为室内给水排水管道及其设备在平面上布置、定位的基准而绘制，因此可省去许多细节，仅需画出相应的轴线，并用细实线绘制墙身、门窗洞以及楼梯等主要构配件，再做必要的标注。

在室内给水排水平面图中，无论管道在地面上方还是下方，均作为可见管道，以单粗线绘制。位于同一平面位置的两根或多根不同高度的管道，为了图示清楚，一般画成平行排列的管道。平面图中的管道线仅表示其安装示意位置，并不表示具体平面位置尺寸。

如图 8-42 所示，为本书图 4-40 所示卫生间给水排水平面图，可参照下述步骤进行绘制。在绘制此图之前，应先创建“给水管道”、“给水附件”、“排水管道”和“排水附件”四个新图层。

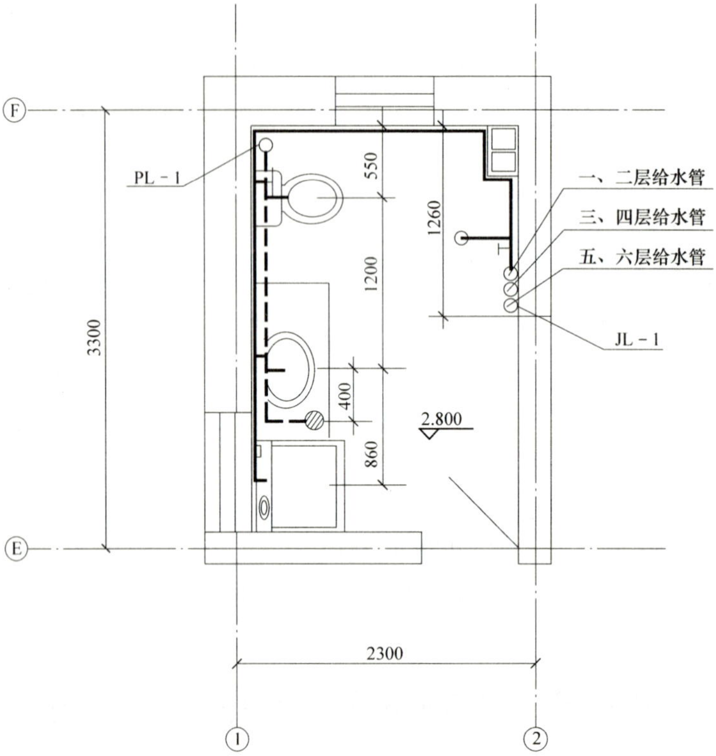

图 8-42　卫生间给水排水平面图

步骤 1： 复制图 4-40，并将除轴线以外的全部图形移到细实线图层上；

步骤 2： 绘制给水立管，将给水管道层切换为当前层，然后沿墙体轮廓用直线连接各用水点；

步骤 3： 绘制给水附件，将给水附件层切换为当前层，然后在各用水点处绘制用水附件；

步骤 4： 绘制排水立管，将排水管道层切换为当前层，然后用直线连接各卫生器具；

步骤 5： 绘制排水附件，将排水附件层切换为当前层，然后绘制各排水附件；

步骤 6： 按要求绘制各图例，若已将各图例制作成图块，只需插入所需图块；然后，删除无关内容，标注必要的文字即可。

二、绘制室内给水排水系统图

室内给水排水系统图表示室内给水排水管道系统的上下层之间以及前后、左右之间的空间关系，各管道的管径、坡度、标高以及管道附件在管道上的位置等。其布图方向应与相应的给水排水平面图一致。

给水排水系统图采用轴测图的绘图方法。三根轴测轴之间的位置关系如图 8-43 所示，其中 O_1Z_1 轴总是沿竖直方向，O_1X_1 轴与平面图中水平线方向一致，O_1Y_1 轴与 O_1X_1 轴间夹角多取 45° 。应当注意的是：O_1X_1 轴以及 O_1Y_1 轴均可反向，且 O_1Y_1 轴不通过原点 O_1。

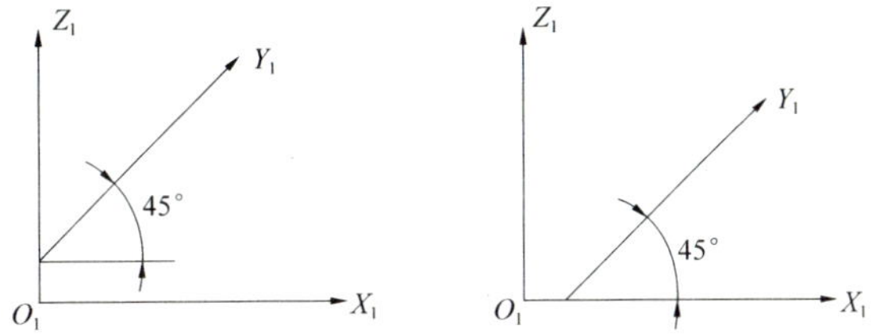

图 8-43　轴测轴间的位置关系

如图 8-44 所示为与图 8-42 所示卫生间给水排水平面图对应的给水排水系统图，可参照下述步骤进行绘制。

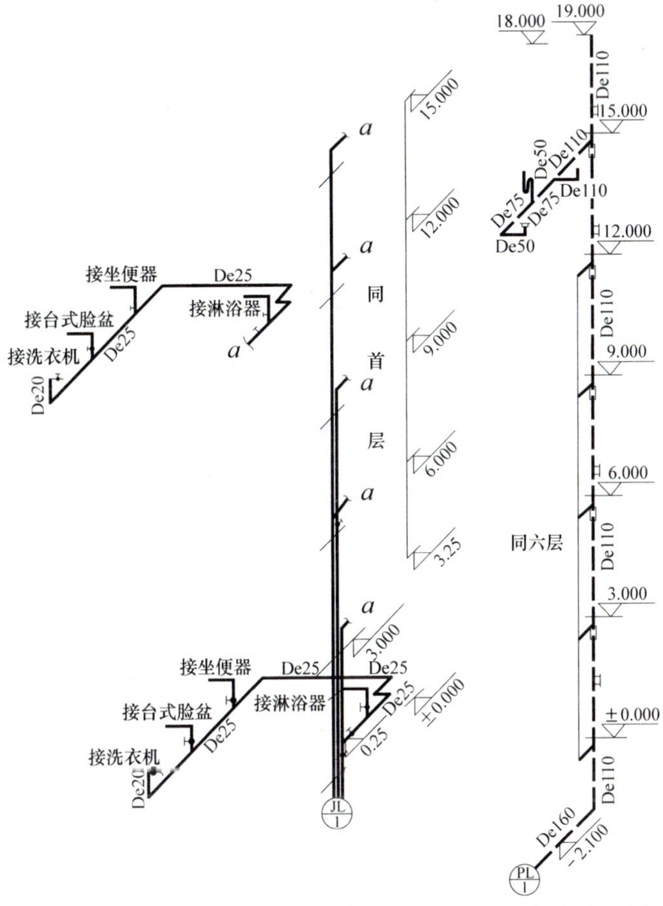

(a)给水系统图　　(b)排水系统图

图 8-44　卫生间给水排水系统图

步骤 1：明确三根轴测轴的方向，在给水管道层上依次画出一、二层，三、四层及五、六层的三根立管；

步骤 2：确定各楼层标高位置，然后利用极轴追踪功能(将增量角设为 45°)，在 0.25 m 标高处，绘制一层各水平支管及相应附件；

步骤 3：其余各楼层水平支管及相应附件，采用图示简化方法绘制(可通过复制或阵列命令实现)；

步骤 4：在适当位置标注管径、标高、编号及必要的文字，即可完成图 8-44(a)所示给水系统图。

图 8-44(b)所示排水系统图，可参照给水系统图的绘制方法，注意应将各管线绘制在排水管道层上。

第五节　完整绘制水利工程图

水工结构形式复杂多样，完整绘制水工图是指在满足现行《水利水电工程制图标准》SL 73.1—95~SL 73.5—95 的前提下，完成图线的绘制、剖面材料符号的填充，以及尺寸的标注和文字注写等。本节以某溢流坝断面图的绘制为例，介绍利用 AutoCAD 绘制完整水工图的主要方法及步骤。

图 8-45 为某溢流坝断面图，坝面曲线坐标如表 8-1 所示。

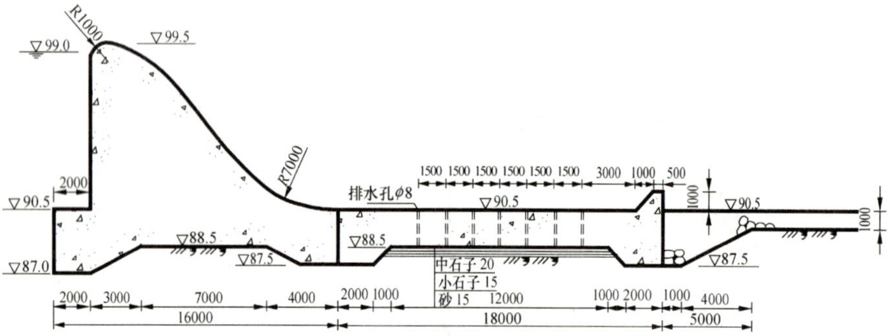

图 8-45　溢流坝断面图

表 8-1　坝面曲线坐标　　(单位：m)

O→X, ↓Y	X	1	2.75	3.5	4.75	5.75	6.5	7.2	8.0	9.0
	Y	0	0.5	1.0	2.0	3.0	4.0	5.0	6.0	7.0

一、基本绘图环境设置

启用对象捕捉功能并设定端点、交点、切点等对象捕捉模式，激活状态行中的“正交”模式。

二、绘制图线

(一)以粗实线层为当前层绘制轮廓线

断面轮廓线除溢流坝面部分为曲线外均为直线，直线的绘制较简单，在这里不作详细介绍，重点介绍坝面曲线的绘制方法和过程：

假定断面的直线部分已绘制完成，如图 8-46(a)所示，其中直线 *AB* 的长度为 9000，直线 *AC* 是为绘制小圆弧而作的辅助切线。绘制小圆弧的方法是采用“相切、相切、半径”的方式绘制圆，两条切线分别为 *AB* 和 *AC*，半径为 1000。然后利用修剪命令，以两条切线为剪切边，修剪掉不需要的圆弧段，再利用修剪命令，以圆弧为剪切边将点 *A* 与圆弧和直线 *AB* 的切点间的线段剪切掉，并删除直线 *AC* 后得到图 8-46(b)。为方便绘制坝面样条曲线，移动坐标轴原点到点 *A*，如图 8-46(c)所示，调用绘制样条曲线的命令，根据命令行的提示输入曲线坐标值后得到图 8-46(c)。

以下为绘制样条曲线命令的执行过程：

命令：_spline

指定第一个点或 [对象(O)]： 1000,0

指定下一点： 2750,500

指定下一点或 [闭合(C)/拟合公差(F)] <起点切向>：3500,1000

指定下一点或 [闭合(C)/拟合公差(F)] <起点切向>：4750,2000

指定下一点或 [闭合(C)/拟合公差(F)] <起点切向>：5750,3000

指定下一点或 [闭合(C)/拟合公差(F)] <起点切向>：6500,4000

指定下一点或 [闭合(C)/拟合公差(F)] <起点切向>：7200,5000

指定下一点或 [闭合(C)/拟合公差(F)] <起点切向>：8000,6000

指定下一点或 [闭合(C)/拟合公差(F)] <起点切向>：9000,7000

指定下一点或 [闭合(C)/拟合公差(F)] <起点切向>：↓

指定起点切向：↓

指定端点切向：↓

绘制以上样条曲线的另一种方法是先在文本编辑器里面编辑好曲线坐标值，在激活样条曲线命令后，当命令行提示指定第一点时将编辑器里的各坐标值整体拷贝即可。

坝面大圆弧的绘制方法比较简单，根据已知条件，可采用“起点、端点、半径”的方式，以点 *D* 为起点，样条曲线末端为端点，半径为 7000 绘制圆弧，如图 8-46(d)图所示。

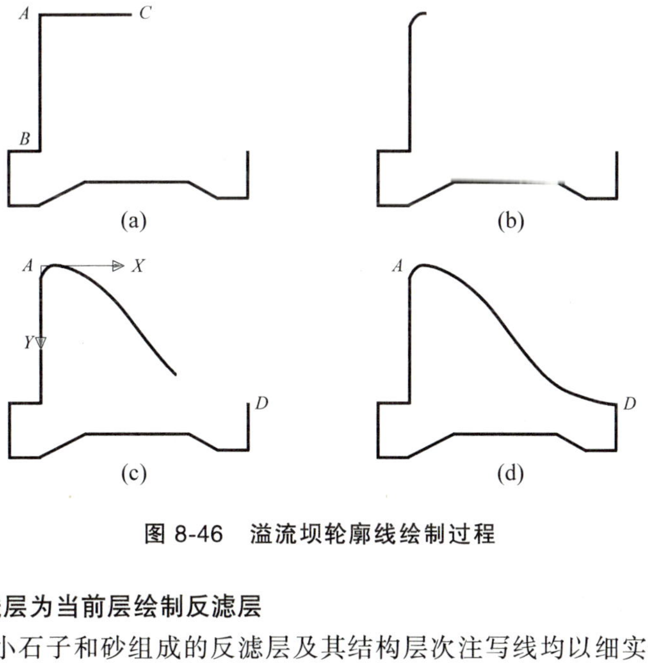

图 8-46 溢流坝轮廓线绘制过程

(二)以细实线层为当前层绘制反滤层

由中石子、小石子和砂组成的反滤层及其结构层次注写线均以细实线绘制，并采用偏移的方法绘制平行线，其中反滤层由消力池底板轮廓线偏移后需进行延伸操作并修改线型特征为细实线后得到，如图 8-47 所示。

(三)以虚线层为当前层绘制排水孔

首先绘制最靠近下游的排水孔，如图 8-47(a)所示，其他排水孔采用阵列的方法得到，阵列设置如图 8-48 所示，最终绘制的排水孔如图 8-47(b)所示。

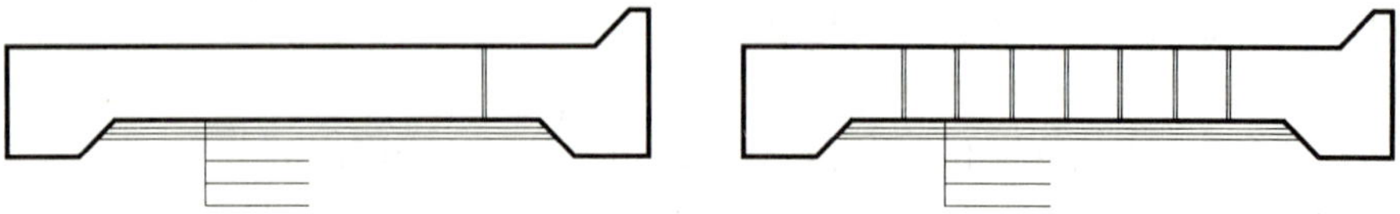

(a)　　(b)

图 8-47　反滤层及排水孔的绘制

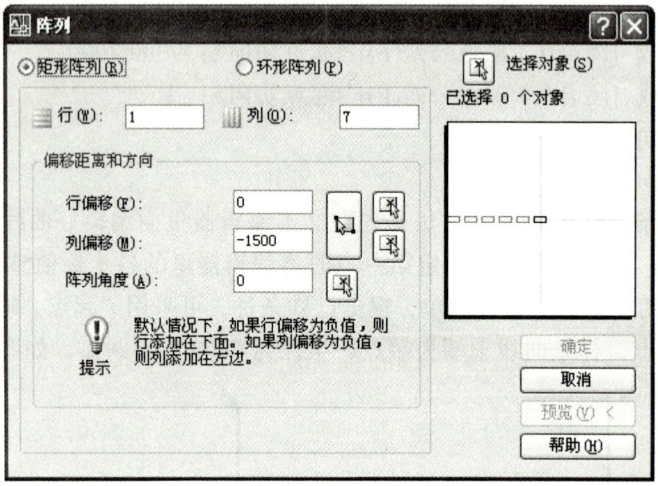

图 8-48　排水孔阵列设置对话框

三、材料符号的填充与绘制

(一)混凝土符号的填充

溢流坝和消力池均为混凝土材料，填充前可利用偏移命令将轮廓线向内偏移一段距离，再利用倒角距离为 0 的倒角命令实现快速修剪后得到图 8-49 所示图形。将图案填充层置为当前层，利用图案填充命令，选择“AR-CONC”图案进行填充，填充结果如图 8-49 所示，在填充完成以后将内侧偏移得到的轮廓线删除后即为最终的填充结果，如图 8-50 所示。

(二)浆砌石符号的绘制

AutoCAD 中没有预定义浆砌石符号，所以在表示海漫部分浆砌石符号时需要重新绘制。砌石符号可以采用样条曲线的命令绘制后进行多重拷贝得到，砌石之间可采用实体填充“Solid”命令进行填充。

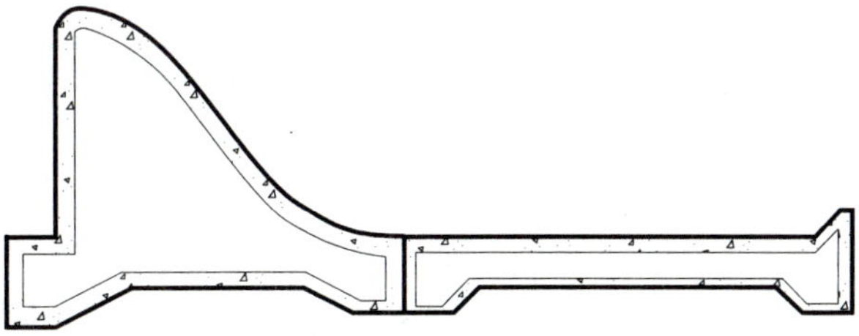

图 8-49　填充边界和混凝土填充符号的绘制

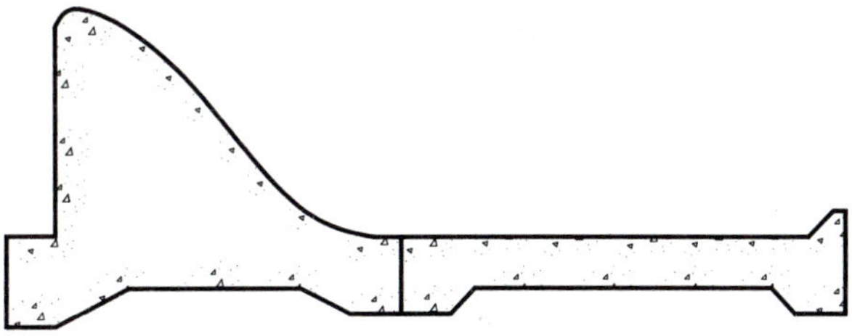

图 8-50　混凝土符号填充结果

(三)天然土壤符号的绘制

AutoCAD 中同样没有预定义天然土壤符号，可采用直线、样条曲线及实体填充命令绘制天然土壤符号。

四、尺寸及高程标注

按照图纸要求进行标注样式的设置，并将尺寸标注层置为当前层，然后对主要尺寸进行标注，其中高程应采用带属性的图块。

五、文字注写

将文字标注层置为当前层进行文字的注写。

第九章　绘制工程结构图

工程结构图是工程图纸中最基本的一种，它表示的内容是建筑物各个构件的形状和尺寸，它是在工程平面图的基础上产生的。本章主要介绍利用 AutoCAD 绘制工程结构图的方法。

第一节　绘制钢筋混凝土结构图

钢筋混凝土结构图主要表达构件的具体形状、尺寸大小、所用材料和构件布置等内容。比如钢筋混凝土基础、梁、板、柱等。它是构件结构定位、钢筋选配绑扎、立模浇筑等的主要依据。

本节主要结合钢筋混凝土结构图的特点，介绍几个常用的相关绘图命令以及利用这些命令绘制钢筋混凝土结构图的方法。

一、常用绘图命令

(一)绘制多段线

多段线是由相连的多段直线或弧线组成的，但它被作为单一的对象使用，当选择组成多段线中任意一段直线或弧线时将选择整个多段线。多段线的线条可以设置成不同的线宽，用于绘制钢筋等图形，具有较强的实用性。

1. 操作方法

绘制多段线一般可通过下述几种方法：

- 单击按钮法：(多段线——在“绘图”工具栏中)；
- 下拉菜单法：绘图→多段线；
- 键盘输入法：Pline(简捷命令为 Pl)↓。

执行命令后，命令行提示如下：

命令：_ pline

指定起点：　　　　　　　//通过坐标方式或者光标拾取方式确定多段线第一点。

系统提示当前线宽(在文本窗口显示“当前线宽为 0.0000”，第一次使用多段线命令时显示默认线宽 0，以后使用多段线命令时显示上一次使用时的线宽)。

指定下一个点或[圆弧(A)/半宽(H)/长度(L)/放弃(U)/宽度(W)：

　　　　　　　　//通过坐标方式或者光标拾取方式确定多段线的第二点。

指定下一点或[圆弧(A)/闭合(C)/半宽(H)/长度(L)/放弃(U)/宽度(W)]：

　　　　　　　　//通过坐标方式或者光标拾取方式确定多段线下一点，若不再继续绘制，则按 Enter 键完成绘制。

2. 操作说明

在命令行提示中，系统默认多段线是由多段直线组成的，提示输入直线的下一点，其他 6 个选项的使用如下：

(1)“圆弧(A)”：该选项用于绘制弧线段。可通过下述操作完成：

指定下一点或[圆弧(A)/闭合(C)/半宽(H)/长度(L)/放弃(U)/宽度(W)]：A↓

//选择圆弧选项。

指定圆弧的端点或[角度(A)/圆心(CE)/方向(D)/半宽(H)/直线(L)/半径(R)/第二个点(S)/放弃(U)/宽度(W)]： //通过坐标方式或者光标拾取方式确定圆弧的端点。

圆弧的绘制方法参照本书第三章，其中的“直线(L)”选项用于将多段线的下一段绘制为直线段，实现弧线到直线的绘制切换。

(2)“半宽(H)”：该选项用于指定从多段线线段的中心到其一边边缘的宽度。起点半宽将作为默认的端点半宽，端点半宽在再次修改半宽之前将作为所有后续线段的统一半宽。宽线段的起点和端点位于宽线的中心。可通过下述操作完成：

指定下一点或[圆弧(A)/闭合(C)/半宽(H)/长度(L)/放弃(U)/宽度(W)]：H↓

//选择设置半宽选项；

指定起点半宽<0.0000>： //输入起点半宽数值；

指定端点半宽<0.0000>： //输入端点半宽数值，若端点半宽和起点半宽相同，则按 Enter 键完成绘制。

(3)“长度(L)”：该选项用于在与前一段相同的角度方向上绘制指定长度的直线段。如果前一段是圆弧，程序将绘制与该弧线段相切的新直线段。可通过下述操作完成：

指定下一点或[圆弧(A)/闭合(C)/半宽(H)/长度(L)/放弃(U)/宽度(W)]：L↓

//选择长度选项；

指定直线的长度： //输入沿前一直线段方向或前一圆弧相切直线方向的距离。

(4)“线宽(W)”：该选项用于设置下一直线段或者弧线的宽度。可通过下述操作完成：

指定下一点或[圆弧(A)/闭合(C)/半宽(H)/长度(L)/放弃(U)/宽度(W)：W↓

//选择设置线宽选项；

指定起点宽度<0.0000>： //输入即将绘制的多段线起点的宽度；

指定端点宽度<0.0000>： //输入即将绘制的多段线末端点的宽度。

(5)“闭合(C)”：该选项从指定的最后一点到起点绘制直线段或者弧线，从而创建闭合的多段线，必须至少指定两个点才能使用该选项。

(6)“放弃(U)”：该选项用于删除最近一次添加到多段线上的直线段或者弧线。

注意：利用“半宽(H)”或“线宽(W)”选项，可方便地绘制钢筋图形；对于这两个选项而言，设置的是弧线还是直线的线宽由下一步所要绘制的是弧线还是直线来决定。对于“闭合(C)”和“放弃(U)”两个选项而言，如果上一步绘制的是弧线，则以弧线闭合多段线，或者放弃弧线的绘制；如果上一步是直线，则以直线段闭合多段线，或者放弃直线的绘制。

3. 应用举例

利用多段线绘制如图 9-1(a)所示底层钢筋，多段线宽度设置为 1。

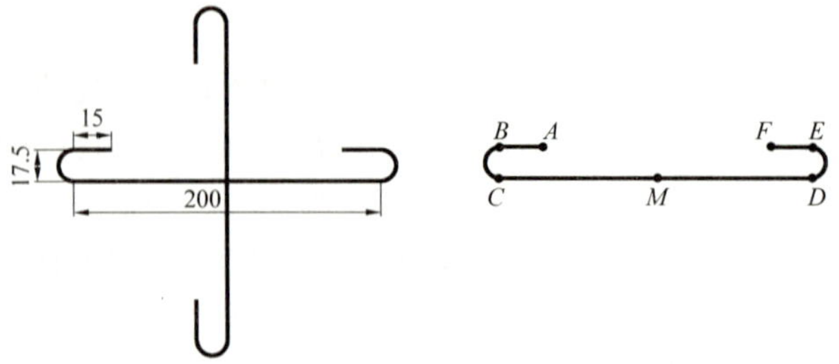

(a)　　(b)

图 9-1　利用多段线命令绘制钢筋

可按下述步骤绘制：

(1)绘制横向钢筋。

命令： _pline

指定起点：　//鼠标左键单击点 *A*；

当前线宽为 0.0000

指定下一个点或 [圆弧(A)/半宽(H)/长度(L)/放弃(U)/宽度(W)]：W↓

//选择宽度选项；

指定起点宽度 <0.0000>：1　//输入起点宽度值；

指定端点宽度 <1.0000>：↓　//回车，确认端点宽度与起点宽度值相同；

指定下一个点或 [圆弧(A)/半宽(H)/长度(L)/放弃(U)/宽度(W)]：15

//鼠标向左移动(需打开正交或极轴功能)，输入长度值得到点 *B*；

指定下一点或 [圆弧(A)/闭合(C)/半宽(H)/长度(L)/放弃(U)/宽度(W)]：A↓

//选择圆弧选项；

指定圆弧的端点或[角度(A)/圆心(CE)/闭合(CL)/方向(D)/半宽(H)/直线(L)/半径(R)/第二个点(S)/放弃(U)/宽度(W)]：17.5　//鼠标向下移动(最好打开正交功能)，输入长度值(为圆弧直径)得到点 *C*；

指定圆弧的端点或[角度(A)/圆心(CE)/闭合(CL)/方向(D)/半宽(H)/直线(L)/半径(R)/第二个点(S)/放弃(U)/宽度(W)]：L↓　//选择直线选项；

指定下一点或[圆弧(A)/闭合(C)/半宽(H)/长度(L)/放弃(U)/宽度(W)]：200

//鼠标向右移动(需打开正交或极轴功能)，输入长度值得到点 *D*；

指定下一点或 [圆弧(A)/闭合(C)/半宽(H)/长度(L)/放弃(U)/宽度(W)]：A↓

//选择圆弧选项；

指定圆弧的端点或[角度(A)/圆心(CE)/闭合(CL)/方向(D)/半宽(H)/直线(L)/半径(R)/第二个点(S)/放弃(U)/宽度(W)]：17.5　//鼠标向上移动(最好打开正交功能)，输入长度值(为圆弧直径)得到点 *E*；

指定圆弧的端点或[角度(A)/圆心(CE)/闭合(CL)/方向(D)/半宽(H)/直线(L)/半径(R)/第二个点(S)/放弃(U)/宽度(W)]：L↓　　//选择直线选项；

指定下一点或 [圆弧(A)/闭合(C)/半宽(H)/长度(L)/放弃(U)/宽度(W)]：15

//鼠标向左移动(需打开正交或极轴功能)，输入长度值得到点 *F*；

指定下一点或 [圆弧(A)/闭合(C)/半宽(H)/长度(L)/放弃(U)/宽度(W)]：↓

//回车，结束命令，结果如图 9-1(b)所示。

(2)绘制纵向钢筋。利用 Copy 命令，将横向钢筋复制一个；再利用 Rotate 命令，将复制出的钢筋旋转 90°；最后利用 Move 命令，将旋转后的钢筋选择中点做基点，移至横向钢筋中点 *M* 处，得到如图 9-1(a)所示图形。

(二)绘制圆环

利用绘制圆环命令可绘制填充的环或圆，属于带有宽度的闭合多段线。要创建填充环，需指定内、外直径和圆环中心，通过指定不同的中心点，可以连续创建具有相同直径的多个圆环；要创建填充圆，应将内径值设置为 0。

注意：填充圆可用于绘制钢筋横断面或实心钢筋混凝土柱体横断面；填充环可用于绘制空心钢筋混凝土柱体横断面。

1. 操作方法

绘制圆环一般可通过下述几种方法调用：

- 下拉菜单法：绘图→圆环；
- 键盘输入法：Donut(简捷命令为 DO)↓。

执行命令后，命令行提示如下：

命令：_donut

指定圆环的内径<0.5000>：　　//输入圆环的内径值；

指定圆环的外径<1.0000>：　　//输入圆环的外径值；

指定圆环的中心点或<退出>：　　//拾取圆环的中心点或输入坐标；

指定圆环的中心点或<退出>：　　//通过选择不同的中心点，可连续绘制多个相同尺寸的圆环，按 Enter 键结束绘制。

2. 应用举例

在如图 9-2(a)所示轴网的各交点处，分别绘制内径为 10、外径为 20 的填充环和内径为 0、外径为 20 的填充圆，结果如图 9-2(b)所示。

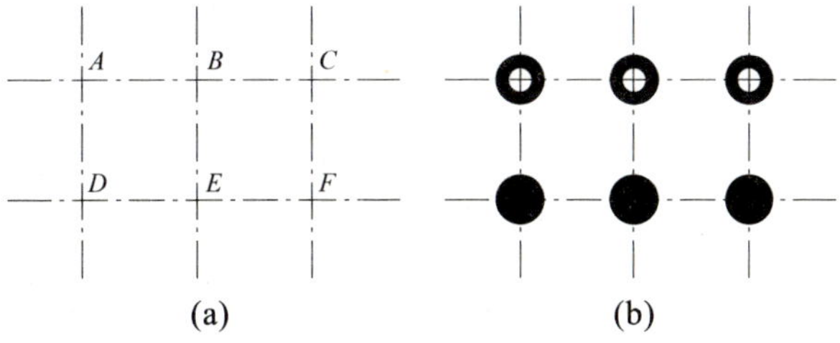

图 9-2　利用圆环命令绘制钢筋混凝土柱体横断面

可按下述步骤绘制：

(1)绘制填充环。

命令：donut

指定圆环的内径<0.5000>：10　　　　　　　　//输入圆环的内径值；

指定圆环的外径<1.0000>：20　　　　　　　　//输入圆环的外径值；

指定圆环的中心点或<退出>：　　　　　　　　//鼠标左键单击点 *A*；

指定圆环的中心点或<退出>：　　　　　　　　//鼠标左键单击点 *B*；

指定圆环的中心点或<退出>：　　　　　　　　//鼠标左键单击点 *C*；

指定圆环的中心点或<退出>：↓　　　　　　　//回车，结束命令。

(2)绘制填充圆。

按填充环的绘制方法，仅将内径值输入为 0，中心点分别选择 *D*、*E*、*F*，即可得到如图 9-2(b)所示图形。

(三)绘制矩形

1. 操作方法

绘制矩形命令，已在本书第三章做了基本介绍，本章重点介绍带有线宽的矩形，这种矩形可用于绘制箍筋。绘制矩形一般可通过下述几种方法：

- 单击按钮法：(矩形——在“绘图”工具栏中)；
- 下拉菜单法：绘图→矩形；
- 键盘输入法：Rectang(简捷命令为 Rec)↓。

执行命令后，命令行提示如下：

命令：_rectang

指定第一个角点或[倒角(C)/标高(E)/圆角(F)/厚度(T)/宽度(W)]：

//指定矩形的第一个角点坐标；

指定另一个角点或[面积(A)/尺寸(D)/旋转(R)]：

//指定矩形的对角点坐标或选择其他选项。

2. 操作说明

命令行提示中的“标高”和“厚度”选项主要用于三维绘图；“倒角”选项用于设置切角矩形的 4 个倒角值，即从相邻两边上分别切去的长度值；“圆角”选项用于设置圆角矩形的 4 个圆角半径值；“宽度”选项用于设置矩形的线条宽度，与绘制带宽度的多段线相同，矩形中宽线线段的起点和端点也位于宽线的中心。

3. 应用举例

如图 9-3(a)所示为采用默认线宽绘制的矩形，分别以点 *A*、*B* 为对角点，绘制线宽为 1 和 5 的矩形，并注意观察宽线中心位置。

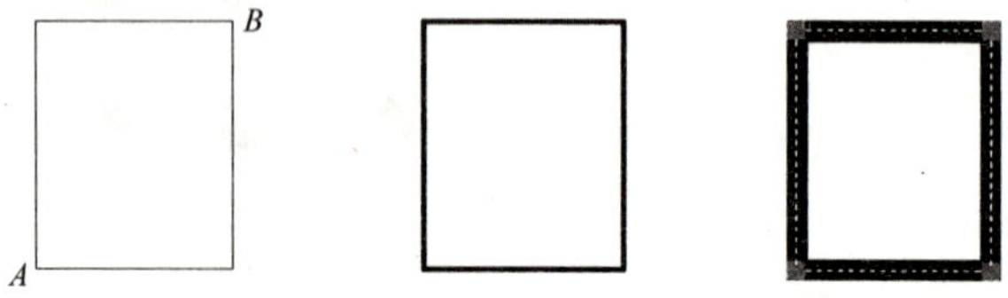

(a)　　　　(b)　　　　(c)

图 9-3　绘制带线宽矩形

可按下述步骤绘制：

(1)绘制线宽为 1 的矩形。

命令：rectang

指定第一个角点或[倒角(C)/标高(E)/圆角(F)/厚度(T)/宽度(W)]：W↓　//选择线宽选项；

指定矩形的线宽<0.0000>：1　//输入线宽值；

指定第一个角点或[倒角(C)/标高(E)/圆角(F)/厚度(T)/宽度(W)]：　//鼠标左键单击点 A；

指定另一个角点或[面积(A)/尺寸(D)/旋转(R)]：　//鼠标左键单击点 B；

得到如图 9-3(b)所示图形。

(2)绘制线宽为 5 的矩形。按上述方法，将线宽值设为 5，可得到线宽为 5 的矩形。选择原默认线宽绘制的矩形，观察发现该矩形处于带线宽矩形的中心，如图 9-3(c)所示。

(四)定数等分

定数等分可以在指定的对象上，按指定的数目绘制等分点或在等分点处插入块。

1. 操作方法

定数等分一般可通过下述几种方法调用：

- 下拉菜单法：绘图→点→定数等分；
- 键盘输入法：Divide(简捷命令为 Div)↓。

执行命令后，命令行提示如下：

命令：_divide

选择要定数等分的对象：　//用鼠标选取对象；

输入线段数目或[块(B)]：　//输入等分数目(应为正整数)。

2. 注意事项

在使用该命令时应注意以下几点：

(1)等分矩形、圆等封闭图形时，等分数目与等分点的个数一致；等分直线等不封闭图形时，等分点的个数比等分数目少一个；

(2)每次只能对一个对象进行操作；

(3)在 AutoCAD 中，对点的样式做了多种设置，如图 9-4 所示，左上角为默认样式，采用默认样式等分线段后，用眼睛不能直接观察到，但可以选择这些等分点。为便于观察，可将点样式设置为其他样式。设置方法如下：

- 下拉菜单法：格式→点样式。

执行命令后，弹出如图 9-4 所示“点样式”对话框，选择第 1 行的第 4 种样式，单击“确定”按钮，完成设置。

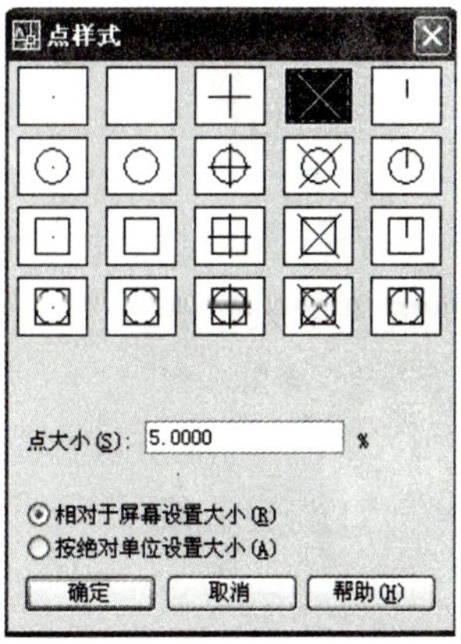

图 9-4　“点样式”对话框

3. 应用举例

先将点样式设置为如图 9-4 所示第 1 行的第 4 种样式，然后将图 9-5(a)所示直线和圆分为 5 等份。操作方法如下：

(1)5 等分直线。

命令：_divide

选择要定数等分的对象：　　//用鼠标选择直线；

输入线段数目或[块(B)]：5 ↓　　//输入等分数目，并回车结束命令。

(2)5 等分圆。

采用相同操作方法，可 5 等分圆，得到如图 9-5(b)所示图形。

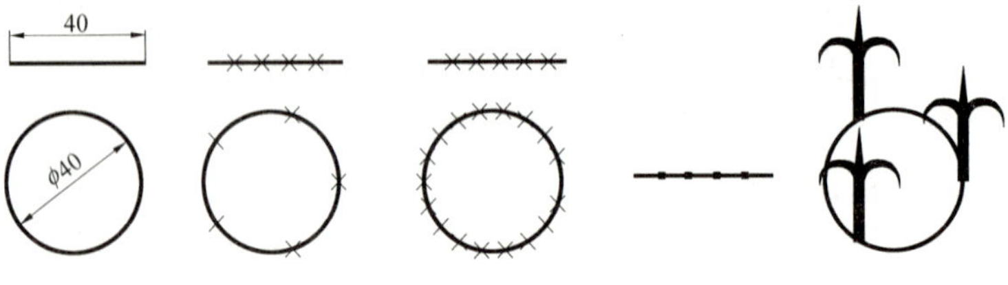

(a)　(b)　(c)　(d)　(e)

图 9-5　等分线段

(五)定距等分

定距等分可以在指定的对象上，按指定的间距绘制等分点或在等分点处插入块。

1. 操作方法

定距等分可通过下述几种方法调用：

- 下拉菜单法：绘图→点→定距等分；
- 键盘输入法：Measure(简捷命令为 Me)↓。

执行命令后，命令行提示如下：

命令：_measure

选择要定距等分的对象：　　//用鼠标选取对象；

指定线段长度或[块(B)]：　　//输入等分点间的距离(为非零的正值)。

2. 注意事项

在使用该命令时应注意以下两点：

(1)第一个等分点从距对象选取点较近的一端开始；

(2)如果对象总长不能被输入的距离整除，则最后一个等分点到对象端点的距离将不等于所输入数值。

3. 应用举例

将图 9-5(a)所示直线和圆按长度 7 进行等分。操作方法如下：

(1)等分直线。

命令：_measure

选择要定距等分的对象：　　//用鼠标选择直线；

指定线段长度或[块(B)]：7↓　　//输入等分点间的距离，并回车结束命令。

(2)等分圆。

采用相同操作方法，可按要求等分圆，得到如图 9-5(c)所示图形，观察发现最后一段的长度与前几段不同，这是因为等分对象的长度不是等分间距 7 的整数倍所致。

注意：无论是定数等分还是定距等分，在命令提示中都含有“块(B)”选项，选择该选项后，可在等分对象上按要求定数或定距插入已有图块，如图 9-5(d)所示为在直线上

5 等分插入“钢筋断面”图块，如图 9-5(e)所示为在圆上 3 等分插入图块“树”，操作步骤略。

二、钢筋混凝土结构图

(一)钢筋混凝土结构图图例

钢筋混凝土结构图主要包括平面图、立面图和断面图等。在钢筋混凝土结构图中，外形轮廓采用细实线表示，通常省略混凝土图例，而选配的钢筋采用粗实线或黑圆点表示，钢筋的一般图示方法如表 9-1 所示。

表 9-1　钢筋的一般图示方法

序号	名　称	图示方法
1	钢筋的横断面	
2	无弯钩的钢筋端部*	
3	带半圆弯钩的钢筋端部	
4	带直钩的钢筋端部	
5	带丝扣的钢筋端部	
6	无弯钩的钢筋搭接	
7	带半圆弯钩的钢筋搭接	
8	带直钩的钢筋搭接	
9	花篮螺丝钢筋接头	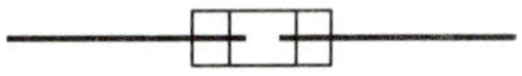
10	机械连接的钢筋接头	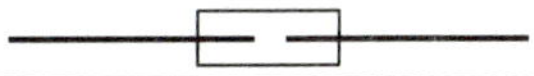

注：*下图表示长、短钢筋投影重叠时，短钢筋端部用 45° 斜画线表示。

(二)钢筋的标注

钢筋的标注应标注出钢筋的编号、数量或间距、代号、直径及所在的位置等。为了区分各种类型的钢筋，应在标注时对构件中所配钢筋加以编号。编号标注的方法为：结构配筋在图中各类钢筋合适的部位上，用细实线引出，并在引出线尾端画一个直径为 6 mm 的细实线圆，用阿拉伯数字将钢筋编号注写在圆中，如图 9-6 所示。

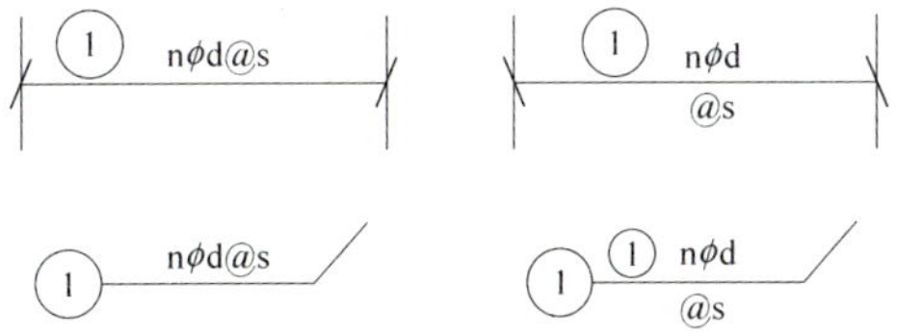

图 9-6　钢筋的标注

(三)钢筋表的绘制

钢筋混凝土结构图画好后，还要制作钢筋统计表，简称钢筋表，以便更清楚地反映钢筋型式、数量等，方便施工下料。钢筋表形式如图 9-7 所示。

矩形梁钢筋表						
钢筋编号	钢筋规格	钢筋简图	单根长度(m)	根数	总长度(m)	重量(kg)
①						
②						
③						

图 9-7　钢筋表形式

(四)绘图举例

图 9-8 是某节制闸的结构图，图 9-9 是该节制闸的钢筋表。绘制方法可参考前面相关章节，其中“ϕ12@200”的钢筋断面，可采用定距插入“钢筋断面”图块的方法绘制完成。

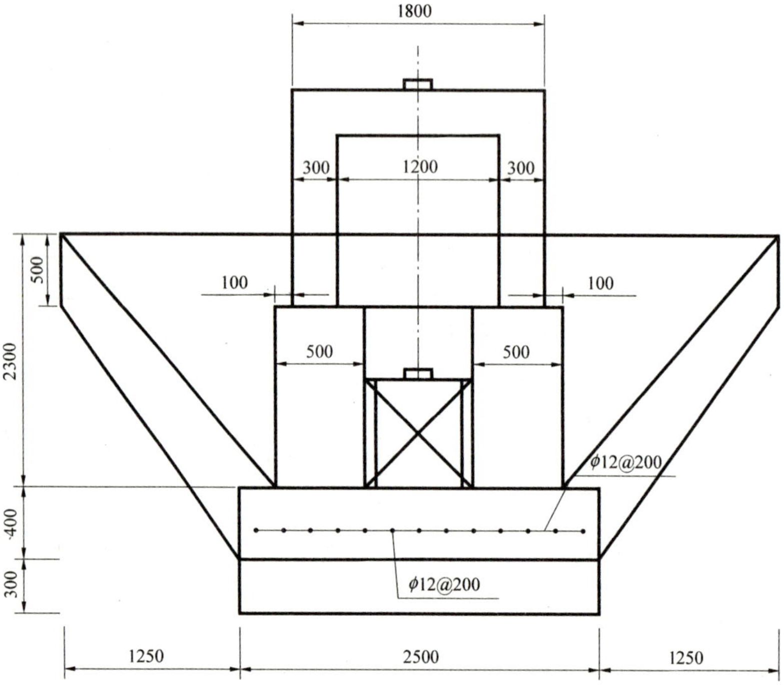

图 9-8　某节制闸结构图

钢筋表

部位	编号	直径	形式	长度	根数	总长(m)	单重(kg)	总重(kg)
闸底	①	ϕ12	2400	2.4	10	24	0.9	21.6
闸底	②	ϕ12	1900	1.9	13	24.7	0.9	22
立柱	③	ϕ14	1880	2	8	16	1.2	19.2
梁	④	ϕ16	1760	1.9	4	7.6	1.58	12
箍筋	⑤	ϕ6.5		1.1	30	33	0.26	7.8
盖板	⑥	ϕ12	1700	1.7	334	568	0.89	505.3
盖板	⑦	ϕ8	40000	40	9	360	0.26	93.4

图 9-9　节制闸的钢筋表

第二节　钢结构图绘制简介

钢结构是由各种形状的型钢，经焊接或螺栓连接组合而成的构造物，常用于大跨度、高层建筑或工业厂房中。

一、型钢的图例及标注

型钢的图例及标注如表 9-2 所示。

表 9-2　部分型钢的图例及标注

序号	名称	截面	标注	说明
1	等边角钢		 $b \times t$	b 为肢宽 t 为肢厚
2	不等边角钢		 $B \times b \times t$	B 为长肢宽 b 为短肢宽 t 为肢厚
3	工字钢		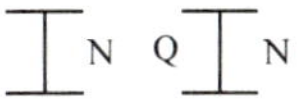	轻型工字钢加注 Q 字 N 为工字钢的型号
4	槽钢			轻型槽钢加注 Q 字 N 为槽钢的型号
5	扁钢	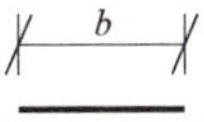	$-b \times t$	
6	钢板		$\frac{-b \times t}{l}$	$\frac{宽 \times 厚}{板长}$

二、焊接及其图示方法

在焊接的钢结构图中，必须把焊缝的位置、形式和尺寸标注清楚。按国标规定，焊缝应用“焊缝代号”标注。焊缝代号如图 9-10 所示，由带箭头的引出线、辅助符号、焊缝尺寸和图形符号组成。

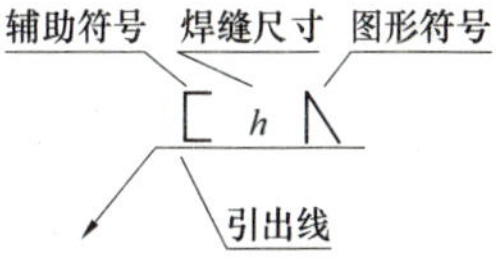

图 9-10　焊缝代号

常用焊缝的图形符号和辅助符号如表 9-3 所示。

表 9-3　常用焊缝的图形符号和辅助符号

焊缝名称	图形符号	符号名称	辅助符号	标注方法
V 型		周围焊		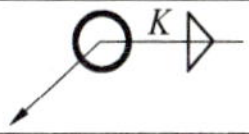
角焊缝		三面焊		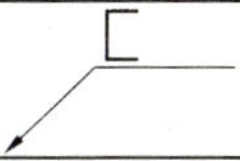
I 型		现场焊		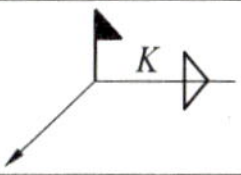
点焊缝		相同焊		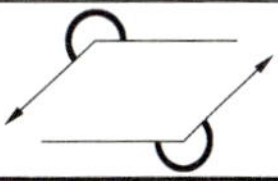

三、螺栓连接及其图示方法

螺栓连接拆装方便，便于维护，其图示方法如表 9-4 所示。

表 9-4　部分螺栓连接图例

名称	图例	名称	图例
永久螺栓	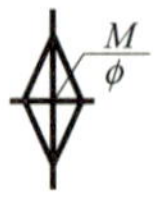	安装螺栓	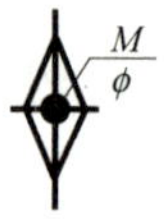
高强螺栓	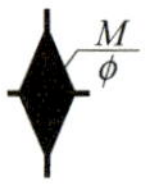	圆形螺栓孔	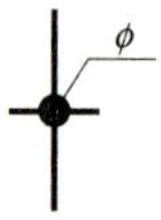

上述各种钢结构图例均可采用本章及前述章节介绍的绘图命令完成。

第三节　利用建筑图绘制结构图

绘制结构图可利用已有建筑图绘制完成。本节将以利用第八章图 8-34 所示建筑平面图绘制基础平面图为例，说明绘制步骤。

(1)将图 8-34 所示图形复制一个，删除无关内容，并修改保留内容，得到如图 9-11 所示图形(注意：在今后绘图时，可在绘制建筑图的合适步骤，如图 8-35(b)复制得到)；

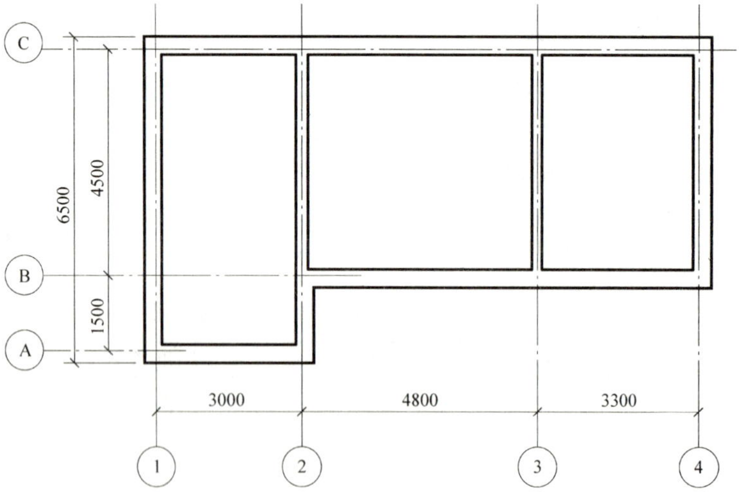

图 9-11　修改建筑平面图

(2)合理利用各种绘图及修改命令，得到如图 9-12 所示图形，并补充标注有关尺寸及剖切符号完成结构图绘制(图 9-12 中尺寸标注及剖切符号绘制不完整)。

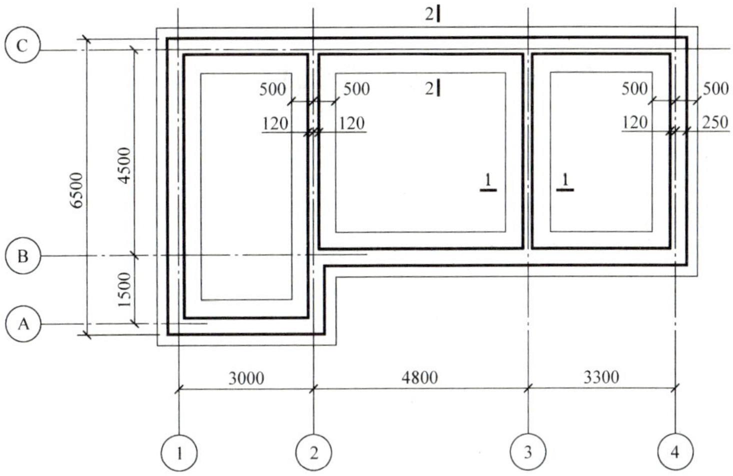

图 9-12　完成基础平面图

第十章　图形打印

图形绘制完毕后，可以使用多种方法输出。比如将图形打印在图纸上或创建为文件以供其他应用程序使用。本章主要介绍如何在模型空间和图纸空间打印工程图纸。

第一节　打印机及绘图仪的设置

打印图纸之前，应对打印机及绘图仪进行设置。下面以 HP-DesignJet 350C C4699A 绘图仪为例进行设置。设置绘图仪可以通过绘图仪管理器来实现，可通过下述几种方法调出绘图仪管理器：

- 下拉菜单法：文件→绘图仪管理器…；
- 键盘输入法：Plottermanager↓。

执行命令后，弹出如图 10-1 所示的绘图仪管理器界面。

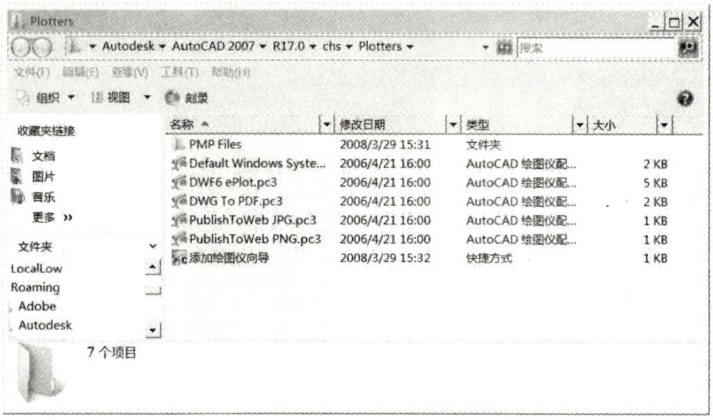

图 10-1　绘图仪管理器界面

双击“添加绘图仪向导”弹出如图 10-2 所示的“添加绘图仪—简介”对话框。

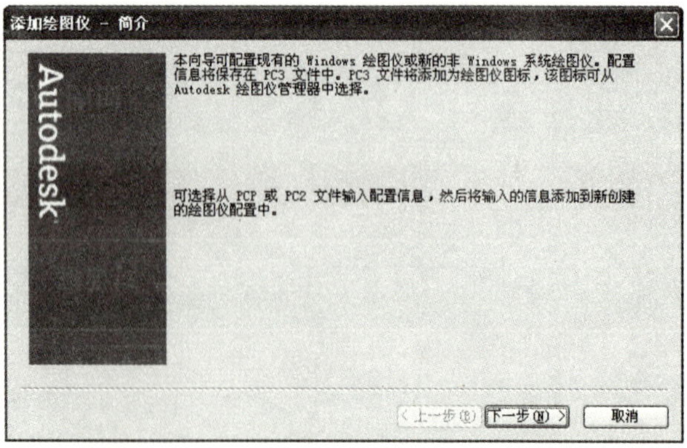

图 10-2　“添加绘图仪—简介”对话框

单击“下一步”按钮，打开“添加绘图仪—开始”对话框，如图 10-3 所示。

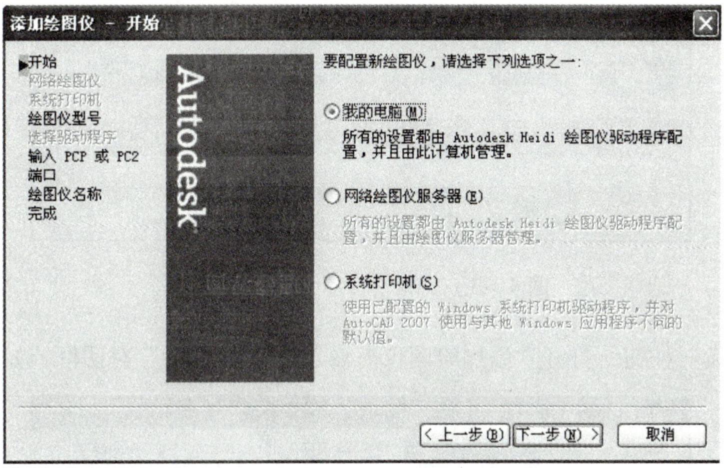

图 10-3　“添加绘图仪—开始”对话框

在“添加绘图仪—开始”对话框中，有“我的电脑”、“网络绘图仪服务器”、“系统打印机”三个选项。“我的电脑”选项适用于绘图仪直接连接到本台计算机，且使用 Autodesk Heidi 驱动程序管理控制的绘图仪；“网络绘图仪服务器”选项适用于通过网络管理控制绘图仪；“系统打印机”选项适用于绘图仪直接连接到本台计算机，但使用 Windows 驱动程序管理控制的绘图仪。一般使用“我的电脑”选项。

单击“下一步”按钮，打开“添加绘图仪—绘图仪型号”对话框，如图 10-4 所示。

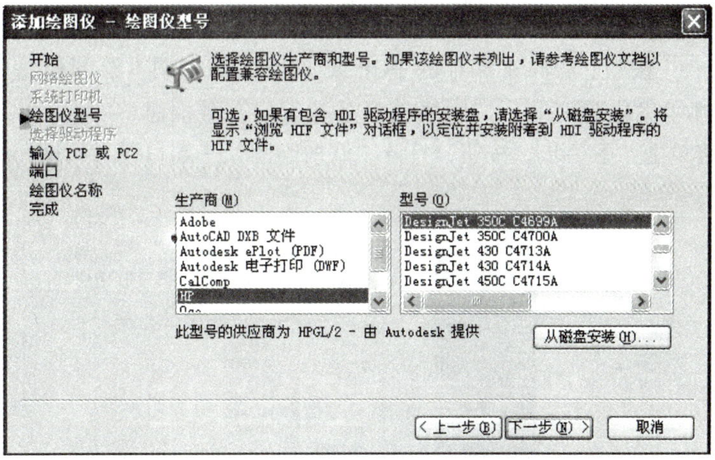

图 10-4　“添加绘图仪—绘图仪型号”对话框

- “生产商”列表框：选择打印机及绘图仪生产商；
- “型号”列表框：选择打印机及绘图仪型号。

单击“下一步”按钮，打开“驱动程序信息”对话框，如图 10-5 所示。

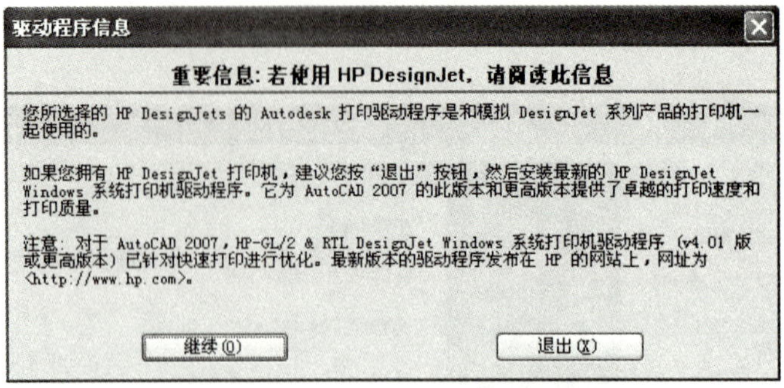

图 10-5 “驱动程序信息”对话框

单击“继续”按钮，打开“添加绘图仪—输入 PCP 或 PC2”对话框，如图 10-6 所示。

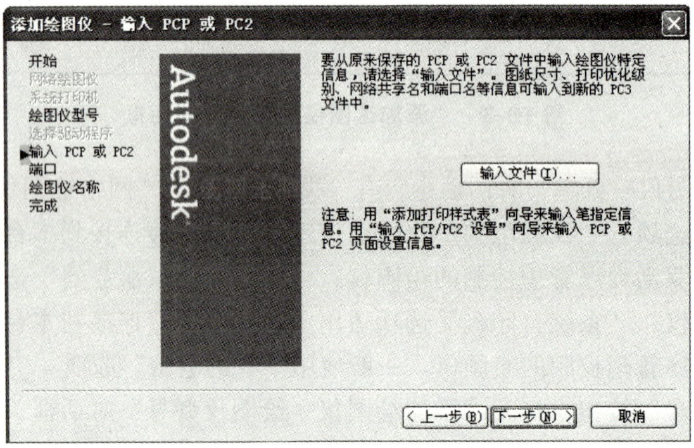

图 10-6 “添加绘图仪—输入 PCP 或 PC2”对话框

▪“输入文件”按钮：从原来保存的 PCP 或 PC2 文件中调入绘图仪特定信息，如“图纸尺寸”、“打印优化级别”、“网络共享名和端口”等信息。

一般可直接单击“下一步”按钮，打开“添加绘图仪—端口”对话框，如图 10-7 所示。

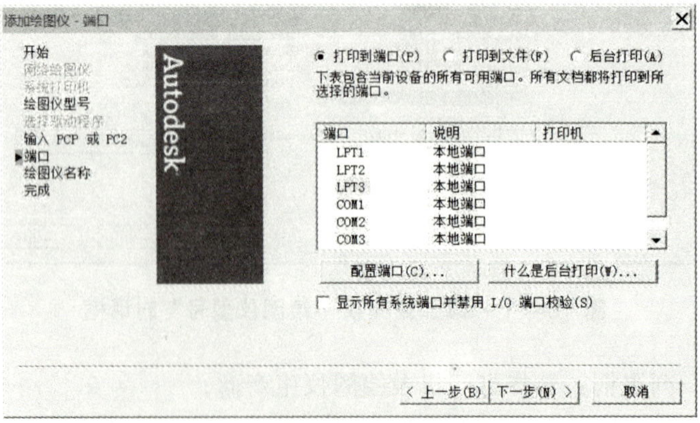

图 10-7 “添加绘图仪—端口”对话框

■“打印到端口”选项：将图形通过选定端口发送到绘图仪打印图纸，端口可以是本地端口，也可以是网络端口。

■“打印到文件”选项：用户可以使用任意绘图仪配置创建打印文件，并且该打印文件可以使用后台打印软件进行打印，也可以送到打印服务公司进行打印。即使打印服务公司没有安装 A utoCAD 2007 软件，也不影响打印。

■“后台打印”选项：通过后台打印，用户可在将打印文件发送到指定设备的同时继续进行其他工作。

■“显示所有端口”选项：显示计算机上的所有可用端口，不管绘图仪使用哪个端口。

一般可按默认设置，直接单击“下一步”按钮，打开“添加绘图仪—绘图仪名称”对话框，如图 10-8 所示。

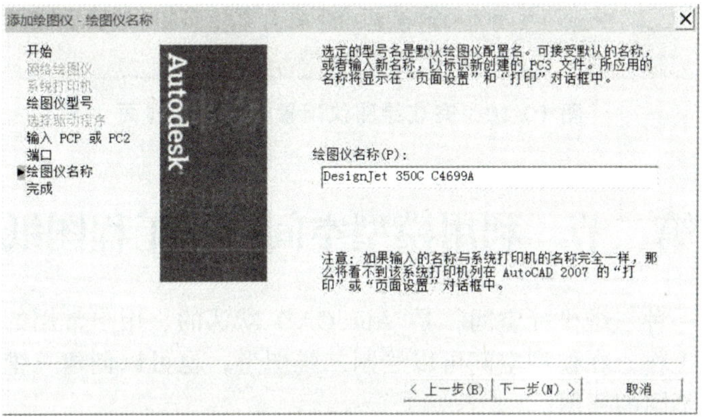

图 10-8　“添加绘图仪—绘图仪名称”对话框

单击“下一步”按钮，打开“添加绘图仪—完成”对话框，如图 10-9 所示。

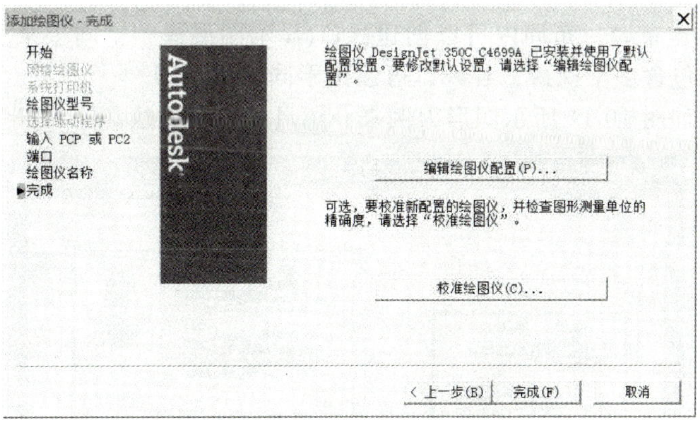

图 10-9　“添加绘图仪—完成”对话框

■“编辑绘图仪配置”按钮：修改绘图仪端口连接和输出设置，包括介质、图形、物理笔配置、自定义特性、初始化字符串、校准和用户定义的图纸尺寸。

■“校准绘图仪”按钮：可以调整绘图仪校准设置以更正比例偏差，只有在打印机或绘图仪打印出的图形不准确时，才有必要执行绘图仪校准。

一般可按默认设置，直接单击“完成”按钮，完成绘图仪配置。完成绘图仪配置后，在绘图仪管理器中出现了 DesignJet 350C C4699A.pc3 配置文件，如图 10-10 所示。

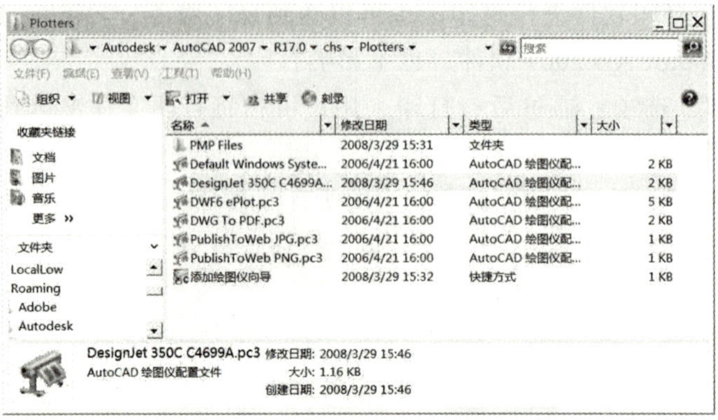

图 10-10　完成绘图仪配置的管理器界面

第二节　利用模型空间打印工程图纸

模型空间是一种三维坐标空间，是 AutoCAD 默认的、用户常用的工作空间，主要用于绘图或设计工作。在模型空间可以绘制二维图形，也可以创建三维模型，通过改变视点还可以得到不同的视图。

图纸空间是二维空间，主要用于创建打印布局，而不是用于绘图或设计工作。可以通过“模型”、“布局”选项卡在模型空间和图纸空间之间切换。

图形绘制完成后，通常需打印到图纸上，在模型空间和图纸空间都可以实现图纸的打印。模型空间打印工程图纸具有设置简便快捷的特点，是用户首选的打印方法。图纸空间可以灵活创建布局，布局内可以创建视口(显示图形模型空间中某个部分的区域)，一个布局中可以包含多个视口，各视口可以按不同比例打印。

下面以打印如图 10-11 所示图形为例来介绍具体打印方法。

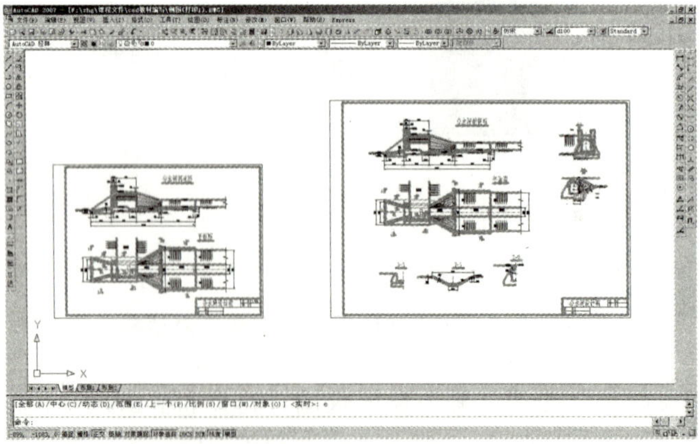

图 10-11　打印例图

在模型空间打印工程图纸方法举例：

在图 10-11 中，已经绘制完成两幅工程图，左边一幅为 A3 幅面(420 mm × 297 mm)，右边一幅为 A2 幅面(594 mm × 420 mm)。下面以左边一幅图为例，介绍在模型空间打印工程图纸的方法。

一、命令调用方法

在模型空间打印图形文件，可通过下述几种方法：

- 下拉菜单法：文件→打印；
- 键盘输入法：Plot↓。

执行命令后，弹出如图 10-12 所示的“打印—模型”对话框。

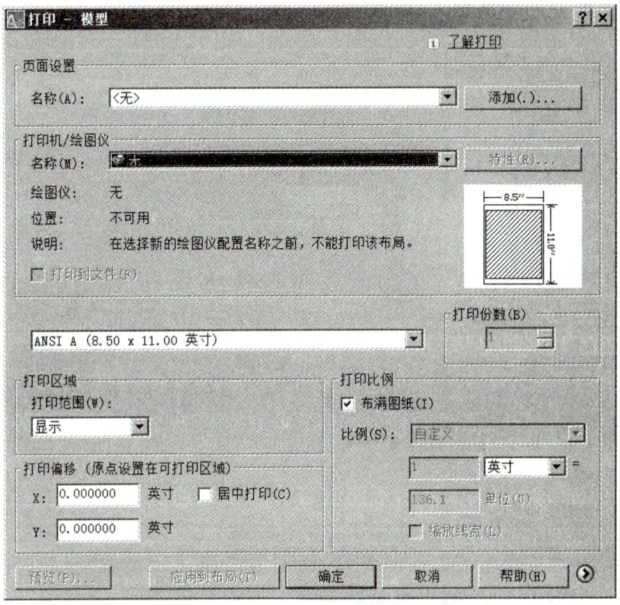

图 10-12　“打印—模型”对话框

二、对话框说明

(1)“页面设置”选项组：创建布局时，指定绘图仪和设置(例如，图纸尺寸和打印方向)。这些设置保存在页面设置中。如果在创建布局时没有指定“页面设置”对话框中的所有设置，用户可以在打印之前设置页面。在模型空间打印图纸这里可不设置。

(2)“打印机/绘图仪”选项组：指定打印机/绘图仪的名称和位置，在“名称”下拉列表中可以选择要选用的打印机/绘图仪。如果要修改绘图仪的配置情况，可单击“特性”按钮修改。

“打印到文件”复选框：勾选复选框，生成以.plt 为扩展文件名的打印文件，而不发送到打印机。

(3)“图纸尺寸”下拉列表：表中列出所选设备支持的所有标准尺寸图纸。如果未选设备，将列出所有标准尺寸图纸。

(4)“打印区域”选项组：设置要打印范围。在模型空间中“打印范围”下拉列表中可以选择的选项有显示、窗口、范围、图形界限。默认设置为显示选项，按目前视图显示的图形范围来打印图形；窗口选项：打印指定矩形区域(可使用捕捉工具捕捉外图框的两个对角点)内的图形，此选项为精确打印常用选项；范围选项：打印图中有实体的区域，即按图形最大范围打印；图形界限选项：按设置的图形界限范围打印。

(5)“打印偏移”选项组：设置打印区域左下角点偏移量。勾选“居中打印”复选框，图形将居中打印。

(6)“打印比例”选项组：设置图形打印时的缩放比例。打印时图形可以按 1∶1 打印，也可以缩小或放大打印。例如一幅图的最终比例为 1∶100，如果绘制图形时按 1∶100 的比例绘制，则打印时按 1∶1 的比例打印；如果绘制图形时按 1∶1 的比例绘制，则打印时按 1∶100 的比例打印。勾选“布满图纸”复选框，系统将自动调整缩放比例布满整张图纸。需精确打印时一般不选该复选框。勾选“缩放线宽”复选框，将按缩放比例缩放线宽，一般情况不选该复选框。

(7)“打印份数”文本框：设置同一张图纸需重复打印的份数。

三、对话框参数设置

在本例中，做如下设置：

(1)在“打印机/绘图仪名称”下拉列表中选择上一节已经配置的 DesignJet 350C C4699A 绘图仪。

(2)在“图纸尺寸”下拉列表中选择“ISO A3 (420.00 × 297.00 毫米)”图纸。

(3)在“打印范围”下拉列表中选择“窗口”，根据提示使用捕捉工具捕捉图 10-11 中左边 A3 图幅外图框的左下和右上两个对角点。

(4)在比例下拉列表中选择 1∶1。

(5)勾选“居中打印”复选框。

设置完成的“打印—模型”对话框如图 10-13 所示。

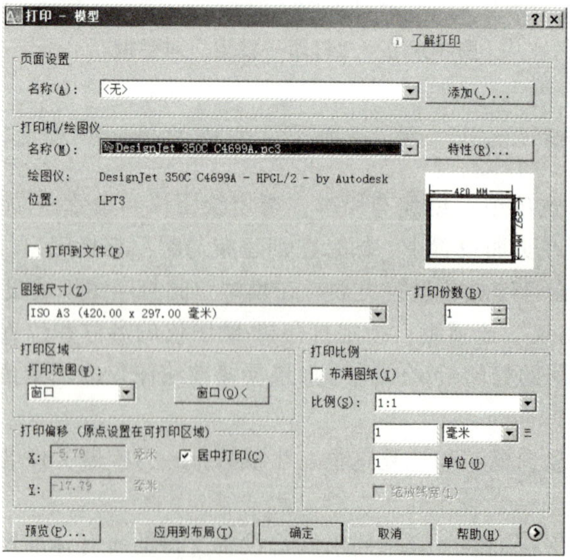

图 10-13　设置完成的“打印—模型”对话框

(6)单击“预览”按钮，得到如图 10-14 所示的结果。

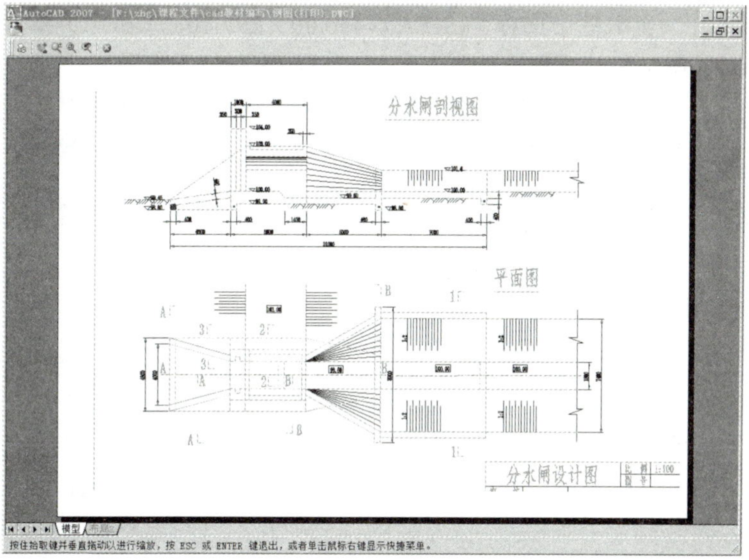

图 10-14 打印预览

从图 10-14 中可以看出，图纸的上边、下边、右边缺失部分内容，这是由于 AutoCAD 默认页边距所致，需修改“ISO A3 (420.00 × 297.00 毫米)”图纸的页边距。

四、修改图纸页边距

步骤 1：单击“打印—模型”对话框中绘图仪名称下拉列表旁边的“特性”按钮，弹出如图 10-15 所示的“绘图仪配置编辑器”对话框。

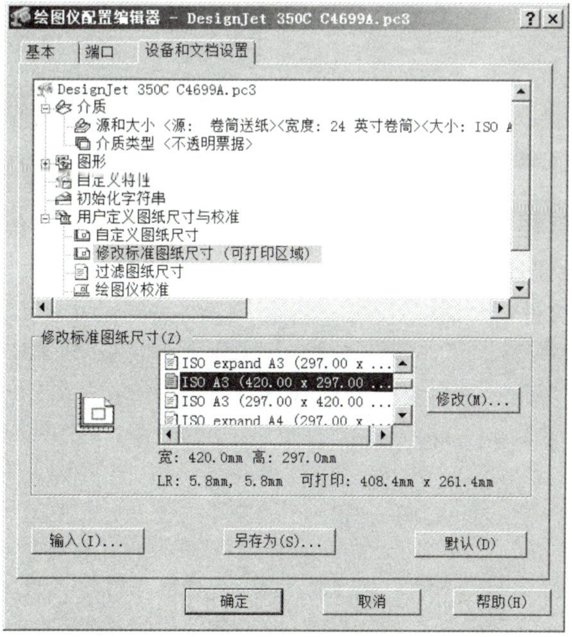

图 10-15 “绘图仪配置编辑器”对话框

从“设备和文档设置”选项卡中选择“修改标准图纸尺寸(可打印区域)”，再在“修改标准图纸尺寸”文本框中选择“ISO A3 (420.00 × 297.00…”纸张，单击“修改”按钮，弹出如图 10-16 所示的“自定义图纸尺寸—可打印区域”对话框。

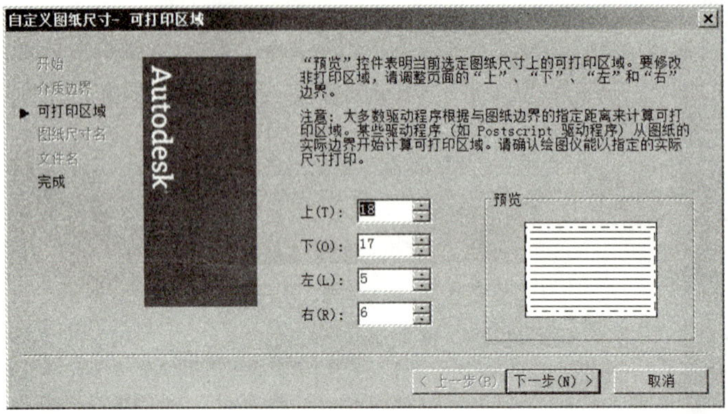

图 10-16　“自定义图纸尺寸—可打印区域”对话框

步骤 2： 将上、下、左、右页边距全部设为 0，单击“下一步”按钮，弹出如图 10-17 所示的“自定义图纸尺寸—完成”对话框。

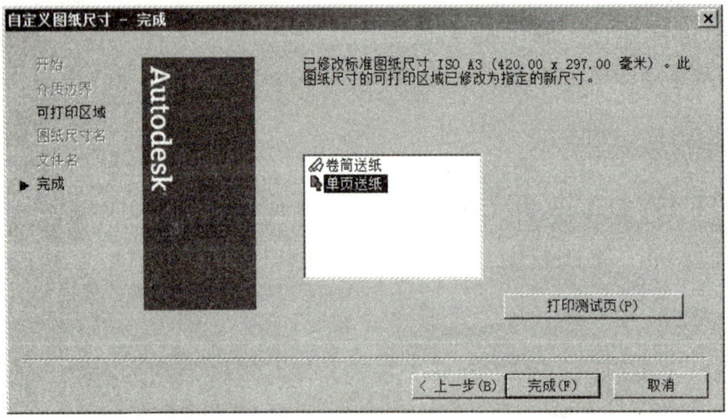

图 10-17　“自定义图纸尺寸—完成”对话框

步骤 3： 单击“完成”按钮，返回图 10-15 所示“绘图仪配置编辑器”对话框。

步骤 4： 单击“绘图仪配置编辑器”对话框中的“确定”按钮，弹出如图 10-18 所示的“修改打印机配置文件”对话框。

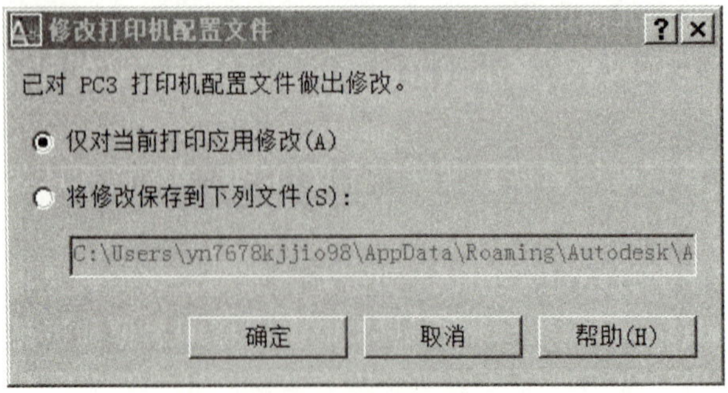

图 10-18　“修改打印机配置文件”对话框

“仅对当前打印应用修改”选项：修改的配置一次性替代，该一次性替代不会保存到 PC3 文件中。

“将修改保存到下列文件”选项：用修改后的配置替代原设置，将修改后的配置保存在 PC3 文件中。

建议使用“将修改保存到下列文件”选项保存设置，这样其他图形打印时再用到“ISO A3 (420.00×297.00 毫米)”图纸就不需要重复设置了。

步骤 5：单击“确定”按钮，完成修改，返回图 10-12 所示“打印—模型”对话框。

五、预览打印效果并完成打印

单击“打印—模型”对话框中的“预览”按钮，得到如图 10-19、图 10-20 所示的结果。

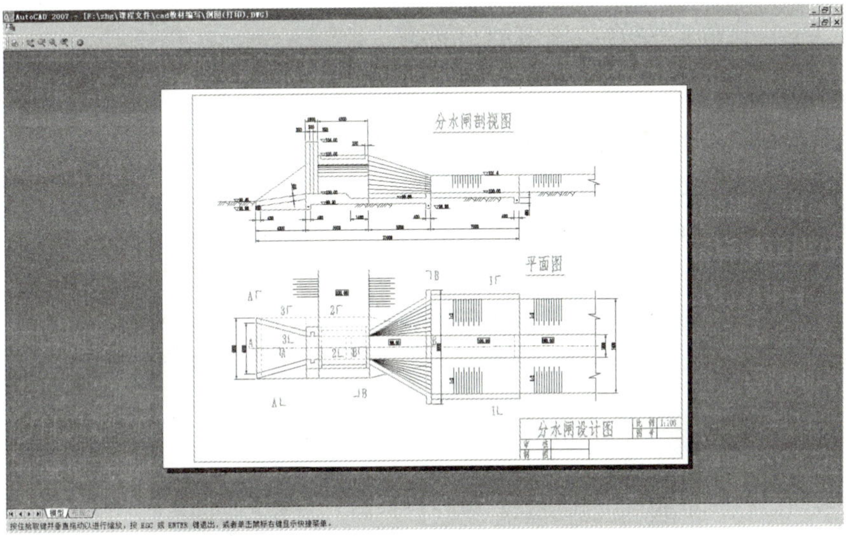

图 10-19　打印预览(修改标准图纸幅面页边距)

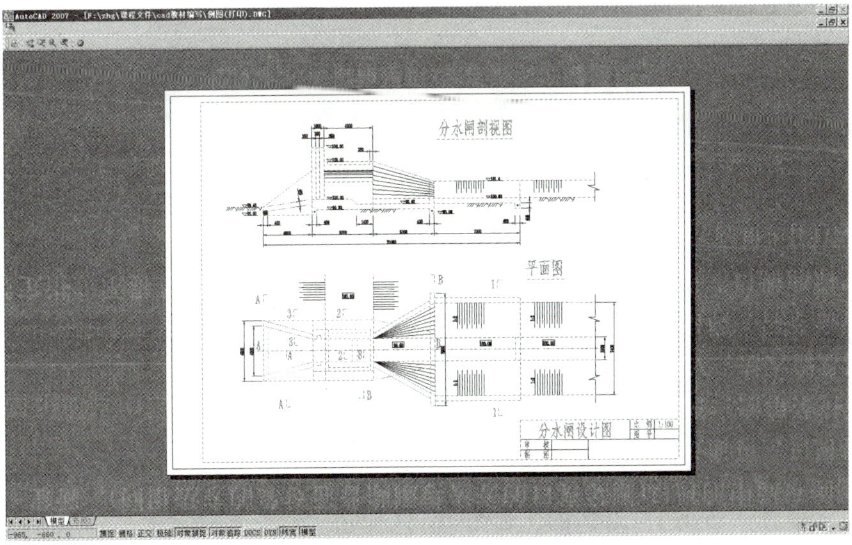

图 10-20　打印预览(自定义图纸幅面)

预览符合要求后，单击“打印—模型”对话框中的“确定”按钮，开始打印。

对于初学 AutoCAD 的人来说，如何精确打印图形是一个普遍存在的问题，关键点就在于纸张的页面设置。上面介绍了将页面边距设为 0，扩大可打印区域，让外图框和图纸边重合的打印方法。

第三节　利用图纸空间打印工程图纸

图纸空间是二维空间，主要用于创建打印布局。一个布局中可以包含一个视口，视口中的图形按单一比例显示及打印；一个布局中也可以包含多个视口，各视口可以按不同比例显示及打印。

一、同一个布局按单一比例打印图形

(一)命令调用方法

在图纸空间打印图形文件，可通过下述几种方法：

- 下拉菜单法：文件→页面设置管理器…；
- 键盘输入法：Pagesetup↓。

执行命令后，弹出如图 10-21 所示的“页面设置管理器”对话框。

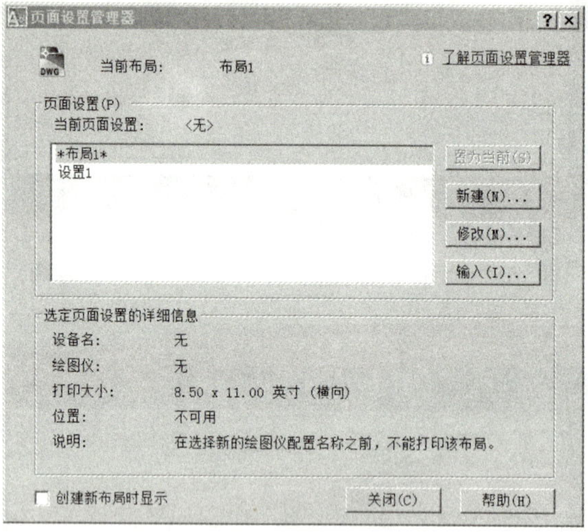

图 10-21　“页面设置管理器”对话框

- “新建”按钮：创建新的布局。
- “修改”按钮：修改已有的布局设置。
- “输入”按钮：从其他图形文件中输入布局。

单击“新建”按钮，打开“新建页面设置”对话框，如图 10-22 所示。

在“新页面设置名”文本框中输入布局名称“单一比例打印”，单击“确定”按钮，弹出“页面设置—布局 1”对话框，如图 10-23 所示。

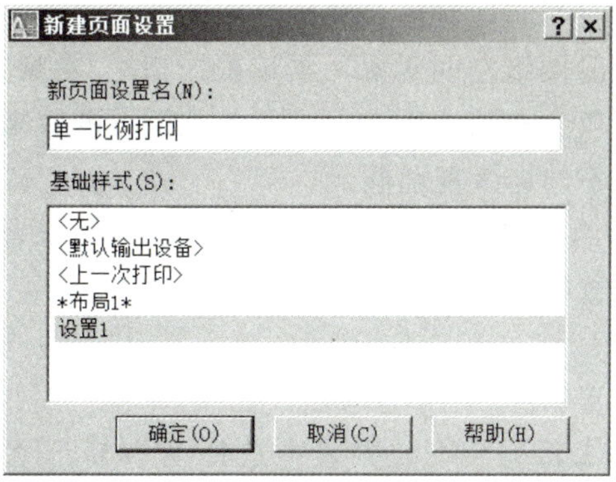

图 10-22　“新建页面设置”对话框

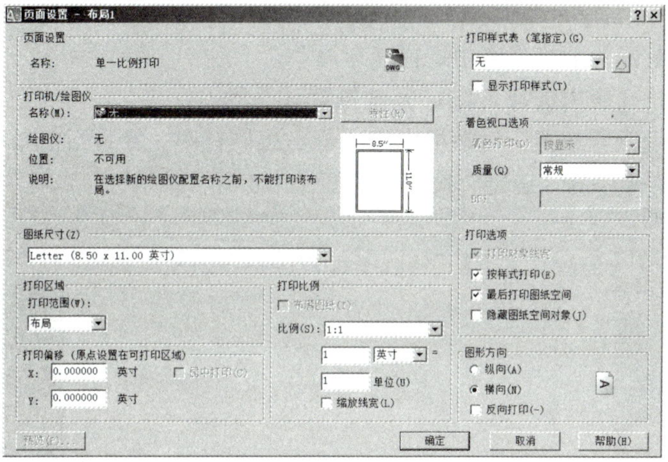

图 10-23　“页面设置—布局 1”对话框

(二)对话框说明

在“页面设置—布局 1”对话框中，打印机/绘图仪、图纸尺寸、打印区域、打印偏移、打印比例等选项组的意义与“打印—模型”对话框基本一致，这里不再重复介绍。

(1) “页面设置”选项组：显示当前布局的名称。

(2) “打印样式表(指定笔)”选项组：设置、编辑打印样式和打印样式表，控制对象的打印特性。一般情况下可不更改设置，按默认设置即可。

(3) “着色视口”选项组：用户可以在“着色打印”下拉列表中选择使用“按显示”、“线框”、“消隐”或“渲染”选项打印着色对象集。在“质量”下拉列表中选择使用“常规”、“草稿”、“预览”、“演示”、“最大”、“自定义”等选项，当选用自定义选项时，可以为打印设备指定分辨率。一般情况下可不更改设置，按默认设置即可。

(4) “打印选项”选项组：设定影响打印的布局选项。勾选“打印对象线宽”复选框，将按对象和图层设定的线宽打印对象。默认情况是按对象和图层设定的线宽打印对象，可不更改。勾选“按样式打印”复选框，将按指定使用的打印样式中设定的笔宽、颜色等来打印图形。如果没有设定打印样式，不用勾选该复选框。勾选“最后打印图纸空间”

复选框，则首先打印模型空间中的对象，然后打印图纸空间中的对象。默认情况是勾选的，可不更改。勾选“消隐图纸空间对象”复选框，指定“隐藏”操作是否应用于图纸空间视口中的对象。此选项仅在布局选项卡中可用，此设置的效果只反映在打印预览中，而不反映在布局中，一般不勾选该复选框。

(5)“图形方向”选项组：可以使用“横向”和“纵向”设置图形在图纸上的打印方向。勾选“反向打印”复选框，指定图形倒置打印。

(三)对话框参数设置

在本例中，做如下设置：

(1)在“打印机/绘图仪名称”下拉列表中选择上一节已经配置的 DesignJet 350C C4699A 绘图仪。

(2)在“图纸尺寸”下拉列表中选择“ISO A3 (420.00 × 297.00 毫米)”图纸(页边距已修改为 0)。

(3)在“打印范围”下拉列表中选择“布局”。

(4)在比例下拉列表中选择 1∶1，其他按默认设置。

(5)在“页面设置管理器”对话框中将“单一比例打印”置为当前布局。单击“页面设置管理器”对话框中的“确定”按钮，得图 10-24 所示结果。

图 10-24　布局预览

(6)删除布局中的视口(删除视口的方法与删除普通对象的方法相同)，新建一视口。

新建视口，可通过如下方法：

- 下拉菜单法：视图→视口→新建视口；
- 键盘输入法：Vports↓。

执行命令后，弹出如图 10-25 所示的“视口”对话框。

在“标准视口”选项组中选择“单个”，单击“确定”按钮，提示“指定第一个角点或[布满(F)] <布满>：”，回车，得图 10-26 所示结果。

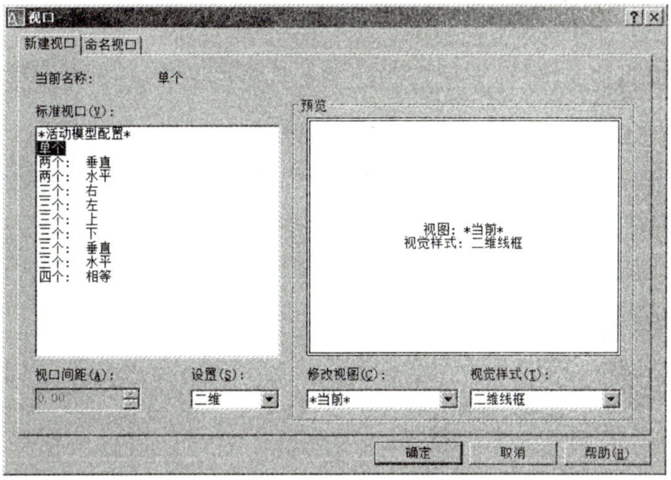

图 10-25　“视口”对话框

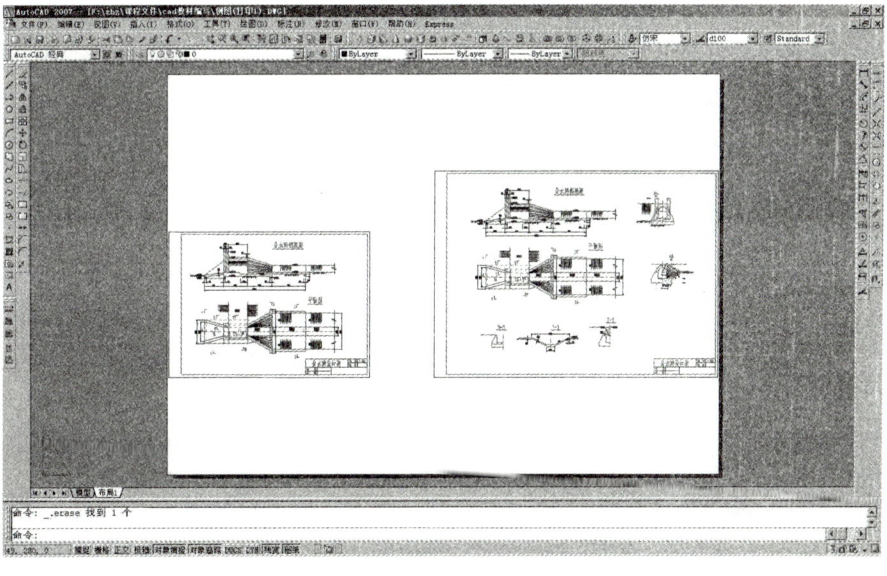

图 10-26　新建一个和 A3 图幅等大的视口

(7)在视口内双击，使用“窗口缩放”命令缩放左边的 A3 图纸，得图 10-27 所示结果。预览结果与图 10-27 所示结果相同。

(四)打印

打印布局，可通过如下方法实现：

• 下拉菜单法：文件→打印；

• 键盘输入法：Plot↓。

在弹出的“打印—布局 1”对话框，单击“确定”按钮开始打印图形。

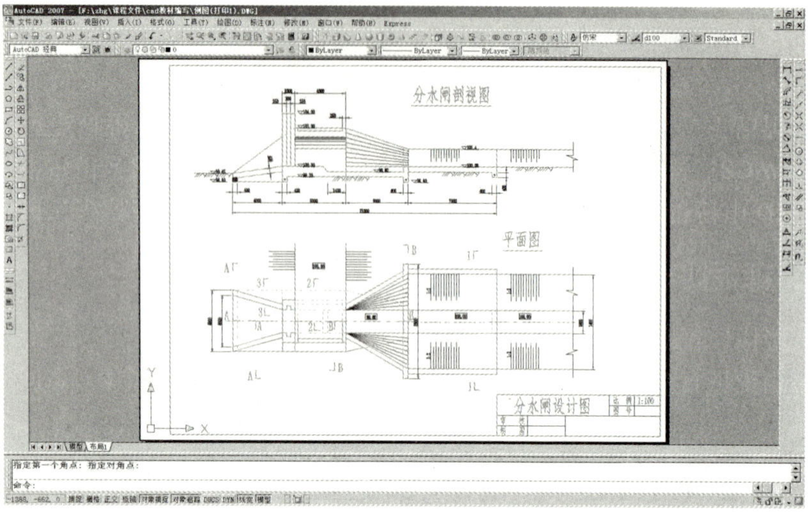

图 10-27　缩放 A3 图幅与视口等大

二、同一个布局按多个比例打印图形

在图纸空间，要实现同一个布局按多个比例打印图形，需在布局中创建多个视口，各个视口内的图形可以按各自的比例显示及打印。

下面以图 10-11 中右边一幅 A2 幅面(594 mm × 420 mm)图纸为例，介绍在图纸空间按多个比例打印工程图纸的方法。

在图中，全部图形都按 1∶100 绘制完毕，图形打印后的比例应为：分水闸剖视图、平面图、1—1、2—2、3—3 等图形的最终比例为 1∶100，这几个图形按 1∶1 打印即可；*A*—*A*、*B*—*B* 两个图形的最终比例为 1∶50，这两个图形需按 2∶1 打印，即打印时需放大两倍。

在本例中，按以下步骤操作：

(1)创建一新布局，纸张为“ISO A2(594.00 × 420.00 毫米)”图纸(页边距已修改为 0)。设置完成后的“页面设置—布局 2”对话框如图 10-28 所示。

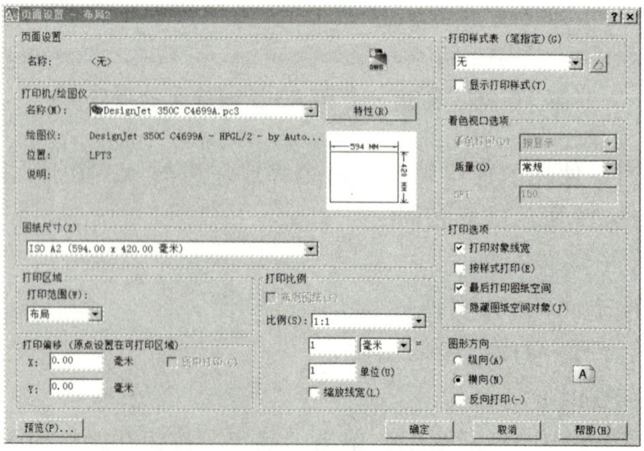

图 10-28　“页面设置—布局 2”对话框

(2)删除布局内现有视口。使用“编辑”下拉菜单中的“复制”和“粘贴”命令把图 10-11 中右边 A2 图纸的图框、标题栏等内容从模型空间中复制到布局中，粘贴时给定插入的坐标为(0,0)，结果如图 10-29 所示。

图 10-29　复制 A2 图框到布局中

(3)在标题栏左边新建一个视口，用于放置 1∶1 的图形。新建视口的方法与上例相同，结果如图 10-30 所示。

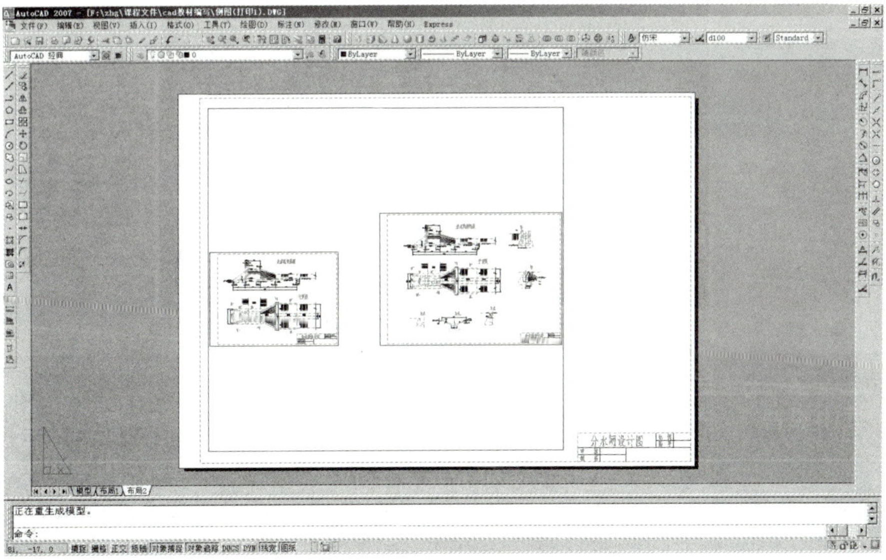

图 10-30　在布局中新建第一个视口

(4)在视口内双击激活视口，使用 Zoom 命令中的比例(S)选项缩放视口内的图形，比例因子为 1xp，视口内的图形按 1∶1 显示。

注意： 在图纸空间的视口内缩放图形，比例因子后必须跟 xp。缩放后的结果如图 10-31 所示。

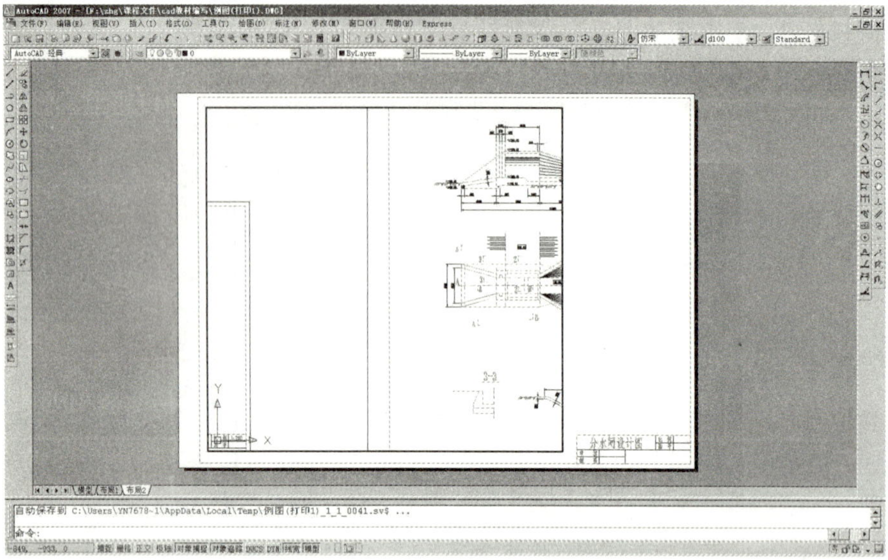

图 10-31　在视口内缩放图形

(5)在视口内使用 Pan 命令平移图形到合适位置。视口大小如果不合适，可以使用夹点编辑调整视口大小。调整后的结果如图 10-32 所示。

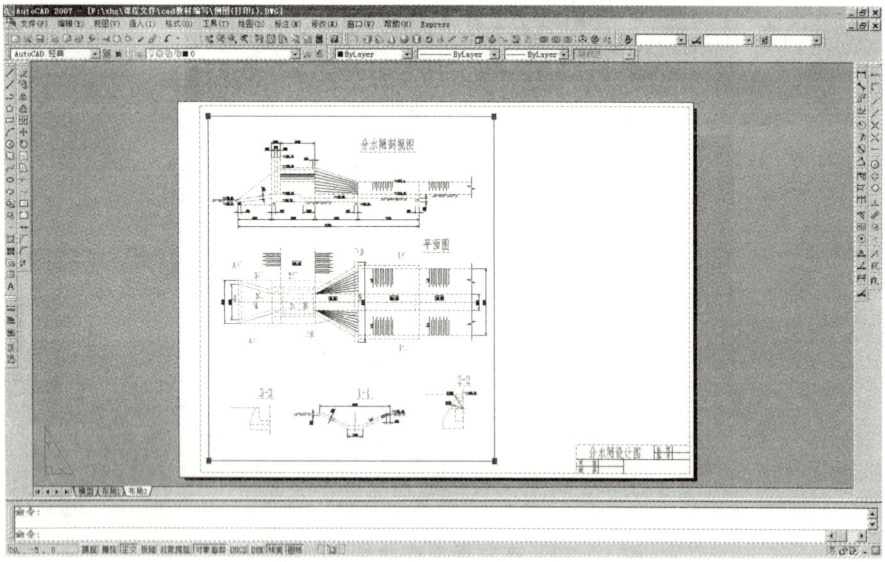

图 10-32　在视口内平移图形

(6)按上面的方法新建第二个视口，激活视口后使用 Zoom 命令中的比例(S)选项缩放视口内的图形，比例因子为 2xp，视口内的图形放大两倍显示。使用 Pan 命令平移图形到合适位置，让视口中显示 *A—A*、*B—B* 剖视图，结果如图 10-33 所示。

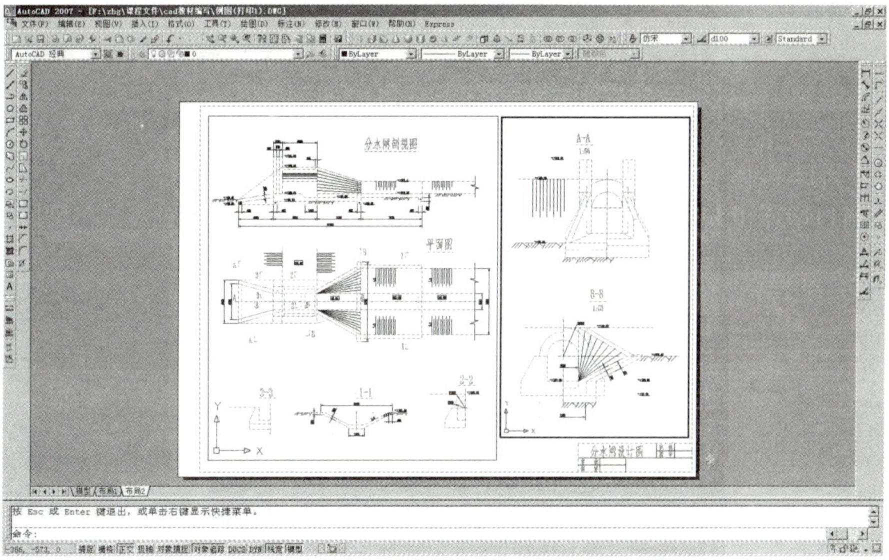

图 10-33　两个视口按不同比例显示

(7)打印预览，结果如图 10-34 所示。

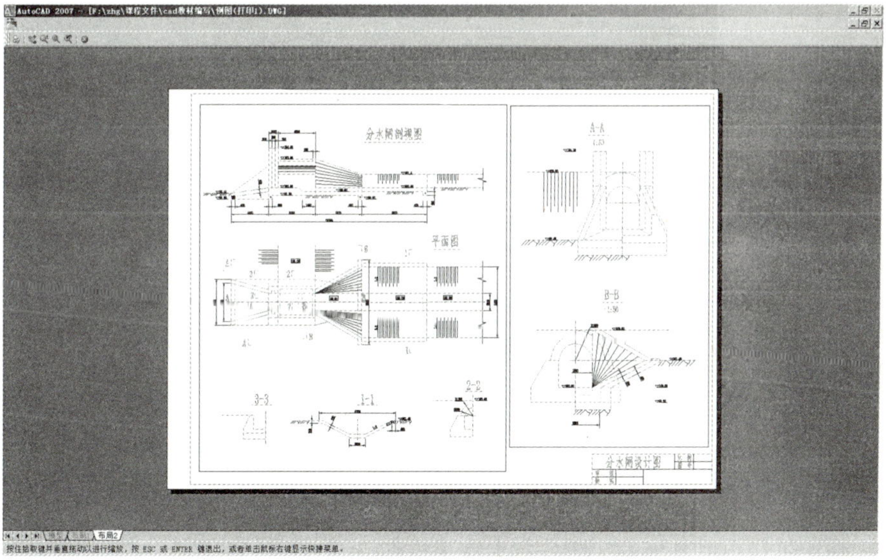

图 10-34　打印预览(打印视口边框)

在图 10-34 中，显示出视口边框，视口边框将被打印。一般情况下，用户并不希望打印视口边框。如果不想打印视口边框，可以在“Defpoints”图层(Defpoints 图层上的对象不会被打印)上创建视口或将视口边框修改到“Defpoints”图层上。图 10-35 为将视口边框修改到“Defpoints”图层后的预览效果。

(8)打印布局。

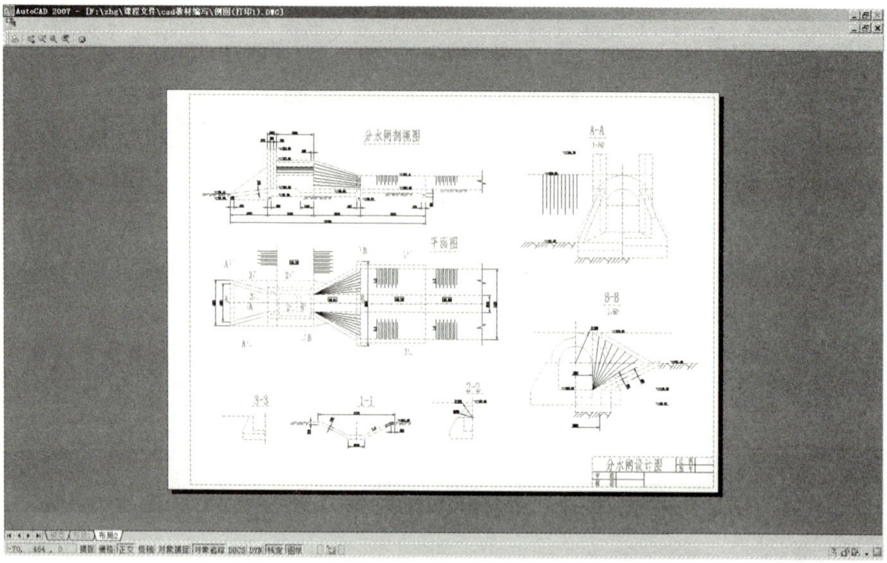

图 10-35　打印预览(不打印视口边框)

第十一章　三维建模简介

第一节　三维初步

一、三维模型的分类

在工程设计中，三维图形应用越来越广泛。在 AutoCAD 中，一般将三维图形分为三类，即线框模型、表面模型和实体模型。

线框模型为一种轮廓模型，它是由三维的直线和曲线组成的真实三维对象的边缘或骨架，没有面和体的特征。

表面模型用“面”描述三维对象，它不仅定义了三维对象的边界，而且还定义了表面，即具有面的特征。如果需要使用消隐、着色和渲染功能，但又不需要实体模型提供的物理特性(质量、体积、重心、惯性矩等)，则可以使用表面模型。而线框模型无法提供这些功能。

实体模型不仅具有线和面的特征，而且还具有体的特征，各实体对象间可以进行各种布尔运算操作，从而创建复杂的三维实体图形。

二、三维坐标系

AutoCAD 中提供了两个坐标系统：一个是系统默认的固定坐标系，被称为世界坐标系，简称 WCS；另一个是可根据用户需要移动的坐标系，被称为用户坐标系，简称 UCS。一般情况下，使用世界坐标系就可以了，但有时使用用户坐标系可以更快捷地绘制图形。

常用的设定 UCS 的方法有三点法和绕 *X*、*Y*、*Z* 轴旋转法。

(一)三点法设置 UCS

命令：UCS ↓　　//在命令行输入 UCS 命令并回车；

指定 UCS 的原点或[面(F)/命名(NA)/对象(OB)/上一个(P)/视图(V)/世界(W)/X/Y/Z/Z 轴(ZA)] <世界>:　　//在点 *A* 处单击鼠标左键，输入 UCS 的原点；

指定 *X* 轴上的点或<接受>:　　//在点 *B* 处单击鼠标左键，指定 *X* 轴上的点；

指定 *XY* 平面上的点或<接受>:　　//在点 *C* 处单击鼠标左键,指定 *XY* 平面上的点。

结果如图 11-1(b)所示。在三点法中，给定 *XY* 平面上的三点后，系统将按右手定则(伸开右手拇指、食指和中指，三指成互相垂直状，拇指代表 *X* 轴正向，食指代表 *Y* 轴正向，中指代表 *Z* 轴正向)自动确定 *Z* 轴正向。

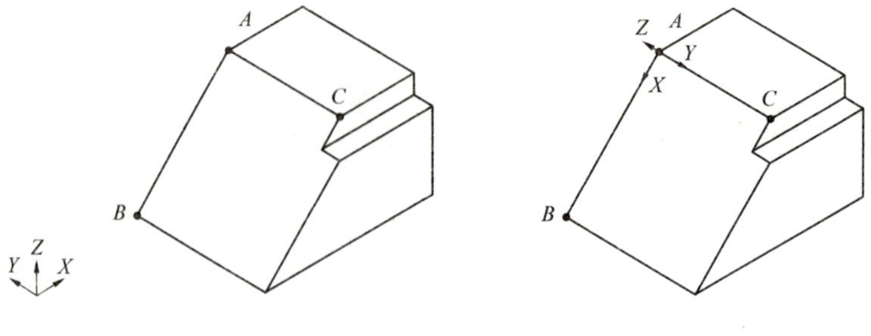

(a)　　(b)

图 11-1　三点法设置 UCS

(二)绕 *X*、*Y*、*Z* 轴旋转法设置 UCS

以绕 *Y* 轴旋转为例介绍，绕其余二轴旋转方法类似。

命令：UCS ↓　　//在命令行输入 UCS 命令并回车；

指定 UCS 的原点或[面(F)/命名(NA)/对象(OB)/上一个(P)/视图(V)/世界(W)/X/Y/Z/Z 轴(ZA)] <世界>：Y↓　　//在命令行输入 Y 并回车；

指定绕 *Y* 轴的旋转角度<90>：– 45↓　　//在命令行输入– 45 并回车。

结果如图 11-2 所示。在本例中，*XZ* 平面围绕 *Y* 轴顺时针旋转了 45°。

(三)从 UCS 回复到 WCS

命令：UCS ↓　　//在命令行输入 UCS 命令并回车；

指定 UCS 的原点或[面(F)/命名(NA)/对象(OB)/上一个(P)/视图(V)/世界(W)/X/Y/Z/Z 轴(ZA)] <世界>：W↓

//在命令行输入 W 并回车(或直接回车)。

结果如图 11-1(a)所示，回复到世界坐标系。

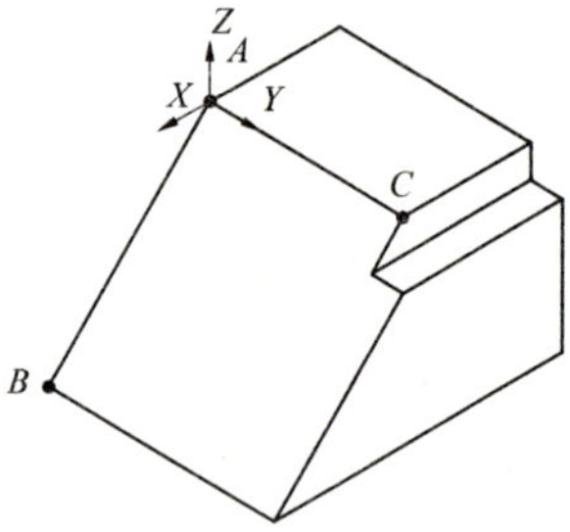

图 11-2　绕 *Y* 轴旋转法设置 UCS

三、观察三维图形

在 AutoCAD 2007 中，可以通过设置视点、使用系统预置的等轴测视图来观察三维图形；可以使用“动态观察”命令动态观察三维图形，还可以使用“创建相机”命令在三维空间模拟相机功能，生成三维透视图。当然也可以通过消隐及改变视觉样式等方法来改变视图效果。

(一)使用系统预置的等轴测视图观察三维图形

在 AutoCAD 2007 中，系统预置了俯视、仰视、主(正)视、后视、左视、右视等六个正视图和西南等轴测、东南等轴测、东北等轴测、西北等轴测等四个轴测视图。

1. 将默认俯视图改为西南等轴测视图

- 单击按钮法：(西南等轴测——在“视图”工具栏中)；
- 下拉菜单法：视图→三维视图→西南等轴测。

如图 11-3 所示为涵洞模型西南等轴测“二维线框”视图效果。

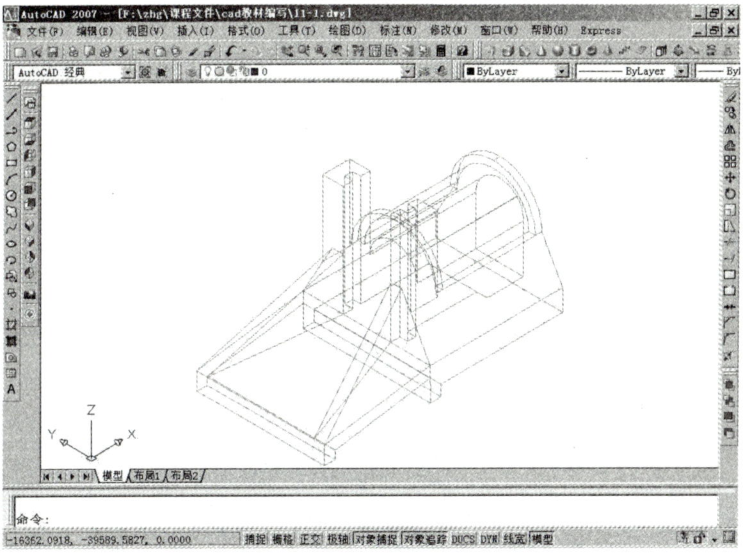

图 11-3　西南等轴测“二维线框”视图效果

2. 将三维视图设置为消隐

• 下拉菜单法：视图→消隐。

将如图 11-3 所示视图“消隐”后得如图 11-4 所示西南等轴测“二维线框消隐”视图效果。

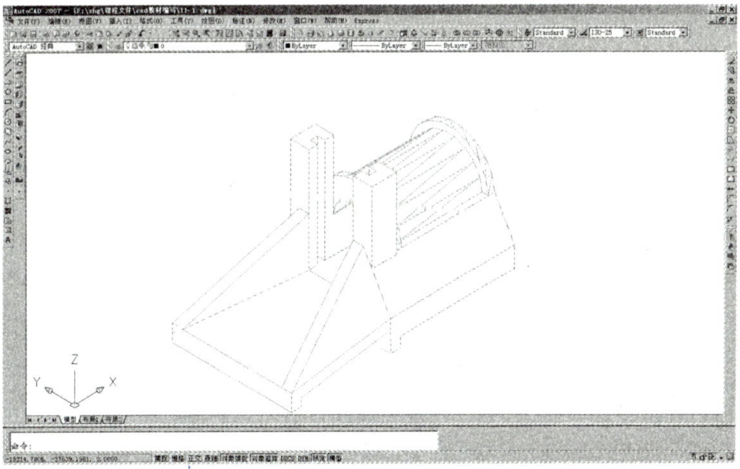

图 11-4　西南等轴测“二维线框消隐”视图效果

3. 更改三维视图视觉样式

• 单击按钮法：(三维隐藏视觉样式——在“视觉样式”工具栏中)；

• 下拉菜单法：视图→视觉样式→三维隐藏。

将视图视觉样式改为“三维隐藏”后得如图 11-5 所示西南等轴测“三维隐藏”视图

效果。

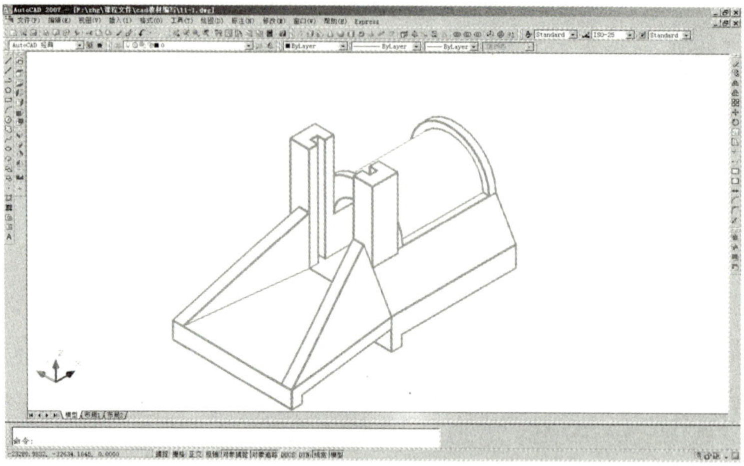

图 11-5 西南等轴测“三维隐藏”视图效果

- 单击按钮法：(真实视觉样式——在“视觉样式”工具栏中)；
- 下拉菜单法：视图→视觉样式→真实。

图 11-6 为模型西南等轴测“真实”视图效果。

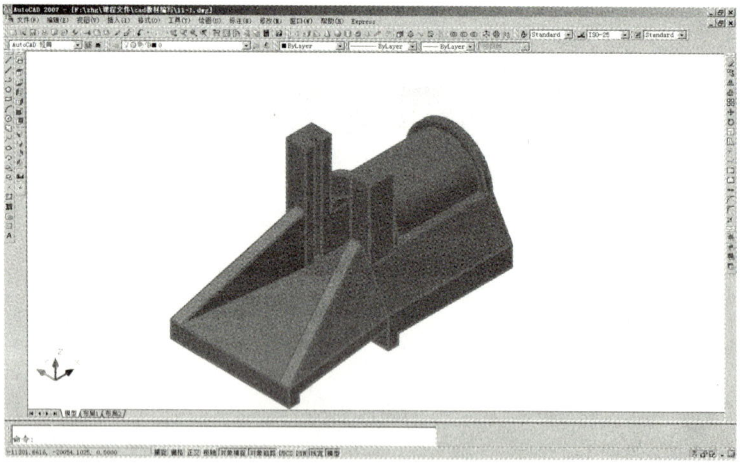

图 11-6 西南等轴测“真实”视图效果

- 单击按钮法：(概念视觉样式——在“视觉样式”工具栏中)；
- 下拉菜单法：视图→视觉样式→概念。

图 11-7 为模型西南等轴测“概念”视图效果。图 11-8 为模型东南等轴测“三维隐藏”视图效果。

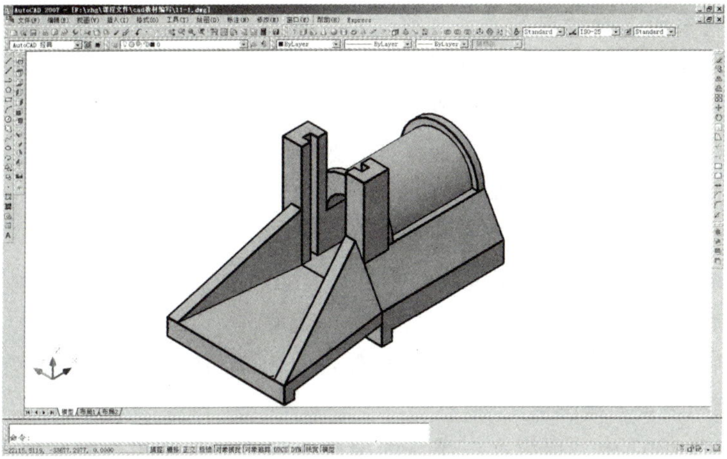

图 11-7　西南等轴测“概念”视图效果

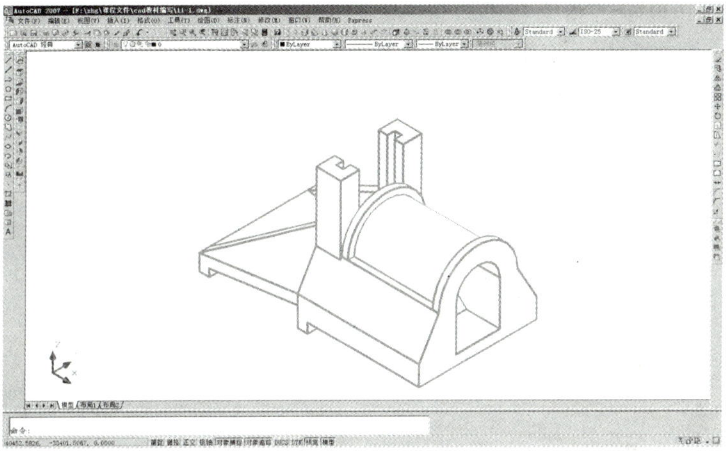

图 11-8　东南等轴测“三维隐藏”视图效果

(二)使用“动态观察”命令动态观察三维图形

在 AutoCAD 2007 中，可以使用“动态观察”命令动态观察三维图形，见图 11-9。

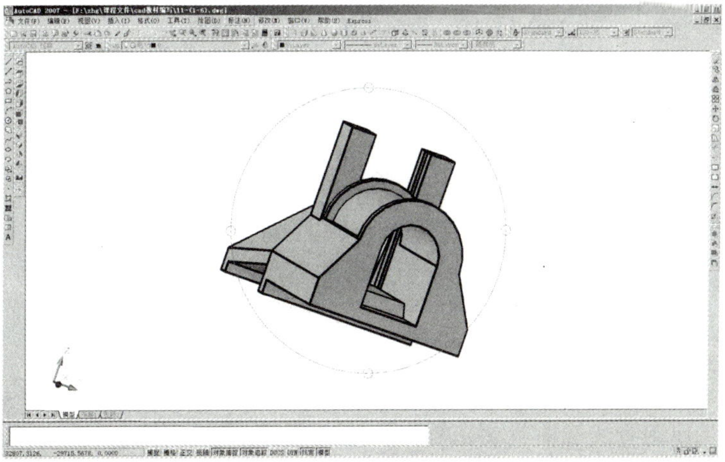

图 11-9　动态观察三维图形

三维动态观察包含受约束的动态观察、自由动态观察、连续动态观察三种方式。

受约束的动态观察：当视线与 Z 轴方向平行时，动态观察将受到约束。

自由动态观察：视点不受约束，在任意方向上都可进行动态观察。

连续动态观察：连续地进行动态观察，在要连续动态观察移动的方向上单击并拖动，然后释放鼠标按钮，轨道沿该方向移动。

下面通过自由动态观察方式观察三维形体。

- 单击按钮法：(自由动态观察——在“三维导航”工具栏的嵌套按钮中)；
- 下拉菜单法：视图→动态观察→自由动态观察。

启动命令后，按住鼠标左键，移动鼠标便可自由动态观察三维图形。

(三)模拟相机观察三维图形

在 AutoCAD 2007 中，可以在三维空间模拟一台或几台相机观察三维图形。

- 下拉菜单法：视图→创建相机。

执行命令后，提示“指定相机位置：”，在适当位置给定相机位置。相机位置相当于观察点位置，图 11-10 中相机的位置为(0,0,1800)。相机高度一般定为 1600~1800 mm，即人眼睛的高度，这样得到的视图比较符合人的视觉较果。

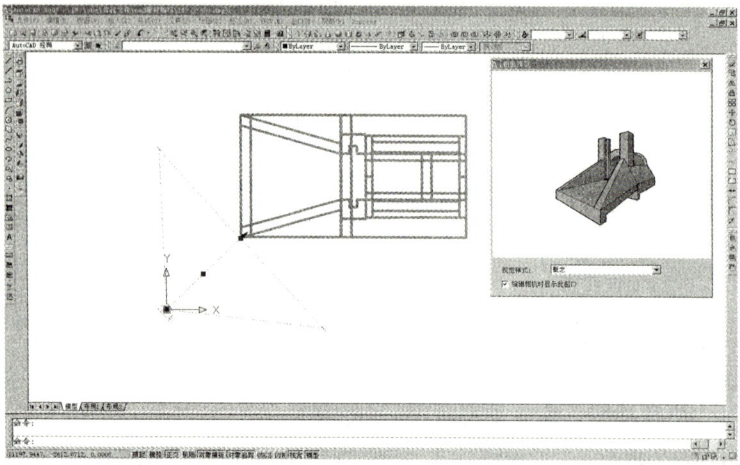

图 11-10　模拟相机观察三维图形

给定相机位置后提示“指定目标位置：”，目标为要观察的对象，可通过指定视图中心的坐标来定义。

指定目标位置后，一般还须设置镜头长度。镜头长度以毫米计，用于指定视野的大小，镜头长度越长，视野越小。

相机创建成完毕后，选择相机，弹出“相机预览”对话框，显示效果，如图 11-10 所示。

四、线框模型

线框模型是使用直线和曲线表示真实三维对象的边缘或骨架。线框模型仅由描述对象边界的点、直线和曲线组成。由于构成线框模型的每个对象都必须单独绘制和定位，因此这种建模方式较为耗时，使用也较少。

创建线框模型的方法主要有两种：①使用三维多段线命令通过输入三维坐标绘制线框模型；②通过提取三维实体模型的边来创建线框模型。

(一)使用三维多段线命令通过输入三维坐标创建线框模型

三维多段线的绘制过程和二维多段线基本相同，下面以创建一个长为 300 mm、宽为 100 mm、高为 200 mm 的长方体线框模型为例，介绍使用三维多段线命令绘制线框模型的方法。

(1)将视图设为“西南等轴测”。

• 下拉菜单法：视图→三维视图→西南等轴测。

(2)使用三维多段线命令创建线框模型。

• 下拉菜单法：绘图→三维多段线；

• 键盘输入法：3dpoly↓。

执行命令后，系统做如下提示：

命令：3dpoly↓　　　　//在命令行输入 3dpoly 命令并回车。

指定多段线起点：　　输入：A(0,0,0)，提示“指定直线的端点：”，顺次输入：B(@300,0,0)、C(@0,0,200)、D(@–300,0,0)、A(@0,0,–200)、E(@0,100,0)、F(@300,0,0)、G(@0,0,200)、H(@–300,0,0)、E(@0,0,–200)。

(3)使用三维多段线命令和对象捕捉工具连接 *BF*、*CG*、*DH*，得到如图 11-11 所示结果。

注意：在本章中如无特殊说明，给出的视图皆为“西南等轴测”图。

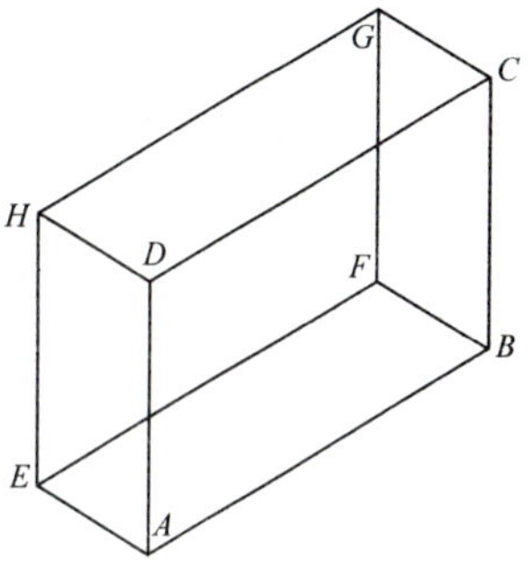

图 11-11　长方体线框模型

(二)通过提取三维实体模型的边来创建线框模型

使用三维多段线命令通过输入三维坐标创建三维线框模型较为困难和费时，从三维实体中提取轮廓线创建线框模型可以提高工作效率。

还是以创建一个长为 300 mm、宽为 100 mm、高为 200 mm 的长方体线框模型为例，介绍从三维实体中提取轮廓线创建线框模型的方法。

(1)使用 Box 命令创建长方体实体模型。

• 下拉菜单法：绘图→建模→长方体；

• 键盘输入法：Box↓。

执行命令后，系统做如下提示：

命令：Box↓　　　　//在命令行输入 Box 命令并回车；

指定第一个角点或[中心(C)]:　　　　//在屏幕的适当位置单击鼠标左键输入第一个角点；

指定其他角点或[立方体(C)/长度(L)]：@300,100↓　　　　//输入另一角点的坐标并回车；

指定高度或[两点(2P)]：200↓　　　　//输入长方体的高并回车，生成长方体的实体模型。

(2)提取轮廓线创建线框模型。

- 下拉菜单法：修改→三维操作→提取边；
- 键盘输入法：Xedges↓。

命令：Xedges↓　　//在命令行输入 Xedges 命令并回车；
选择对象：　　//选择长方体并回车，轮廓线提取完成。
删除实体后得到如图 11-11 所示长方体线框模型。

五、表面模型

(一)直纹网格

使用 Rulesurf 命令可以使母线在两条导线之间移动形成直纹面，下面以水利工程建筑物中常见的扭面(双曲抛物面)为例介绍 Rulesurf 命令的用法。

(1)使用三维多段线命令绘制两条导线。

(2)使用 Rulesurf 命令创建直纹面。

- 下拉菜单法：绘图→建模→网格→直纹网格；
- 键盘输入法：Rulesurf↓。

命令：Rulesurf↓　　//在命令行输入 Rulesurf 命令并回车；
选择第一条定义曲线：　　//在图 11-12(a)中 *AB* 导线上，靠近 *A* 点处单击鼠标左键；
选择第二条定义曲线：　　//在图 11-12(a)中 *CD* 导线上，靠近 *C* 点处单击鼠标左键，得如图 11-12(b)所示结果，若在靠近 *D* 点处单击，则得到如图 11-12(c)所示结果。

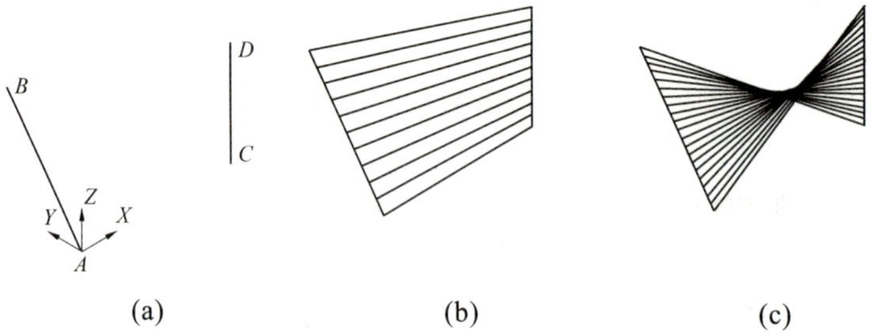

图 11-12　创建直纹面

在使用 Rulesurf 命令创建直纹面时，导线可以是直线，也可以是曲线；两条导线可以共面，也可以不共面；等分线段数可以通过 SURFTAB1 变量进行调整(可直接在命令行输入变量名)。图 11-12 中，两导线均为直线，且不共面，SURFTAB1 变量值设置为 10。

(二)平移网格

使用 Tabsurf 命令可以创建平移网格，下面以水利工程建筑物中常见的斜圆柱面为例介绍 Tabsurf 命令的用法。

(1)绘制一个圆作为路径曲线，绘制一条直线作为方向矢量，如图 11-13(a)所示。

(2)使用 Tabsurf 命令创建斜圆柱面。

- 下拉菜单法：绘图→建模→网格→平移网格；
- 键盘输入法：Tabsurf↓。

命令：Tabsurf↓　　//在命令行输入 Tabsurf 命令并回车；

选择用做轮廓曲线的对象：　　//选取图 11-13(a)中的圆；
选择用做方向矢量的对象：　　//选取图 11-13(a)中的直线后得如图 11-13(b)所示结果。

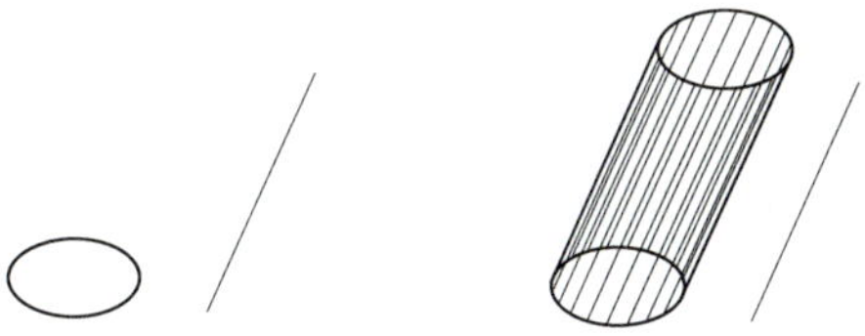

(a)　　(b)

图 11-13　创建平移曲面

用做路径的对象可以是直线、圆弧、圆、椭圆、椭圆弧、二维多段线、三维多段线或样条曲线；用做方向矢量的对象一般为直线。表示路径和方向矢量的对象必须事先绘制，且二者不能位于同一平面内。

(三)旋转网格

使用 Revsurf 命令可以通过绕轴线旋转对象来创建旋转网格，下面以酒杯造型为例介绍 Revsurf 命令的用法。

(1)绘制对象的轮廓线，绘制旋转轴线，如图 11-14(a)所示。

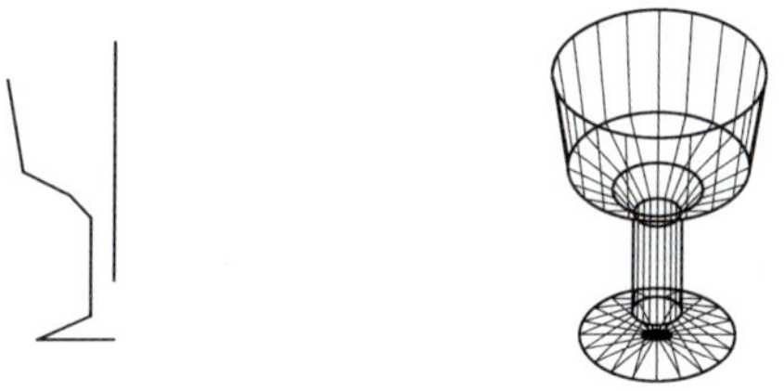

(a)　　(b)

图 11-14　创建旋转曲面

(2)使用 Revsurf 命令创建旋转网格。

- 下拉菜单法：绘图→建模→网格→旋转网格；
- 键盘输入法：Revsurf↓。

命令：Revsurf↓　　//在命令行输入 Revsurf 命令并回车；
选择要旋转的对象：　　//选取图 11-14(a)中的轮廓线；
选择定义旋转轴的对象：　　//选取图 11-14(a)中的轴线；
指定起点角度<0>：↓　　//回车；
指定包含角(+=逆时针，–=顺时针) <360>：↓　　//回车，轮廓线绕轴线旋转 360°后得如图 11-14(b)所示结果。

轮廓线可以是直线、圆、圆弧、椭圆、椭圆弧、多段线、样条曲线、闭合多段线、多边形、闭合样条曲线或圆环的任意组合。生成网格的密度由 SURFTAB1 和 SURFTAB2 系统变量控制。

(四)边界网格

使用 Edgesurf 命令可以创建一个由四条邻接边定义的三维多边形网格。

(1)绘制曲面的四条边界曲线，如图 11-15(a)所示。

(2)使用 Edgesurf 命令创建边界定义网格。

• 下拉菜单法：绘图→建模→网格→边界网格；

• 键盘输入法：Edgesurf↓。

命令：Edgesurf↓　　//在命令行输入 Edgesurf 命令并回车；

选择用做曲面边界的对象：　　//顺次选取四条边界曲线后得如图 11-15(b)所示结果。

边界可以是圆弧、直线、多段线、样条曲线和椭圆弧，这些边可以是平面曲线，也可以是空间曲线，四条边界曲线必须形成闭合环。

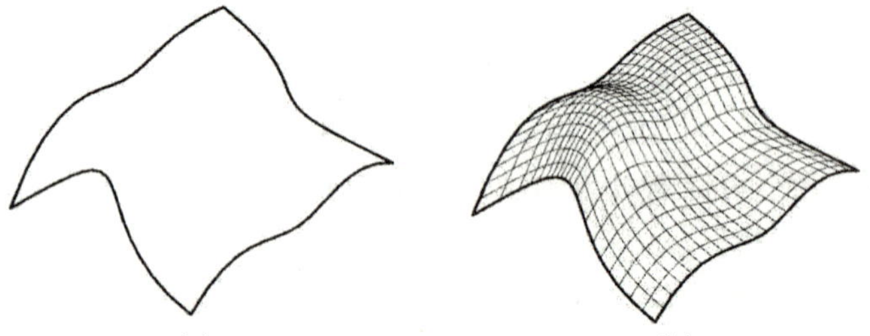

(a)　　(b)

图 11-15　创建边界定义曲面

第二节　三维实体模型的创建

一、创建基本实体模型

在 AutoCAD 2007 中，可以创建的基本三维实体有多段体、长方体、楔体、圆锥体、圆柱体、球体、棱锥体和圆环体。它们可以通过绘图→建模子菜单及“建模”工具栏创建。

(一)多段体

绘制多段体与绘制多段线的方法类似。默认情况下，多段体始终带有一个矩形轮廓。可以指定轮廓的高度和宽度。

• 单击按钮法：(多段体——在“建模”工具栏中)；

• 下拉菜单法：绘图→建模→多段体；

• 键盘输入法：Polysolid↓。

命令：Polysolid↓　　//在命令行输入 Polysolid 命令并回车；

指定起点或[对象(O)/高度(H)/宽度(W)/对正(J)]<对象>：H↓　　//选“高度”选项并回车；

指定高度<80>：150↓　　//指定高度并回车；

指定起点或[对象(O)/高度(H)/宽度(W)/对正(J)]<对象>：W↓　　//选“宽度”选项并回车；

指定宽度<5>：30↓　　//指定宽度并回车；

指定起点或[对象(O)/高度(H)/宽度(W)/对正(J)]<对象>：　//在屏幕上适当位置单击鼠标左键指定多段体起点；
指定下一个点或[圆弧(A)/放弃(U)]：@300,0↓　//指定多段体下一点；
指定下一个点或[圆弧(A)/放弃(U)]：@0,–200↓　//指定多段体下一点；
指定下一个点或[圆弧(A)/放弃(U)]：@200,0↓　//指定多段体下一点并回车。

得到如图 11-16(a)所示结果。

多段体还可以从现有的直线、二维多段线、圆弧或圆创建。

另外，完成多段体高度和宽度设置后，在提示“指定起点或[对象(O)/高度(H)/宽度(W)/对正(J)] <对象>：”时输入 O，并回车，提示“选择对象：”，选取图 11-16(b)中所示的线框，得到如图 11-16(c)所示结果。

注意：在以后章节中，如无特殊说明，视觉样式皆为“三维隐藏”样式。

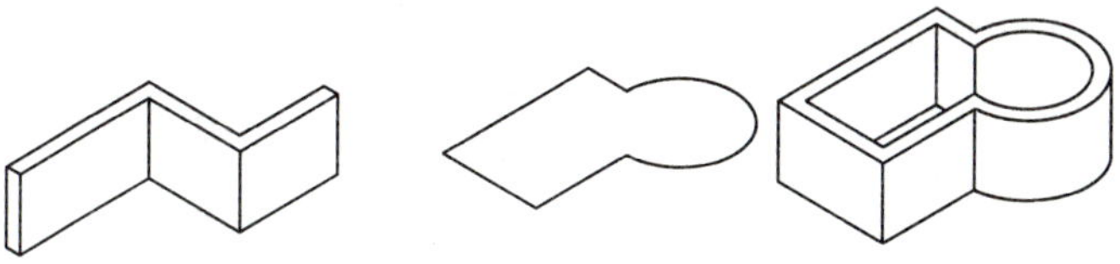

(a)　(b)　(c)

图 11-16　创建多段体

(二)长方体

可以使用 Box 命令创建长方体。创建的长方体底面始终与当前 UCS 的 *XY* 平面平行。

- 单击按钮法：(长方体——在“建模”工具栏中)；
- 下拉菜单法：绘图→建模→长方体；
- 键盘输入法：Box↓。

命令：Box↓　//在命令行输入 Box 命令并回车；
指定第一个角点或[中心(C)]：”　//在屏幕上适当位置单击鼠标左键指定第一个角点；
指定其他角点或[立方体(C)/长度(L)]：@300,100↓　//指定第二个角点；
指定高度或[两点(2P)]：200↓　//指定长方体高度并回车。
得到如图 11-17(a)所示结果。

如果在提示“指定其他角点或 [立方体(C)/长度(L)]：”时输入 C，回车；
指定长度：200↓　//指定正方体的边长并回车。
得到如图 11-17(b)所示正方体。

(a)　(b)

图 11-17　创建长方体和正方体

(三)楔体

使用 Wedge 命令创建五面三维楔体，并使其倾斜面沿 *X* 轴方向。

- 单击按钮法：(楔体——在“建模”工具栏中)；
- 下拉菜单法：绘图→建模→楔体；
- 键盘输入法：Wedge↓。

命令：Wedge↓　　//在命令行输入 Wedge 命令并回车；

指定第一个角点或[中心(C)]：　　//在屏幕上适当位置单击鼠标左键指定第一角点；

指定其他角点或[立方体(C)/长度(L)]：@300,100↓　　//指定第二个角点；

定高度或[两点(2P)]<100>：200↓　　//输入高度并回车。

得到如图 11-18(a)所示结果。

如果在提示“指定其他角点或[立方体(C)/长度(L)]：”时输入 C，回车；

指定长度<200>：150↓　　//指定等边楔体的边长并回车。

得到如图 11-18(b)所示等边楔体。

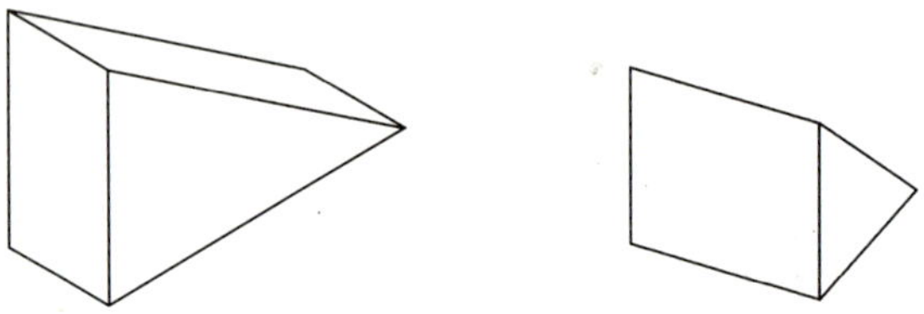

(a)　　(b)

图 11-18　创建楔体和等边楔体

(四)圆锥体

使用 Cone 命令可以创建以圆或椭圆为底面、再将底面逐渐缩小到一点的圆锥体，也可以通过逐渐缩小到与底面平行的圆或椭圆平面来创建圆台。默认情况下，圆锥体的底面位于当前 UCS 的 *XY* 平面上。圆锥体的高度与 *Z* 轴平行。

- 单击按钮法：(圆锥体——在“建模”工具栏中)；
- 下拉菜单法：绘图→建模→圆锥体；
- 键盘输入法：Cone↓。

命令：Cone↓　　//在命令行输入 Cone 命令并回车；

指定底面的中心点或[三点(3P)/两点(2P)/相切、相切、半径(T)/椭圆(E)]：

　　//在屏幕上适当位置单击鼠标左键指定底圆圆心；

指定底面半径或[直径(D)]：150↓　　//指定底圆半径并回车；

指定高度或[两点(2P)/轴端点(A)/顶面半径(T)]：300↓　　//指定圆锥体高度并回车得到如图 11-19(a)所示圆锥体。

(a)　(b)

图 11-19　创建圆锥体和圆台

如果在提示“指定高度或[两点(2P)/轴端点(A)/顶面半径(T)]：”时输入 T，回车；

指定顶面半径<0>：50↓　//指定圆台顶圆半径并回车；

指定高度或[两点(2P)/轴端点(A)]<150>：300↓　//指定圆台高度并回车。

得到如图 11-19(b)所示圆台。

(五)圆柱体

使用 Cylinder 命令可以创建以圆或椭圆为底面的柱体。

- 单击按钮法：(圆柱体——在“建模”工具栏中)；
- 下拉菜单法：绘图→建模→圆柱体；
- 键盘输入法：Cylinder↓。

命令：Cylinder↓　//在命令行输入 Cylinder 命令并回车；

指定底面的中心点或[三点(3P)/两点(2P)/相切、相切、半径(T)/椭圆(E)]：

//在屏幕上适当位置单击鼠标左键指定底圆圆心；

指定底面半径或[直径(D)]：80↓　//指定底圆半径并回车；

指定高度或[两点(2P)/轴端点(A)]<300>：250↓　//指定圆柱高度并回车。

得到如图 11-20(a)所示圆柱体。

(a)　(b)

图 11-20　创建圆柱体和椭圆柱体

如果在提示“指定底面的中心点或[三点(3P)/两点(2P)/相切、相切、半径(T)/椭圆(E)]：”时输入 E，回车；

指定第一个轴的端点或[中心(C)]：C↓　//选“中心”选项并回车；

指定中心点：　//在屏幕上适当位置单击鼠标左键指定椭圆中心点；

指定到第一个轴的距离<237>：50↓　　//追踪 *X* 轴方向，输入 50 并回车；

指定第二个轴的端点：100↓　　//追踪 *Y* 轴方向，输入 100 并回车；

指定高度或[两点(2P)/轴端点(A)]<358>：250↓　　//指定椭圆柱高度并回车。

得到如图 11-20(b)所示椭圆柱体。

(六)球体

使用 Sphere 命令可以创建球体。

- 单击按钮法：(球体——在“建模”工具栏中)；
- 下拉菜单法：绘图→建模→球体；
- 键盘输入法：Sphere↓。

命令：Sphere↓　　//在命令行输入 Sphere 命令并回车；

指定中心点或[三点(3P)/两点(2P)/相切、相切、半径(T)]：

//在屏幕上适当位置单击鼠标左键指定球心；

指定半径或[直径(D)]：150↓　　//输入球体半径并回车。

得到如图 11-21(a)所示球体(三维线框视觉样式)。

(a)　　(b)

图 11-21　创建球体和圆环体

(七)圆环体

可以使用 Torus 命令创建与轮胎内胎相似的环形实体。

- 单击按钮法：(圆环体——在“建模”工具栏中)；
- 下拉菜单法：绘图→建模→圆环体；
- 键盘输入法：Torus↓。

命令：Torus↓　　//在命令行输入 Torus 命令并回车；

指定中心点或[三点(3P)/两点(2P)/相切、相切、半径(T)]：

//在屏幕上适当位置单击鼠标左键指定圆环中心；

指定半径或[直径(D)]：150↓　　//指定圆环体半径并回车；

指定圆管半径或[两点(2P)/直径(D)]：40↓　　//指定圆管半径并回车。

得到如图 11-21(b)所示圆环体(三维线框视觉样式)。

注意：图 11-21 中的球体和圆环体的曲面轮廓线数均为 20(曲面轮廓线数可使用系统变量 Isolines 进行设置)。

(八)棱锥体

使用 Pyramid 命令可以创建棱锥体、棱台体和棱柱体，并且可以定义棱锥体的侧面数(介于 3 ~ 32)。

- 单击按钮法：(棱锥体——在“建模”工具栏中)；
- 下拉菜单法：绘图→建模→棱锥体；
- 键盘输入法：Pyramid↓。

命令：Pyramid↓ //在命令行输入 Pyramid 命令并回车；
指定底面的中心点或[边(E)/侧面(S)]：S↓ //选“侧面”选项并回车；
输入侧面数<4>：5↓ //输入棱锥体侧面数并回车；
指定底面的中心点或[边(E)/侧面(S)]： //在屏幕上适当位置单击鼠标左键指定外接圆心；
指定底面半径或[内接(I)]<100>：200↓ //指定底面外接圆半径；
指定高度或[两点(2P)/轴端点(A)/顶面半径(T)]<200>：300↓
//指定棱锥体高度并回车。

得到如图 11-22(a)所示 5 棱锥。

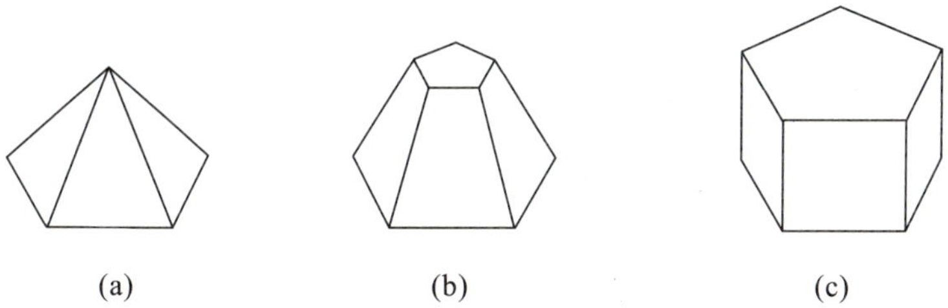

图 11-22 创建棱锥、棱台和棱柱

如果在提示“指定高度或[两点(2P)/轴端点(A)/顶面半径(T)]<200>：”时输入 T，回车；
指定顶面半径<99>：80↓ //指定顶面外接圆半径；
指定高度或[两点(2P)/轴端点(A)]<163>：300↓ //指定棱台高度并回车。
得到如图 11-22(b)所示 5 棱台。
如果在提示“指定高度或[两点(2P)/轴端点(A)/顶面半径(T)]<200>：”时输入 T，回车；
指定顶面半径<99>：200↓ //指定顶面外接圆半径；
指定高度或[两点(2P)/轴端点(A)]<163>：300↓ //指定棱柱高度并回车。
得到如图 11-22(c)所示 5 棱柱。

二、创建复杂实体模型

在 AutoCAD 2007 中，复杂实体可以通过拉伸、旋转、扫掠、放样、布尔运算等方式创建。

(一)拉伸

使用 Extrude 命令可以拉伸选定的对象创建实体和曲面。如果拉伸对象闭合，则生成的对象为实体；如果拉伸对象不闭合，则生成的对象为平面或曲面。

- 单击按钮法：(拉伸——在“建模”工具栏中)；
- 下拉菜单法：绘图→建模→拉伸；
- 键盘输入法：Extrude↓。

命令：Extrude↓　　//在命令行输入Extrude命令并回车；

选择要拉伸的对象：　　//选择图 11-23(a)中的线框并回车；

指定拉伸的高度或[方向(D)/路径(P)/倾斜角(T)]<300>：500↓　　//指定拉伸的距离。

得到如图 11-23(b)所示结果。

如果在提示“指定拉伸的高度或[方向(D)/路径(P)/倾斜角(T)]<300>：”时，输入 P，并回车；

选择拉伸路径或[倾斜角]：　　//选取图 11-23(c)中右上角的直线。

得到如图 11-23(d)所示结果。

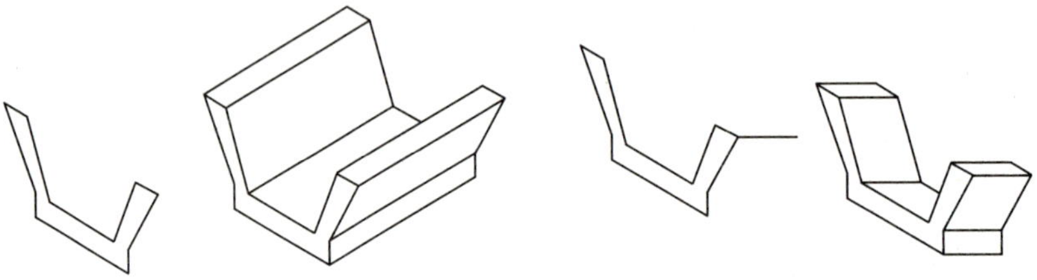

(a)　(b)　(c)　(d)

图 11-23　拉伸对象创建实体

(二)旋转

使用 Revolve 命令可以通过绕轴旋转开放或闭合对象来创建实体或曲面。旋转的对象和路径可以是直线、曲线，也可以是二者的组合；可以是封闭的，也可以是开放的。如果旋转闭合对象，则生成实体。如果旋转开放对象，则生成曲面。如果要使用与多段线相交的直线或圆弧组成的轮廓创建实体，请在使用Revolve命令前使用Pedit命令的“合并”选项将它们转换为一个多段线对象。如果未将这些对象转换为一个多段线，则旋转它们时将创建曲面。

- 单击按钮法：(旋转——在“建模”工具栏中)；
- 下拉菜单法：绘图→建模→旋转；
- 键盘输入法：Revolve↓。

命令：Revolve↓　　//在命令行输入 Revolve 命令并回车；

选择要旋转的对象：　　//选择图 11-24(a)中的线框并回车；

指定轴起点或根据以下选项之一定义轴[对象(O)/X/Y/Z]<对象>：

//指定图 11-24(a)中右侧竖直线的下端点为轴线起点；

指定轴端点：　　//指定图 11-24(a)中竖直线的上端点为轴线另一端点；

指定旋转角度或[起点角度(ST)]<360>：↓　　//指定旋转角度。

得到如图 11-24(b)所示结果。

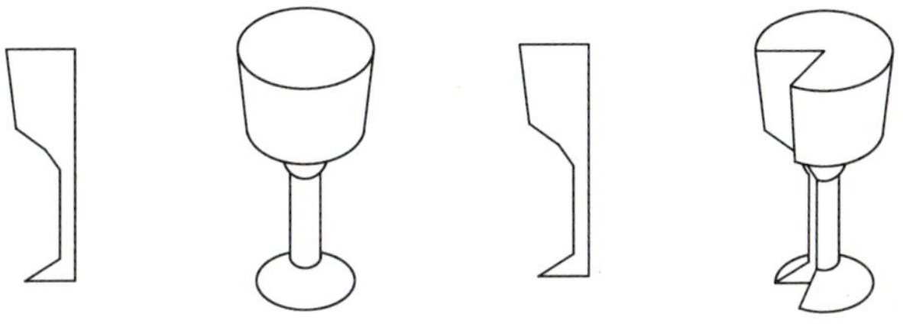

(a)　(b)　(c)　(d)

图 11-24　旋转对象创建实体

如果在提示“指定旋转角度或[起点角度(ST)]<360>：”时，输入–300，回车，得到如图 11-24(d)所示结果。

(三)扫掠

使用 Sweep 命令，可以通过沿开放或闭合的二维或三维路径扫掠开放或闭合的平面曲线(轮廓)来创建新实体或曲面。可以扫掠多个对象，但是这些对象必须位于同一平面中。扫掠的对象和路径可以是直线、曲线，也可以是二者的组合；可以是封闭的，也可以是开放的。如果沿一条路径扫掠闭合的线框，则生成实体。如果沿一条路径扫掠开放的线，则生成曲面。

- 单击按钮法：(扫掠——在“建模”工具栏中)；
- 下拉菜单法：绘图→建模→扫掠；
- 键盘输入法：Sweep↓。

命令：Sweep↓　　//在命令行输入 Sweep 命令并回车；

选择要扫掠的对象：　　//选择图 11-25(a)中的线框并回车；

选择扫掠路径或[对齐(A)/基点(B)/比例(S)/扭曲(T)]：　　//选择图 11-25(a)中的螺旋线。

得到图 11-25(b)所示的螺旋滑梯。

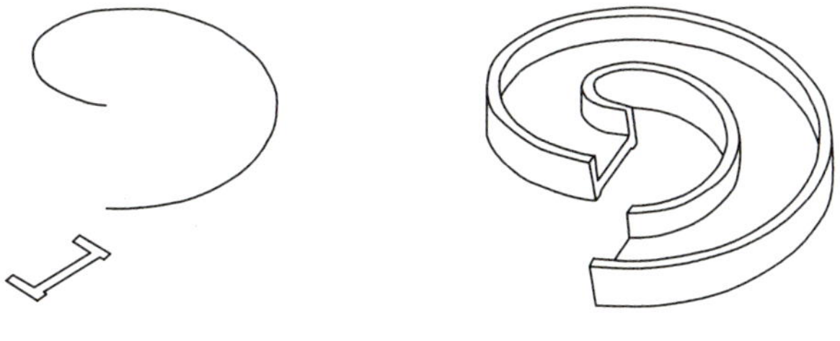

(a)　(b)

图 11-25　扫掠对象创建实体

(四)放样

使用 Loft 命令，可以通过对包含两条或两条以上横截面曲线的一组曲线进行放样(绘制实体或曲面)来创建三维实体或曲面。横截面定义了结果实体或曲面的轮廓(形状)。横截面(通常为曲线或直线)可以是开放的，也可以是闭合的。使用放样命令时，至少必须指定两个横截面。如果对一组闭合的横截面线进行放样，则生成实体。如果对一组开放的横截面线进行放样，则生成曲面。放样时使用的横截面线必须全部开放或全部闭合。不能使用既包含开放横截面线又包含闭合横截面线的选择集进行放样。

下面以水利工程中常见的扭面体为例，介绍 Loft 命令的用法。

(1)使用三维多段线命令绘制横截面。

执行三维多段线命令后，顺次输入如下坐标：(0,0,0)、(@0,200,300)、(@0,100,0)、(@0,–200,–300)后，输入 C，回车，画出第一个横截面；再输入如下坐标：(300,0,0)、(@0,0,300)、(@0,100,0)、(@0,200,–300)后，输入 C，回车，画出第二个横截面。结果如图 11-26(a)所示。

(2)使用 Loft 命令放样生成扭面体。

- 单击按钮法：(放样——在“建模”工具栏中)；
- 下拉菜单法：绘图→建模→放样；
- 键盘输入法：Loft↓。

命令：Loft↓　　　　　　　　　　//在命令行输入 Loft 命令并回车；

按放样次序选择横截面：　　　　　//从左到右顺次选取图 11-26(a)中的线框并回车；

输入选项[导向(G)/路径(P)/仅横截面(C)]<仅横截面>：↓

//回车，使用“仅横截面”选项，在弹出的“放样设置”对话框中将曲面控制方式设为“直纹”。

得到图 11-26(b)所示结果(三维线框视觉效果)，消隐后所得结果如图 11-26(c)所示。

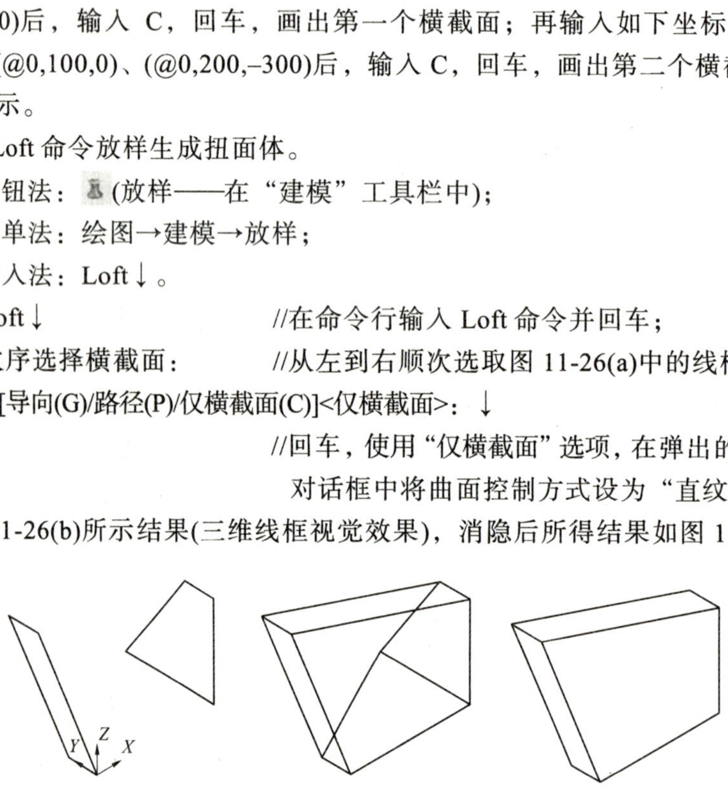

(a)　　　　(b)　　　　(c)

图 11-26　放样对象创建实体

(五)布尔运算

在 AutoCAD 2007 中，可以通过并集、差集、交集等布尔运算方式，由两个或多个单个实体创建复合实体。

1. 并集

使用 Union 命令，可以合并两个或两个以上实体或面域，成为一个复合对象。使用该命令时，只需要依次选择待合并的对象即可。

一般可采用下述方法调用该命令：

- 单击按钮法：(并集——在“建模”工具栏中)；

• 下拉菜单法：绘图→建模→并集；
• 键盘输入法：Union↓。

命令：Union↓　　　　　　　　//在命令行输入 Union 命令并回车；
选择对象：　　　　　　　　　//顺次选取图 11-27(a)中所示的两个圆柱体并回车。
两个圆柱合成一个对象，得到图 11-27(b)所示结果。

(a)　　　　(b)

图 11-27　使用并集合并实体

2. 差集

使用 Subtract 命令，可以从一组实体中删除与另一组实体的公共区域。
一般可采用下述方法调用该命令：

• 单击按钮法：(差集——在“建模”工具栏中)；
• 下拉菜单法：绘图→建模→差集；
• 键盘输入法：Subtract↓。

命令：Subtract↓　　　　　　　　//在命令行输入 Subtract 命令并回车；
选择对象：　　　　　　　　　　　//选取图 11-28(a)中所示的大圆柱并回车；
选择要减去的实体或面域…：　　　//选取图 11-28(a)中所示的小圆柱并回车。
得到图 11-28(b)所示结果。

3. 交集

使用 Intersect 命令，可以从两个或两个以上重叠实体的公共部分创建复合实体。
可采用下述方法调用该命令：

• 单击按钮法：(交集——在“建模”工具栏中)；
• 下拉菜单法：绘图→建模→交集；
• 键盘输入法：Intersect↓。

命令：Intersect↓　　　　　　//在命令行输入 Intersect 命令并回车；
选择对象：　　　　　　　　　//选取图 11-29(a)中所示的两个圆柱并回车。
得到图 11-29(b)所示结果。

(a)　　　　(b)

图 11-28　使用差集创建实体

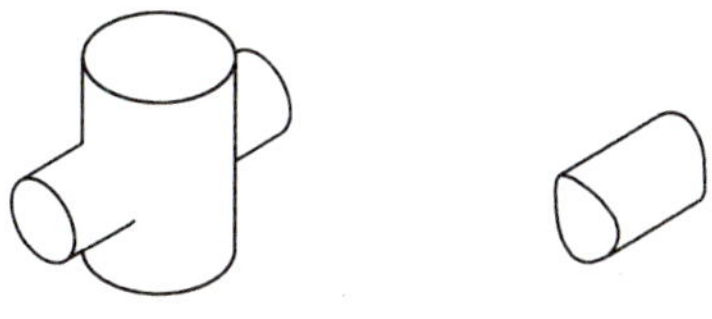

(a)　　　　(b)

图 11-29　使用交集创建实体

4. 面域的布尔运算

在 AutoCAD 2007 中，同样可对面域进行布尔运算。面域是用闭合的形状或环创建的二维区域。直线、圆、圆弧、椭圆及闭合多段线等均可生成面域。

一般可采用下述方法调用面域命令：

- 单击按钮法：(面域——在“绘图”工具栏中)；
- 下拉菜单法：绘图→面域；
- 键盘输入法：Region(简捷命令为 Reg)↓。

绘制两个尺寸相同的圆，并生成面域，如图 11-30(a)所示。分别对两面域进行并集、差集、交集等布尔运算，得到如图 11-30(b)、(c)、(d)、(e)所示结果。

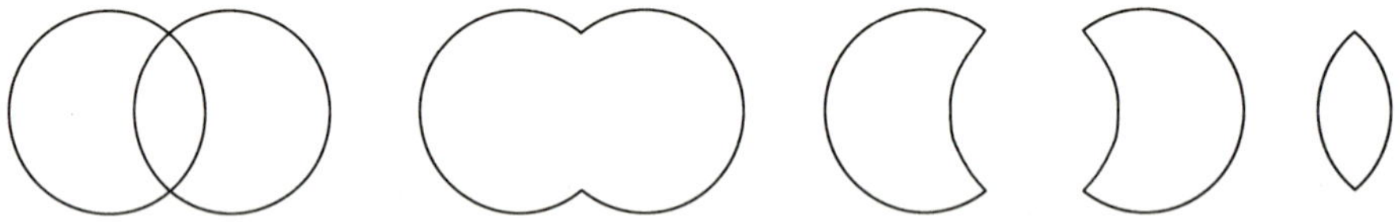

(a)面域　(b)并集　(c)差集　(d)差集　(e)交集

图 11-30　面域的布尔运算

注意：图 11-30(c)与图 11-30(d)不同，是由于选择对象的顺序不同所致。

第三节　三维实体模型的编辑

在 AutoCAD 2007 中，可以对三维实体进行三维移动、三维旋转、三维对齐、三维镜像、三维阵列等三维操作；可以通过多种方式对实体和曲面进行编辑，也可以选择和修改实体上的子对象(面、边和顶点)。

一、三维操作

(一)三维移动

使用 3dmove 命令，可以在三维空间移动实体。

- 单击按钮法：(三维移动——在“建模”工具栏中)；
- 下拉菜单法：修改→三维操作→三维移动；
- 键盘输入法：3dmove↓。

命令：3dmove↓　　//在命令行输入 3dmove 命令并回车；
选择对象：　　//选取图 11-31(a)中的实体并回车；
指定基点或[位移(D)]<位移>：　　//在图 11-31(a)中的点 *A* 处单击鼠标左键；
指定第二个点或<使用第一个点作为位移>：　　//在图 11-31(b)中的点 *B* 处单击鼠标左键。

得到图 11-31(c)所示结果。

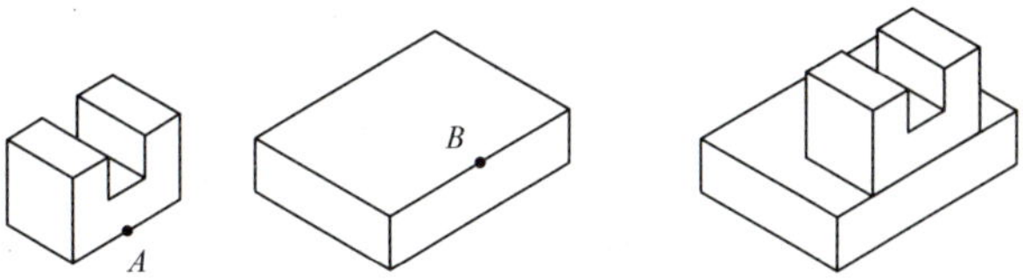

(a)　(b)　(c)

图 11-31　在三维空间移动实体

(二)三维旋转

使用 3drotate 命令，可以在三维空间旋转实体。

- 单击按钮法：(三维旋转——在“建模”工具栏中)；
- 下拉菜单法：修改→三维操作→三维旋转；
- 键盘输入法：3drotate↓。

命令：3drotate↓　　//在命令行输入 3drotate 命令并回车；
选择对象：　　//选取图 11-32(a)中的实体并回车；
指定基点：　　//在图 11-32(a)中的 *A* 点处单击鼠标左键；
拾取旋转轴：　　//移动光标到适当位置，左键拾取图 11-32(b)中所示轴线；
指定角的起点：90↓　　//指定旋转角度并回车。

得到图 11-32(c)所示结果。

在提示“指定角的起点：”时，可以直接输入旋转角度旋转对象，也可以指定一个角的起点和终点旋转对象。

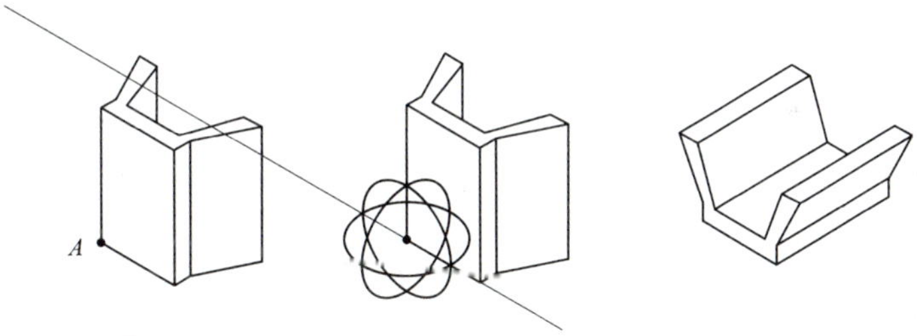

(a)　(b)　(c)

图 11-32　在三维空间旋转实体

(三)三维对齐

使用 3dalign 命令，可以在三维空间将实体与其他实体对齐。

- 单击按钮法：(三维对齐——在“建模”工具栏中)；
- 下拉菜单法：修改→三维操作→三维对齐；
- 键盘输入法：3dalign↓。

命令：3dalign↓　　//在命令行输入 3dalign 命令并回车；
选择对象：　　//选取图 11-33(a)中的实体并回车；
指定源平面和方向...指定基点或[复制(C)]:

//在图 11-33(a)中的点 *A* 处单击鼠标左键；

指定第二个点或[继续(C)]<C>： //在图 11-33(a)中的点 *B* 处单击鼠标左键；

指定第三个点或[继续(C)]<C>： //在图 11-33(a)中的点 *C* 处单击鼠标左键；

指定目标平面和方向...指定第一个目标点：

//在图 11-33(b)中的点 D 处单击鼠标左键；

指定第二个目标点或[退出(X)]<X>： //在图 11-33(b)中的点 *E* 处单击鼠标左键；

指定第二个目标点或[退出(X)]<X>： //在图 11-33(b)中的点 *F* 处单击鼠标左键。

得到图 11-33(c)所示结果。

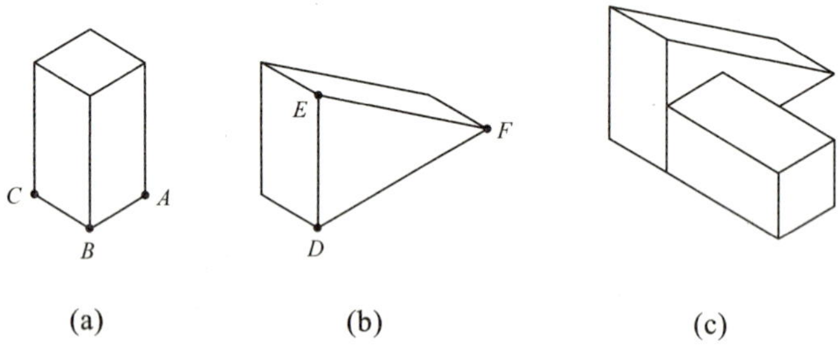

图 11-33 在三维空间对齐实体

(四)三维镜像

使用 Mirror3d 命令，可以在三维空间创建相对于某一平面的镜像对象。

- 下拉菜单法：修改→三维操作→三维镜像；
- 键盘输入法：Mirror3d↓。

命令：Mirror3d↓ //在命令行输入 Mirror3d 命令并回车；

选择对象： //选取图 11-34(a)中的实体并回车；

指定镜像平面(三点)的第一个点或[对象(O)/最近的(L)/Z 轴(Z)/视图(V)/XY 平面(XY)/YZ 平面(YZ)/ZX 平面(ZX)/三点(3)]<三点>：

//在图 11-34(a)中的点 *A* 处单击鼠标左键；

在镜像平面上指定第二点： //在图 11-34(a)中的点 *B* 处单击鼠标左键；

在镜像平面上指定第三点： //在图 11-34(a)中的点 *C* 处单击鼠标左键；

是否删除源对象？[是(Y)/否(N)]<否>：↓ //不删除源对象。

得到图 11-34(b)所示结果。

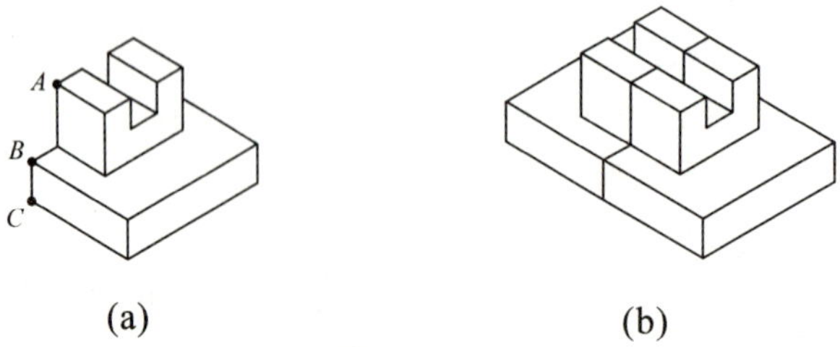

图 11-34 在三维空间镜像实体

(五)三维阵列

使用 3darray 命令，可以在三维空间中创建对象的矩形阵列或环形阵列。和二维阵列命令相比，矩形阵列除了指定列数(*X* 方向)和行数(*Y* 方向)，还要指定层数(*Z* 方向)。

- 下拉菜单法：修改→三维操作→三维阵列；
- 键盘输入法：3darray↓。

命令：3darray↓　　//在命令行输入3darray命令并回车；
选择对象：　　//选取图 11-35(a)中的实体并回车；
输入阵列类型[矩形(R)/环形(P)]<矩形>：↓　　//选“矩形”阵列并回车；
输入行数(---)<1>：1↓　　//输入阵列行数并回车；
输入列数(|||)<1>：1↓　　//输入阵列列数并回车；
输入层数(...)<1>：3↓　　//输入阵列层数并回车；
指定层间距(...)：3000↓　　//输入层间距并回车。

得到图 11-35(b)所示结果。

如果在提示“选择对象：”时选取图 11-36(a)中的鼓形实体并回车；
输入阵列类型[矩形(R)/环形(P)]<矩形>：P↓　　//选“环形”阵列并回车；
输入阵列中的项目数目：8↓　　//输入阵列的数目并回车；
指定要填充的角度(+=逆时针,–=顺时针)<360>：↓　　//指定阵列的角度区域并回车；
旋转阵列对象？[是(Y)/否(N)]<Y>：↓　　//选择是否旋转阵列对象；
指定阵列的中心点：　　//捕捉图 11-36(a)中桌子上端面的圆心；
指定旋转轴上的第二点：　　//捕捉图 11-36(a)中桌子下端面的圆心。

得到图 11-36(b)所示结果。

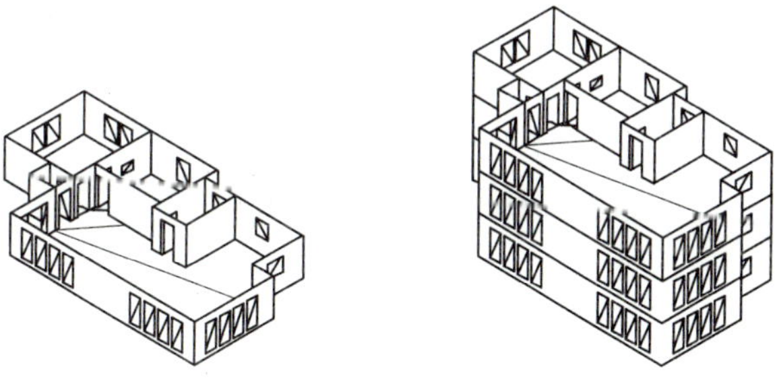

(a)　　(b)

图 11-35　在三维空间矩形阵列实体

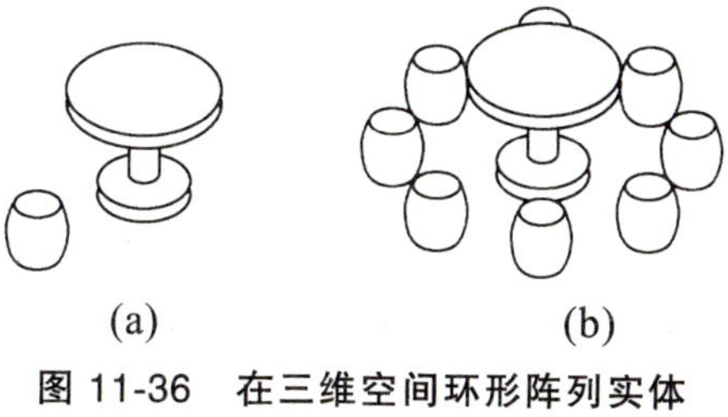

(a)　　(b)

图 11-36　在三维空间环形阵列实体

(六)剖切

使用 Slice 命令，可以创建穿过实体的横截面。指定三个点以定义横截面的平面，也可以通过其他对象、当前视图、*Z* 轴或者 *XY* 平面、*YZ* 平面、*ZX* 平面来定义横截面平面。横截面平面将被放置在当前图层上。要对横截面进行图案填充时，需将 *XY* 坐标面与横截面重合。

- 下拉菜单法：修改→三维操作→剖切；
- 键盘输入法：Slice↓。

命令：Slice↓　　//在命令行输入 Slice 命令并回车；

选择对象：　　//选取图 11-37(a)中的实体并回车；

指定切面的起点或[平面对象(O)/曲面(S)/Z 轴(Z)/视图(V)/XY/YZ/ZX/三点(3)]<三点>：YZ↓　　//选择与 *YZ* 平面平行的平面作为横截面平面；

指定 YZ 平面上的点<0,0,0>：　　//使用圆心捕捉工具捕捉图 11-37(a)中桌子上端面的圆心；

在所需的侧面上指定点或[保留两个侧面(B)]<保留两个侧面>：　　//将光标移到右后侧单击左键。

得到图 11-37(b)所示结果。

使用“提取边”命令(下拉菜单：修改→三维操作→提取边)提取轮廓线，并删除多余的线，得到横截面轮廓线；使用“UCS”命令，将 *XY* 坐标面与横截面重合；使用“图案填充”命令对横截面进行填充，可得到图 11-37(c)所示结果。

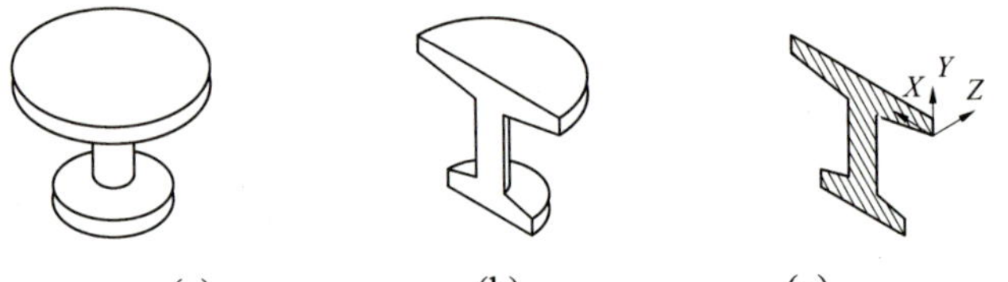

(a)　　(b)　　(c)

图 11-37　剖切实体

二、实体编辑

在 AutoCAD 2007 中，可以通过拉伸、移动、旋转、偏移、倾斜、删除、复制等操作对实体的面进行编辑；通过修改边的颜色或复制独立的边来编辑三维实体对象；还可以在实体上压印其他几何图形，将实体分割为独立实体对象，以及抽壳、清除或检查选定的实体。本节仅介绍按住并拖动编辑实体的方法。

- 单击按钮法：(按住并拖动——在“建模”工具栏中)；
- 键盘输入法：Presspull↓。

命令：Presspull↓　　//在命令行输入 Presspull 命令并回车；

单击有限区域以进行按住或拖动操作　　//在图 11-38(a)中的 *A* 表面内单击鼠标左键，往上移动鼠标，从键盘输入 300 并回车。

得到图 11-38(b)所示结果。

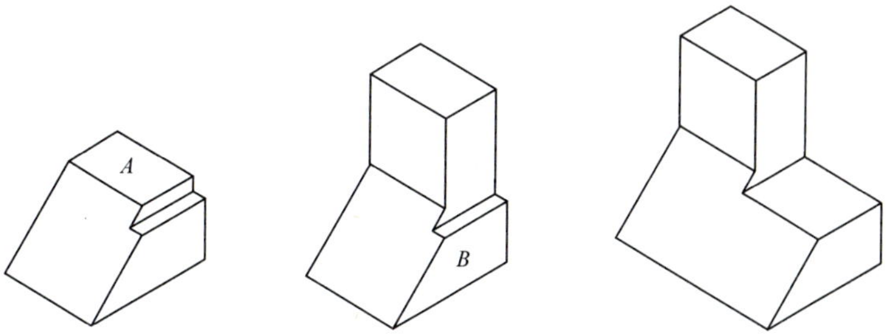

(a)　(b)　(c)

图 11-38　按住并拖动编辑实体

按住并拖动编辑实体，也可以通过以下方法实现：在没有执行命令的情况下，按住 Ctrl+Alt 组合键，然后单击鼠标左键拾取实体表面，拖动鼠标来编辑三维实体。

例如，图 11-38(c)中的实体，可以这样得到：按住 Ctrl+Alt 组合键，单击鼠标左键拾取图 11-38(b)中的 *B* 表面，拖动鼠标到适当位置并单击鼠标左键，得到图 11-38(c)所示结果。

参 考 文 献

[1] 中华人民共和国建设部. GB/T 50003—2001 房屋建筑制图统一标准[S]. 北京：中国计划出版社，2002.

[2] 中华人民共和国建设部. GB/T 50103—2001 总制图标准[S]. 北京：中国计划出版社，2002.

[3] 中华人民共和国建设部. GB/T 50104—2001 建筑制图标准[S]. 北京：中国计划出版社，2002.

[4] 中华人民共和国建设部. GB/T 50105—2001 建筑结构制图标准[S]. 北京：中国计划出版社，2002.

[5] 中华人民共和国建设部. GB/T 50106—2001 给水排水制图标准[S]. 北京：中国计划出版社，2002.

[6] SL 73—1995 水利水电工程制图标准[S]. 北京：中国水利水电出版社，1996.

[7] 国家质量技术监督局. GB/T 18229—2000 CAD 工程制图规则[S]. 北京：中国标准出版社，2001.

[8] 秦少军，曹岩. AutoCAD 2007 基础篇[M]. 北京：化学工业出版社，2008.

[9] 甘登岱，王铮铮. AutoCAD 2007 全程自学手册[M]. 北京：电子工业出版社，2007.

[10] 高志清. AutoCAD 2007 建筑制图新手学堂[M]. 北京：机械工业出版社，2007.

[11] 施勇，张云霞，郭锋桦. 中文版 AutoCAD 2008 建筑图形设计[M]. 北京：清华大学出版社，2007.

[12] 薛炎，王新平. 中文版 AutoCAD 2008 基础教程[M]. 北京：清华大学出版社，2007.

[13] 唐峰. AutoCAD 2008 建筑设计经典案例[M]. 北京：清华大学出版社，2007.

[14] 詹友刚. AutoCAD 2006 快速学习教程[M]. 北京：机械工业出版社，2006.

[15] 周莹，卢章平. AutoCAD 2006/2007 初级工程师认证培训教程[M]. 北京：化学工业出版社，2007.

[16] 张宏峰，李箐，许小荣. AutoCAD 建筑制图技术与实践[M]. 北京：电子工业出版社，2007.

[17] 胡胜利. 水利水电工程 CAD[M]. 北京：中国水利水电出版社，2004.

[18] 孙海粟. 建筑 CAD 2002[M]. 北京：化学工业出版社，2004.

[19] 曾珂. 土木工程计算机辅助设计[M]. 北京：中国建材工业出版社，2003.

[20] 陇源洁，徐科. AutoCAD 2002[M]. 上海：上海交通大学出版社，2003.

[21] 杨玉艳，潘白桦. 画法几何及水利工程制图[M]. 北京：中国农业出版社，2007.

[22] 叶晓芹，林昌国. 给水排水工程制图[M]. 北京：高等教育出版社，1993.

[23] 王彦惠，李宗惠，骆中钊. 建筑工程施工读图常识[M]. 北京：化学工业出版社，2006.